Hännl • Kopeszki

Welt des Lebens 4
Biologie und Umweltkunde

Inhalt

Die großen Themenfelder des heurigen Schuljahres, die Ökosysteme Meer und Stadt, die entsprechenden Pflanzen und Tiere sowie der Mensch und die Vererbung sind in der Zeichnung auf dieser Seite zusammengefasst.

Zähle Themenfelder auf, wo es Berührungspunkte und Wechselbeziehungen gibt, wo du dich direkt angesprochen fühlst und welche Themen dich besonders neugierig machen.

Einige Inhalte deines neuen Schulbuches werden dir bereits bekannt sein, dienen zur Wiederholung und Vertiefung deiner Kenntnisse – vor allem Themen aus dem Kapitel „Mensch". Dieses stellt einen Schwerpunkt im heurigen Schuljahr dar. Bau und Funktion der Organsysteme, wie z. B. Nervensystem, Verdauungsapparat oder das Immunsystem (➜ L) werden dir vorgestellt. Weitere Kapitel betreffen Sexualität und Familienplanung, Vererbung, Embryonalentwicklung, Geburt und Wachstum des Menschen sowie die Gesunderhaltung des Körpers. Die Gefahren und Risiken von Alkohol und Drogen, die Belastungen und Anforderungen durch den Beruf und die vielfältigen Wechselbeziehungen mit der Umwelt werden dargestellt.

Du lernst wieder neue Ökosysteme (➜ L) kennen, vor allem das Meer mit typischen Vertretern wie Seeigeln und Seesternen, „Blumentieren" und Tintenfischen. Die Besonderheiten der vielfältigen Wechselbeziehungen zwischen Pflanzen und Tieren und die Gefahren der Wasserverschmutzung und Überfischung der Meere werden diskutiert.

Du erfährst Interessantes über das besondere Ökosystem „Stadt". Hier leben auf engstem Raum Menschen, Tiere und Pflanzen zusammen. Es bestehen Verknüpfungen, wechselseitige Beeinflussungen und Abhängigkeiten.

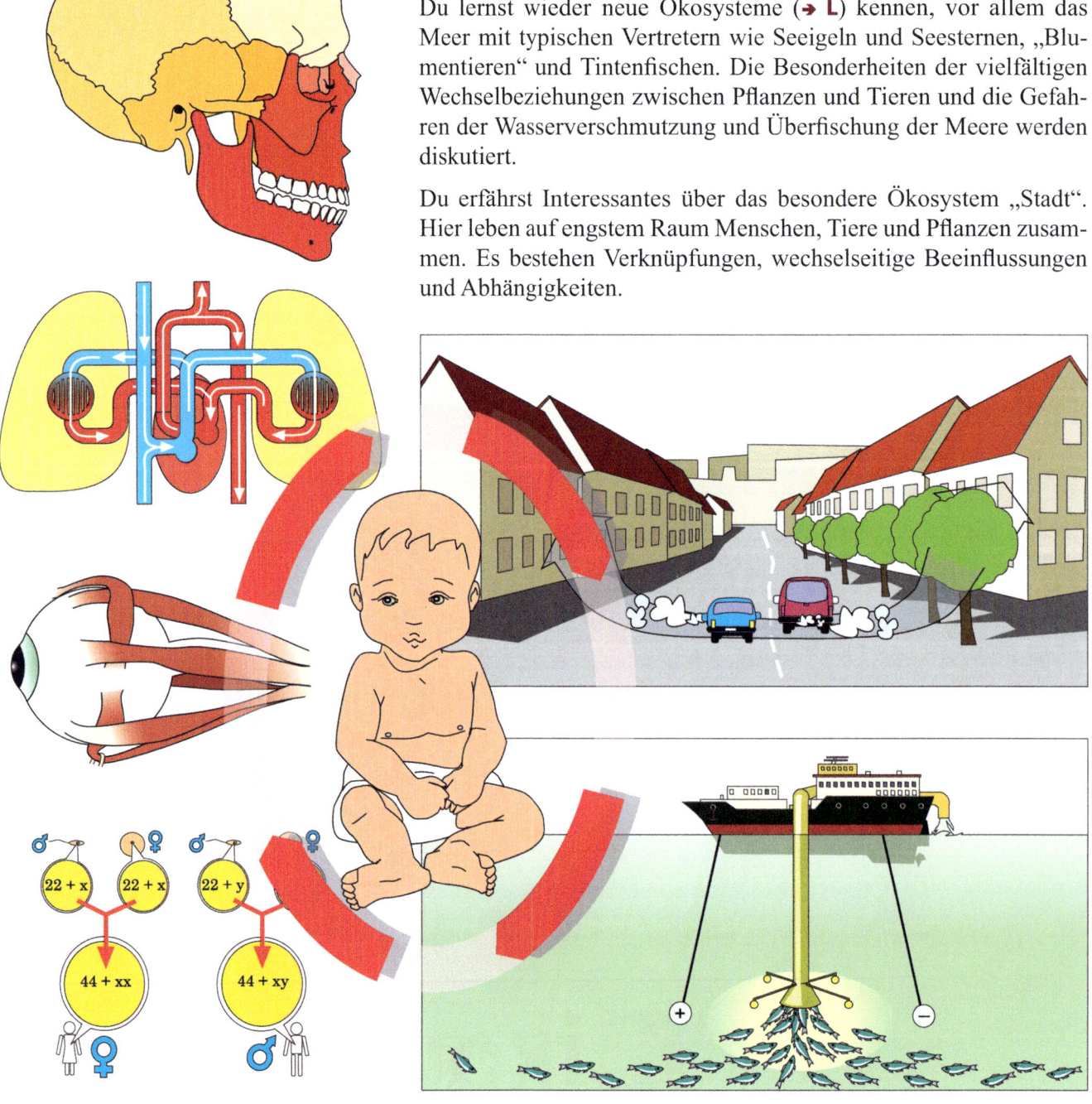

Der menschliche Körper

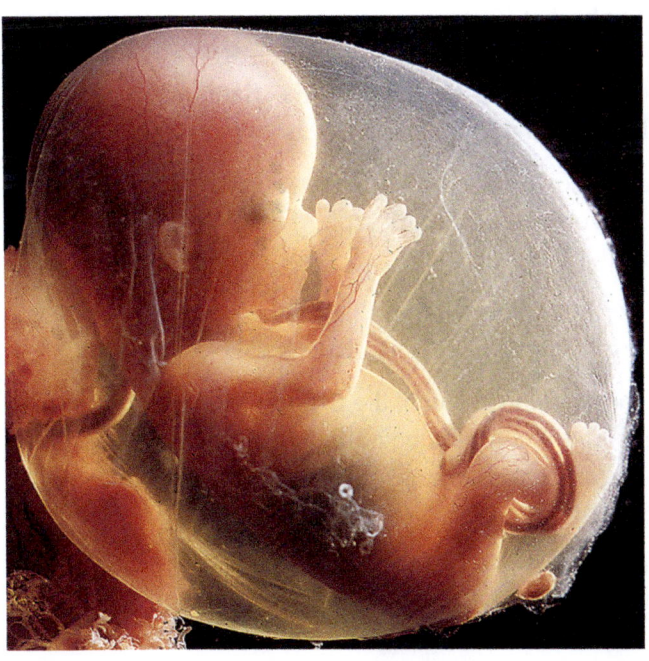

Die Vererbung

Ökosystem Meer

Ökosystem Stadt

Bedrohte Umwelt

Der menschliche Körper

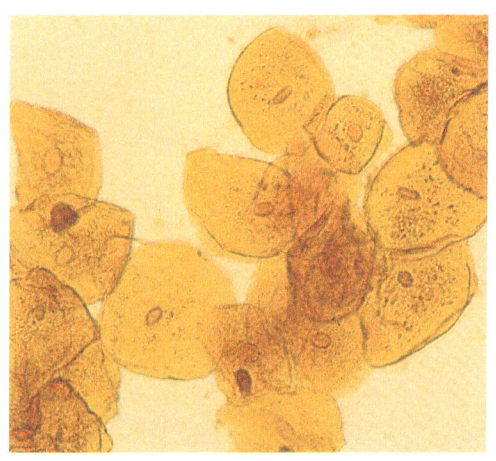

1 *Fast alle Zellen (im Bild: Mundschleimhaut-zellen, 0,05 bis 0,1 mm groß) besitzen einen* **Zellkern** *und sind mit* **Zellplasma** *gefüllt. Der Zellkern lenkt die Stoffwechselvorgänge und gibt bei der Teilung der Zellen das Erbgut weiter.*

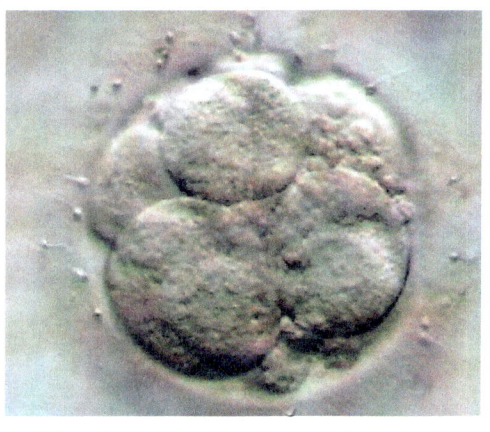

2 *Alle Zellen unseres Körpers sind aus einer ein-zigen befruchteten Eizelle – durch Teilungen – hervorgegangen (im Bild: 8-Zellen-Stadium eines menschlichen Keims).*

Organsysteme:

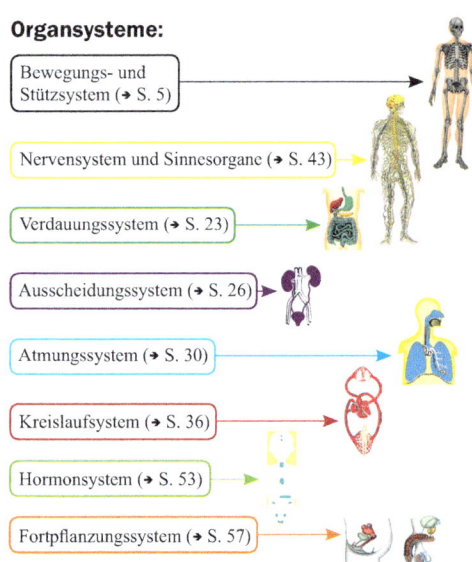

Bewegungs- und Stützsystem (→ S. 5)

Nervensystem und Sinnesorgane (→ S. 43)

Verdauungssystem (→ S. 23)

Ausscheidungssystem (→ S. 26)

Atmungssystem (→ S. 30)

Kreislaufsystem (→ S. 36)

Hormonsystem (→ S. 53)

Fortpflanzungssystem (→ S. 57)

Zelle und Zellverbände als Bausteine des Lebens

Unser Körper besteht aus rund 60 Billionen Zellen (→ L) – eine unvorstellbare Anzahl. Jede Zelle besitzt einen Zellkern, eine Zell-membran und ist mit Zellplasma gefüllt. Im Zellkern liegt die Erb-information – Genaueres erfährst du im Kapitel „Vererbung". Das Besondere ist, dass unser Körper aus einer Vielzahl verschiedener Zellen aufgebaut ist. Nervenzellen, Blutzellen oder Keimzellen, um nur ein paar Beispiele zu nennen, erfüllen jede eine entsprechende Aufgabe.

Einige Zellen unseres Körpers (Blutkörperchen, Keimzellen, → L) sind frei und verhältnismäßig unabhängig voneinander. Alle anderen sind zu Geweben vereint. **Gewebe** (→ L) bestehen aus gleichen Zel-len, die für eine Aufgabe spezialisiert sind.

Deckgewebe schützen als Haut. Sie bilden zusammenhängende Schichten. In der äußeren Haut sind die Gewebe flach und mehr-schichtig. Im Inneren des Körpers bestehen sie meist aus zylindri-schen Zellen und sind feucht (Schleimhaut).

Stützgewebe dient als Füllstoff, also zur Erhöhung der Festigkeit (wie in der Wirbelsäule), oder als Schutz (wie im Gewölbe der Schädelkapsel, die das empfindliche Gehirn umgibt). Es kann aus Zellen bestehen, die weichen, faserigen Füllstoff absondern, in dem die Organe gut geschützt liegen. In diesem Fall nennt man es **Binde-gewebe**. Es kann ferner aus kugeligen Fettzellen gebildet sein, die Kälteschutz und Nahrungsspeicher in einem sind.

Die Zellen des **Muskelgewebes** können sich stark zusammenzie-hen. Muskelgewebe ermöglicht uns die Bewegung.

Das **Nervengewebe** hat Zellen mit vielen Fortsätzen. Es regelt die Beziehungen zur Umwelt und leitet die durch Reize hervorgerufe-nen Erregungen in alle Teile des Körpers. Es erlaubt uns zu schauen, zu hören, zu denken, zu träumen oder etwas zu wollen.

Jedes Gewebe hat seine eigenen Aufgaben. Das Deckgewebe z. B. schützt als Haut vor äußeren Einflüssen, das des Magens vor dem sauren Magensaft.

Keine Gewebezelle ist selbstständig, sie kann nur gemeinsam mit anderen eine bestimmte Aufgabe erfüllen.

Mehrere Gewebe zusammen bauen die **Organe** auf (z. B. ist die Haut aus Deck-, Fett- und Bindegewebe aufgebaut). Mehrere Organe ar-beiten in den **Organsystemen** zusammen (z. B. Verdauungssystem → L aus Magen, Dünndarm, …).

Die Funktionen der Organe sind: Schutz, Bewegung, Verdauung, Ausscheidung, Atmung, Transport, Reizaufnahme, Steuerung und Fortpflanzung.

Das Knochengerüst oder Skelett

Du kennst bereits aus der ersten Klasse die drei großen Abschnitte des Skeletts (Kopf, Rumpf und Gliedmaßen), seine Aufgaben und das Zusammenspiel von Skelett und Muskulatur. Im folgenden Kapitel werden diese Themen wiederholt und wesentlich vertieft.

Unser Skelett ist vielen Belastungen ausgesetzt. Die hohe **Elastizität** der Knochen bewirkt, dass nicht oft Knochenbrüche auftreten. Die Elastizität nimmt zwar mit dem Alter ab, ist aber beim Erwachsenen doch noch so groß, dass z. B. die Schädelkapsel um 1,5 cm zusammengepresst werden kann, ohne zu zerbrechen. Bei der Geburt ist der Schädel noch so weich, dass sich die Scheitelbeine übereinander schieben.

 ➔ **Arbeitsblatt S. 10**

Knochen und Knochenverbindungen

Man unterscheidet

▷ **Röhrenknochen** (Schenkelknochen, Armknochen),

▷ **platte Knochen** (Schädelknochen, Schulterblatt) und

▷ **kurze Knochen** (Wirbel, Fingerknochen, Zehenknochen).

Die **Knochen** sind bei Kindern noch reich an **knorpeliger** Masse. Knochenbildungszellen wandern in sie ein und scheiden hauptsächlich Calcium- und Phosphatverbindungen ab. Dadurch werden die Knochen allmählich härter. Dieser Vorgang beginnt schon, wenn der Embryo (➔ **L**) etwa 3 Monate alt ist und wird ständig fortgesetzt. Je älter ein Mensch wird, desto spröder werden die Knochen.

1 ▶ *Bezeichne die drei Abschnitte des Skeletts und zeichne sie in der Abb. ein.*

_ _

_ _

_ _

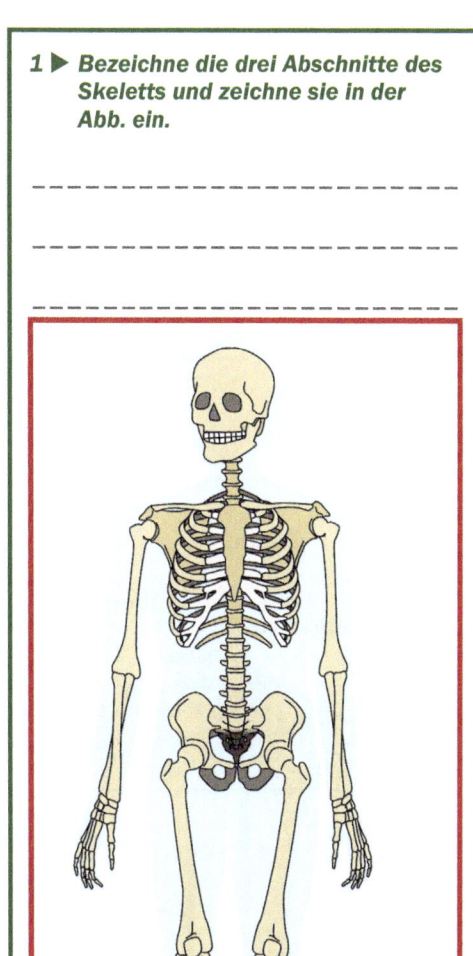

2 *Skelett*

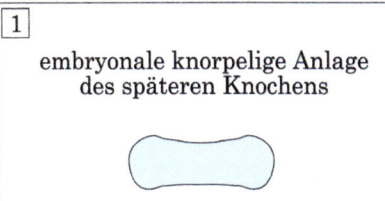

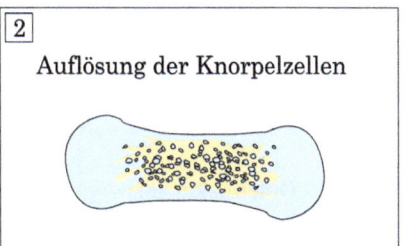

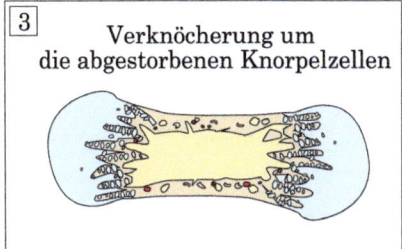

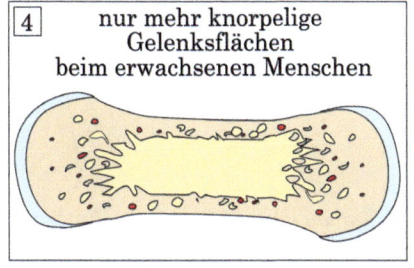

1 *Verknöcherung eines Röhrenknochens: Beim Embryo sind viele Skelettteile zunächst als Knorpel angelegt. Dieses weiche Material wird langsam durch den Knochen ersetzt, indem Knorpelabbauzellen die Knorpelmasse abbauen und Knochenbildungszellen den Knochen aufbauen.*

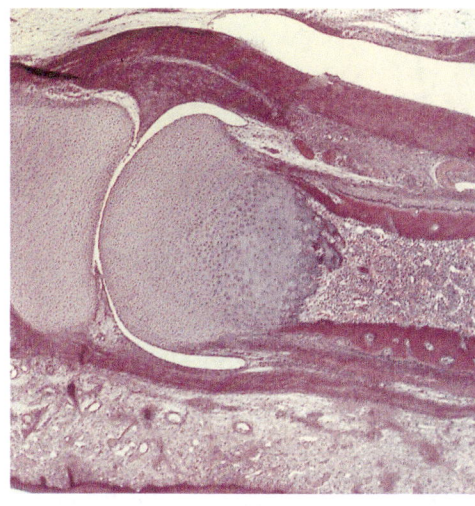

3 *Verknöcherung eines Knorpels zu einem Röhrenknochen: Die Verknöcherung verläuft von der Mitte auf die beiden Enden zu. Der Knorpel macht durch Auflösung dem Knochen Platz. Nur an den Knochenenden bleibt der Knorpel als Überzug erhalten.*

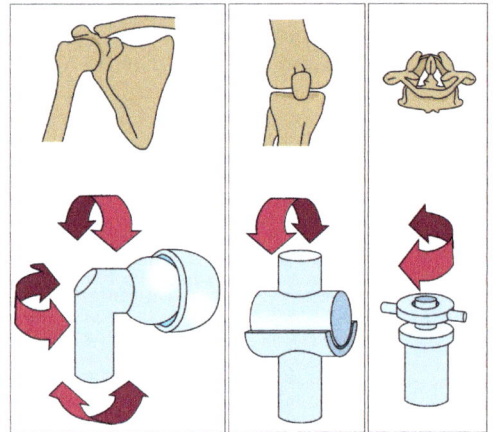

1 Kugelgelenk, Scharniergelenk, Drehgelenk

Nähte sind feste und starre Verbindungen zweier Knochen (z. B. am Schädeldach). Etwas elastischer ist die knorpelige Verbindung (**Fuge**), etwa zwischen Rippen und Brustbein.

Gelenke sind die beweglichsten Verbindungen. Kugelgelenke wie z. B. unser Schultergelenk erlauben Bewegungen nach verschiedenen Richtungen, Scharniergelenke wie das Knie nur in einer Ebene. Ein Drehgelenk liegt z. B. zwischen 1. und 2. Halswirbel.

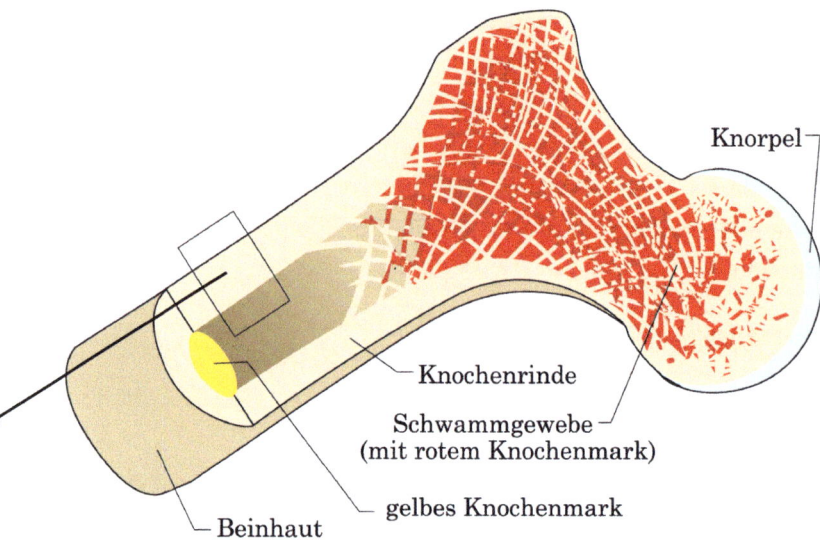

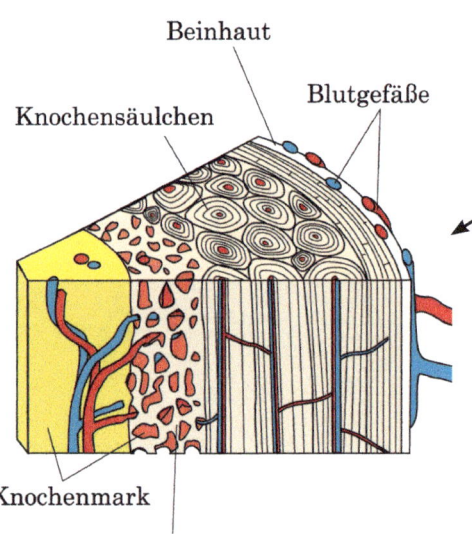

2 Feinbau eines Röhrenknochens

4 Längsschnitt durch einen **Röhrenknochen**. Die **Beinhaut**, die besonders reich an Blutgefäßen (→ **L**) und Nerven ist, hüllt den Knochen ein. Sie ernährt ihn, und von ihr aus erfolgen das Dickenwachstum und die Heilung bei Knochenbrüchen. Darunter liegt die **Knochenrinde**, eine harte Schicht. Im Knochenende sind Knochenplättchen so angeordnet, dass sie der Beanspruchung auf Zug und Druck entsprechen. Man nennt es **Schwammgewebe**, da zwischen den Plättchen und Bälkchen Hohlräume liegen. In diesem Knochengewebe liegt das **rote Knochenmark**, das die roten Blutkörperchen bildet. Das Wachstumszentrum im Endstück der Röhrenknochen bleibt so lange knorpelig, bis das Längenwachstum abgeschlossen ist. Der Knochen ist im Inneren hohl, was die Biegungsfestigkeit wesentlich erhöht. In diesem Hohlraum liegt das sehr fette **gelbe Knochenmark**.

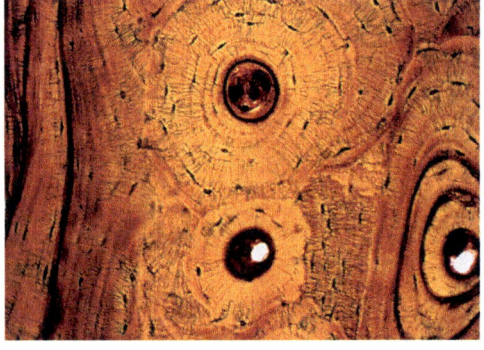

3 Knochenquerschnitt im Mikroskop: deutlich sichtbar sind die Knochensäulchen und Knochenzellen

 → **Arbeitsblätter S. 10, 11**
→

Die Menisken (**Meniskus**, griech., halbe Scheibe), zwei eingelagerte Knorpelscheiben, geben dem Knie eine Führung und wirken als Stoßdämpfer. Zwei **Seitenbänder** an den Außenseiten des Kniegelenks verhindern das Überdehnen und Überstrecken des Knies. Im Inneren überkreuzen einander zwei **Kreuzbänder**. Sie unterbinden das Abgleiten der Knochen nach vorn, nach hinten oder nach der Seite. In der Vorderwand der Gelenkskapsel liegt die **Kniescheibe**.

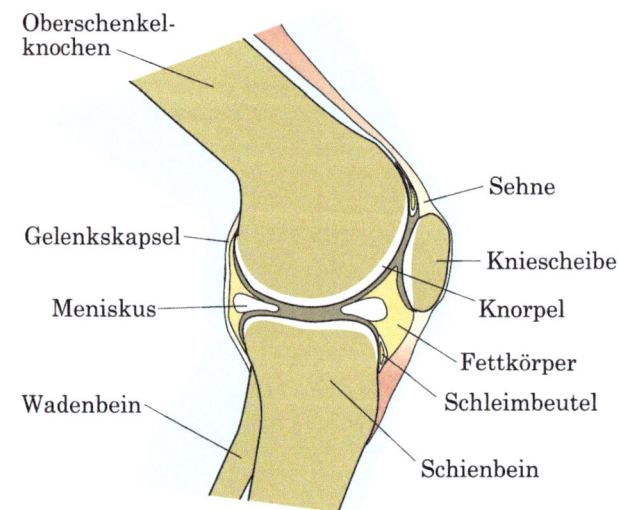

5 Aufbau eines **Kniegelenks**. Ein vorgewölbter Knochen greift dabei in eine Vertiefung eines anderen ein (Gelenkskopf und Gelenkspfanne). Die Knochenenden sind mit einer **Knorpelschicht** überzogen, um die Gleitfähigkeit der Gelenkflächen zu begünstigen und vor zu großer Abnützung zu schützen. Eine feste **Kapsel** aus straffem Bindegewebe hüllt das Gelenk ein. **Bänder** unterstützen sie beim Verbinden und Zusammenhalten der Knochen. Die Innenwand der Kapsel scheidet eine Flüssigkeit, die **Gelenksschmiere**, ab.

Das Kopfskelett (= Schädel)

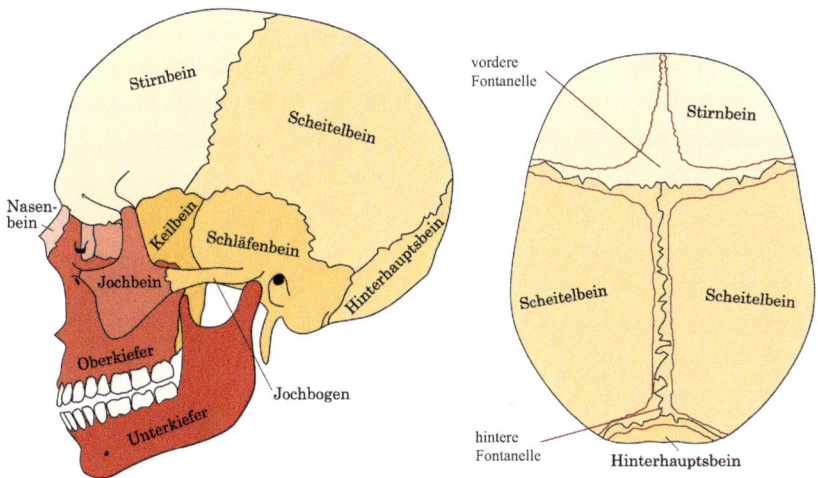

1 Die Knochen des Schädels. Die braunen Linien (im Bild rechts) bezeichnen den Rand der **Fontanellen** (knorpelige Verbindungen der Schädelknochen) beim Neugeborenen. Bei der Geburt können sich die Schädelknochen übereinander schieben, der Kopf des Kindes kann so den Geburtskanal besser passieren. Vom 3. bis zum 36. Lebensmonat schließen sich die Fontanellen und verknöchern.

Die einzelnen Knochen unseres Schädels sind durch **Nähte** fest miteinander verbunden (Ausnahme: Unterkieferknochen).

Die Verbindung zwischen Gehirn und Rückenmark erfolgt durch das **Hinterhauptsloch**. Zu beiden Seiten davon greifen die Hinterhauptshöcker in die Gelenksflächen des ersten **Halswirbels** ein. Dieses Gelenk ermöglicht die nickende Kopfbewegung. Das Keilbein mit zwei Paar Fortsätzen gehört mit Hinterhauptsbein, Schläfenbein und Siebbein zur **Schädelbasis**.

Im **Gesichtsschädel** befinden sich die wichtigsten Sinnesorgane und die Zähne. Die Nasenspitze bekommt ihre Form nur durch Knorpelgewebe und enthält keine knöcherne Stütze.

Der **Oberkieferknochen** trennt die Nasenhöhle von der Mundhöhle durch die Gaumenfortsätze, die mit den beiden Gaumenbeinen den harten Gaumen ergeben. Die großen Kieferhöhlen im Inneren des Knochens stehen mit den Stirnhöhlen, den Keilbein- und Nasenhöhlen in Verbindung.

Neben den Gehörknöchelchen ist der **Unterkieferknochen** der einzige bewegliche Knochen an unserem Schädel. Sein Gelenksfortsatz verbindet sich gelenkig mit dem Schläfenbein.

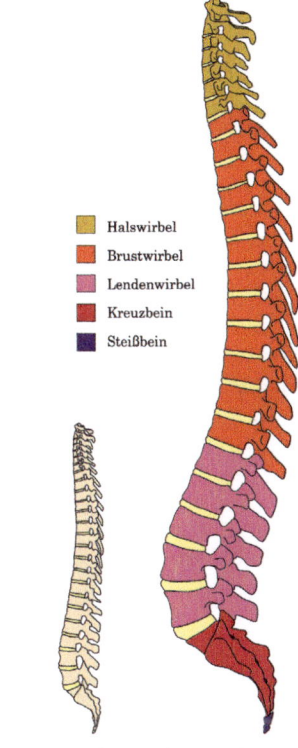

Halswirbel
Brustwirbel
Lendenwirbel
Kreuzbein
Steißbein

2 Das Neugeborene hat noch ein gerade verlaufendes Rückgrat (links). Erst wenn sich das Kind aufrichtet, bildet sich die charakteristische doppelte S-Krümmung aus. Die Wirbelsäule überträgt Stöße nicht direkt auf das empfindliche Gehirn, sondern bremst sie durch ihre hohe Elastizität ab.

Das Rumpfskelett

Die **Wirbelsäule** stützt unseren Körper. Sie wird von 32 bis 33 **Wirbelknochen** gebildet. Zwischen den Wirbeln liegen knorpelige Stoßdämpfer, die **Bandscheiben** (➔ **L**). Sie dehnen sich beim Liegen immer wieder aus und werden beim Sitzen, Gehen und Stehen durch das Körpergewicht zusammengedrückt. Elastische **Bänder** verstärken unsere Körperstütze zusätzlich. Die einzelnen **Wirbel** sind an ihre Aufgabe angepasst.

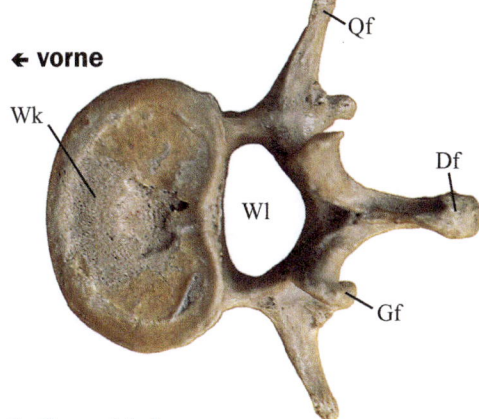

← vorne

Qf
Wk
Df
Wl
Gf

3 **Brustwirbel**:

Der **Wirbelkörper** (Wk) ist nach vorn gerichtet. An ihn – eine feste Knochenscheibe – schließt nach hinten der **Wirbelbogen** an. Er umgibt das **Wirbelloch** (Wl), in dem das **Rückenmark** mit seinen empfindlichen Nervenzellen verläuft. Die aus dem Rückenmark tretenden Nerven verlassen es durch die Zwischenwirbellöcher. Die nach hinten gerichteten **Dornfortsätze** (Df) der Wirbel lassen sich leicht tasten. An ihnen setzen Muskeln an. Die zwei seitlichen **Querfortsätze** (Qf) tragen im Brustabschnitt die Rippen. Die größte Bedeutung für die Beweglichkeit der Wirbelsäule kommt den **Gelenksfortsätzen** (Gf) zu. Zwei obere nach hinten gerichtete Gelenksflächen verbinden den Wirbel mit dem darüber liegenden und zwei untere nach vorn gerichtete Gelenksflächen verbinden den Wirbel mit dem darunter liegenden. Dadurch können wir uns sowohl nach vorn als auch etwas nach hinten und nach der Seite beugen.

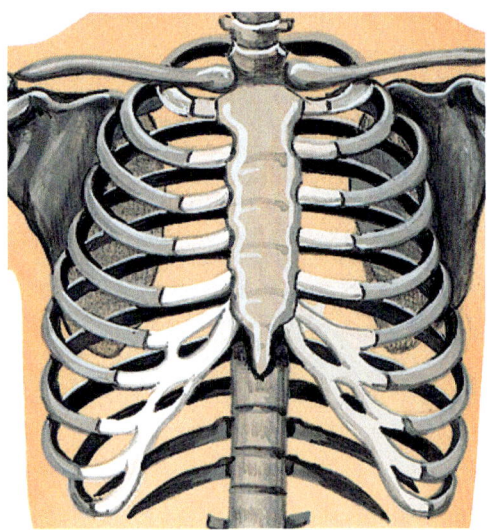

1 Brustkorb

1 ▶ Beschrifte die Knochen des Arm- und Beinskeletts und unterstreiche die einander entsprechenden Knochen mit der gleichen Farbe.

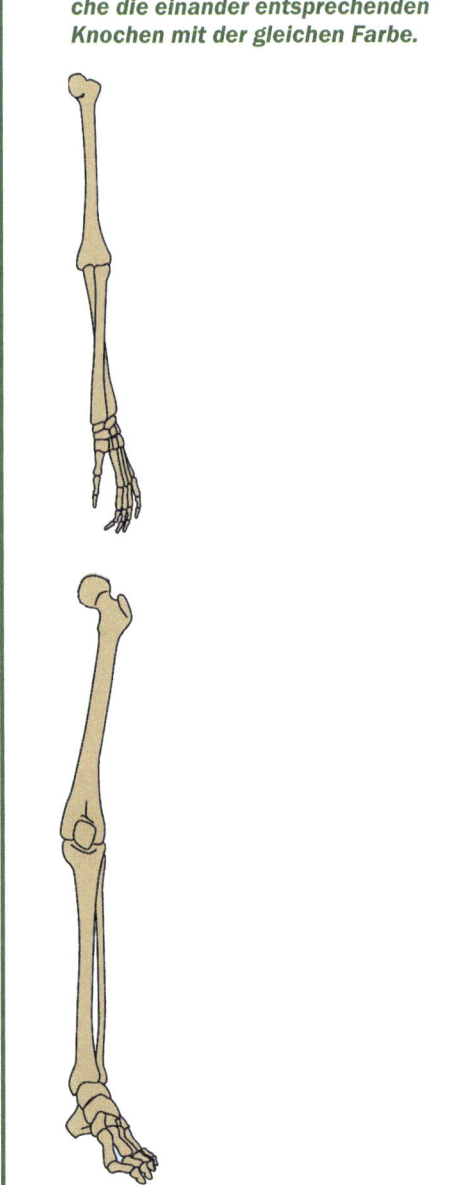

2 Arm- und Beinskelett

Häufig auftretende **Wirbelsäulen**- und **Bandscheibenschäden** sind auf eine schlechte Haltung zurückzuführen. Das dauernde Stehen und Sitzen mit vorfallenden Schultern und „Buckelhaltung" führen zur Ausbildung eines Rundrückens. Schiefe Haltung beim Stehen oder einseitige Belastung (z.B. Tragen der Schultasche immer in derselben Hand) können eine seitliche Verkrümmung der Wirbelsäule (Skoliose) zur Folge haben.

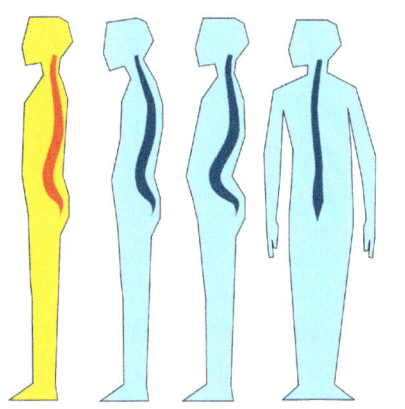

3 Richtige Haltung, Rundrücken, Hohlkreuz, seitliche Verkrümmung (Skoliose)

4 Richtige und falsche Sitzhaltung

Der **Brustkorb** ist der knöcherne Schutz für das Herz und die Atmungsorgane. Er ist elastisch.

Die **12 Brustwirbel** tragen die Gelenksflächen für die Rippen am Wirbelkörper und an den Querfortsätzen. Die Rippen können nur in einer Ebene bewegt werden (Scharniergelenke). Sie werden gehoben und gesenkt. Sobald sie gehoben werden, erweitert sich der Brustkorb, und die Luft kann einströmen. Die entgegengesetzte Bewegung lässt uns ausatmen (➔ S. 32).

Die **Rippen** sind dünne Knochenspangen. Ihre Enden bleiben knorpelig und verknöchern nicht. Sie setzen am **Brustbein** an. Die ersten 7 Rippenpaare werden echte Rippen genannt. Sie setzen mit den Knorpelstücken direkt am Brustbein an. Die folgenden 3 Paare verbinden sich nur mit dem Knorpelstück des letzten echten Rippenpaares und miteinander, aber nicht mehr mit dem Brustbein. Die letzten beiden Rippenpaare enden frei (➔ Abb. 1).

Zwischen den Rippen verlaufen die **Zwischenrippenmuskeln**, die zusammen mit dem Zwerchfell (➔ **L**) den Brustkorb erweitern und verengen und damit die **Atembewegungen** durchführen. Das Zwerchfell – ein flacher Muskel – trennt die Brust- von der Bauchhöhle.

Das Gliedmaßenskelett

Arm- und **Beinskelett** folgen zwar dem gleichen Grundbauplan, doch sind die Beine wesentlich kräftiger gestaltet. Der Schultergürtel (aus den zwei Schlüsselbeinen und den Schulterblättern gebildet) trägt die Arme. Das **Schultergelenk** (ein Kugelgelenk) gewährt sehr große Bewegungsfreiheit. Wir können den Arm viel besser nach allen Richtungen bewegen als das Bein, das in einer wesentlich tieferen Gelenkspfanne sitzt.

Das **Ellbogengelenk** ist ein Scharniergelenk. Es kann nur in einer Ebene bewegt werden. Der Grund dafür liegt im Hakenfortsatz der Elle, der in eine Vertiefung des Oberarmknochens eingreift. Die beiden Unterarmknochen **Elle** und **Speiche** sind an beiden Enden durch Gelenke miteinander verbunden und können sich beim Drehen der Hand überkreuzen.

Das schüsselförmige **Becken** – die beiden großen Hüftbeine sind mit dem Kreuzbein fast unbeweglich verbunden – schützt die Harnblase, Teile der Gedärme und die weiblichen, innerhalb des Körpers liegenden Geschlechtsorgane.

Dauernde Belastung der Füße durch langes Stehen oder Gehen auf hartem Boden, aber auch durch unzweckmäßige Schuhe, können **Fußschäden** verursachen.

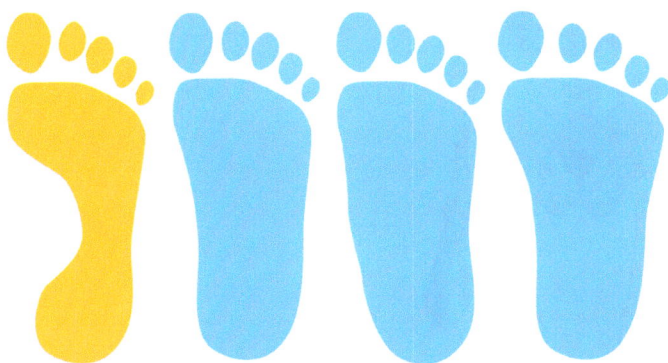

1 Gesunder Fuß, Senk- oder Plattfuß, Knickfuß, Spreizfuß erkennt man am Fußabdruck.

> **1 ▶** *Mach von dir selbst einen Fußabdruck: Bestreiche die Fußsohle mit einem Farbstoff und steig vorsichtig auf ein Blatt Papier. Berichte davon, was dir dabei auffällt.*

Aufgaben des Skeletts: Stütze des Körpers, Ansatz für die Muskulatur, Schutz (z. B. Brustkorb für Herz und Lunge), Blutbildung (rotes Knochenmark).

Knochenverbindungen: Nähte, Fugen, Gelenke.

Gelenk: Gelenkskopf und Gelenkspfanne, umgeben von Gelenkskapsel, Gelenksschmiere, Gelenksbändern.

Gelenksformen: Kugel-, Scharnier-, Drehgelenk u.a.

Kopfskelett: Der Gehirnschädel bildet eine Kapsel für das Gehirn. Die Schädelknochen werden durch Nähte verbunden.

Rumpfskelett: Die Wirbelsäule dient dem Körper als Stütze. Die doppelt S-förmige Krümmung wirkt stoßdämpfend. Zwischen den Wirbeln liegen die Bandscheiben, die für die Elastizität sorgen. Der Schultergürtel besteht aus den Schlüsselbeinen und Schulterblättern. Der Brustkorb schützt das Herz und die Lunge. Der Beckengürtel schützt die Eingeweide, die Harn- und die weiblichen Geschlechtsorgane.

Gliedmaßenskelett: Armskelett – Beinskelett:
Oberarmknochen – Oberschenkelknochen, Kniescheibe, Speiche und Elle – Schienbein und Wadenbein, 8 Handwurzelknochen – 7 Fußwurzelknochen, 5 Mittelhandknochen – 5 Mittelfußknochen, 14 Fingerknochen – 14 Zehenknochen.

2 ▶ *Beschreibe den Bau eines Röhrenknochens. Besorge dir Röhrenknochen vom Huhn und Rind beim Fleischhauer und vergleiche.*

3 ▶ *Nenne Knochenverbindungen und Beispiele.*

4 ▶ *Skizziere, wie ein Gelenk aufgebaut ist und beschreibe die Besonderheit am Kniegelenk.*

5 ▶ *Erkläre, warum Brust- und Lendenwirbel in ihrer Gestalt verschieden sind.*

6 ▶ *Regelmäßiges Ausüben von Sportarten wie Schwimmen und Gymnastik kann Haltungsschäden des Bewegungsapparates entgegenwirken.*
Gestalte einen Wochenplan, in dem du notierst, wie viel Zeit du für sportliche Bewegungen aufwändest.

Tag	Sportart	Std.
Mo		
Di		
Mi		
Do		
Fr		
Sa		
So		

Summe Stunden: _____

Vergleiche deinen „Zeitplan" mit dem deiner Mitschülerinnen und Mitschüler und diskutiere das Ergebnis.

 **➔ Arbeitsblatt S. 11**

1 ▶ *Du hast dir bestimmt einige Knochen des Skeletts aus der 1. Klasse gemerkt. Ziehe Linien zu den entsprechenden Knochen und ordne die folgenden Begriffe der Abbildung zu:*

Beckenknochen, Brustbein, Elle, Fingerknochen, Kniescheibe, Oberarmknochen, Oberschenkelknochen, Rippen, ~~Schädel~~, Schienbein, Schlüsselbein, Schulterblatt, Speiche, Wadenbein, Wirbelsäule, Zehenknochen

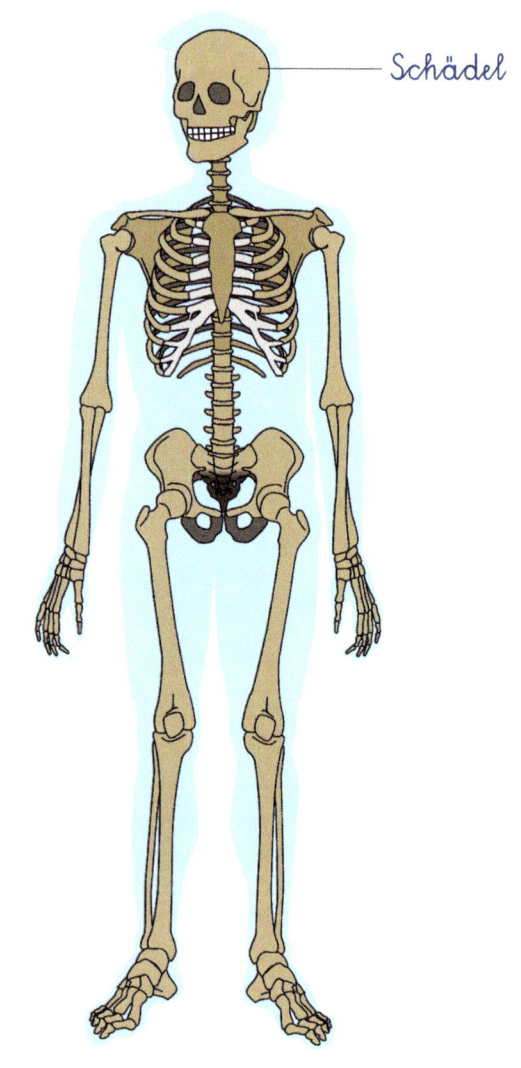

Schädel

2 ▶ *Bezeichne die Teile des Kniegelenkes. Verwende dazu fogende Begriffe:*

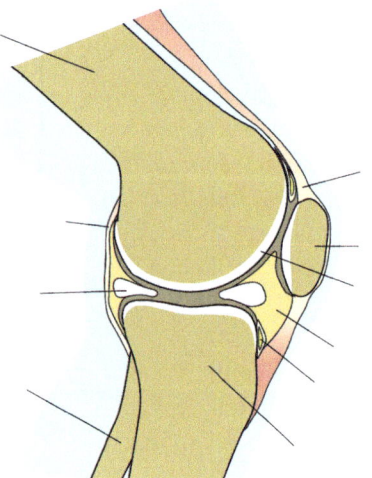

Fettkörper
Gelenkskapsel
Kniescheibe
Knorpel
Meniskus
Oberschenkel-
  knochen
Schienbein
Schleimbeutel
Sehne
Wadenbein

3 ▶ Ergänze den Text.

Die _____ , die besonders reich an Blutgefäßen und Nerven ist, hüllt den Knochen ein. Darunter liegt die _____ , eine harte Schicht. Im _____ liegt das rote Knochenmark, das die _____ _____ bildet. Die Knochen sind innen _____, was die Biegungs-festigkeit wesentlich erhöht. In diesem Hohlraum liegt das sehr fette _____ _____ .

(Beinhaut, hohl, gelbe Knochenmark, Knochenrinde, roten Blutkörperchen, Schwammgewebe)

Lesetraining

4 ▶ Bezeichne die abgebildeten Gelenkstypen des Menschen und nenne Beispiele dafür.

_____   _____

_____

_____   _____

_____

_____   _____

5 ▶ Benenne die Knochen (① ...) und Gelenke (A ...) des Armskeletts.

① _____
② _____
③ _____
④ _____
⑤ _____
⑥ _____
Ⓐ _____
Ⓑ _____
Ⓒ _____
Ⓓ _____

6 ▶ Finde 8 Begriffe, die sich hier versteckt haben (waagrecht, senkrecht, diagonal, vorwärts, rückwärts; Umlaut = 2 Buchstaben).

```
W E T R Z I U O P L K J H
F I N G E R K N O C H E N
Y X R C V B N M A S D F G
S C D B V F B G K N H M K
B I N R E O M P N A H T L
U E G U F L V G I D F S C
H T G S R F S E E D W C S
Z J U T K I L A G O P H M
C N E K C E B D E X S A Y
F V G O Z B H U L U N E J
K H U R R Q O K E M L D I
C F W B G U K N N M O E N
H Z G R D S X C K N B L M
```

_____
_____
_____
_____
_____
_____
_____
_____

Lesetraining

Sehnen sind Verbindungen zwischen Knochen und Muskeln, **Bänder** sind Verbindungen zwischen zwei Knochen.

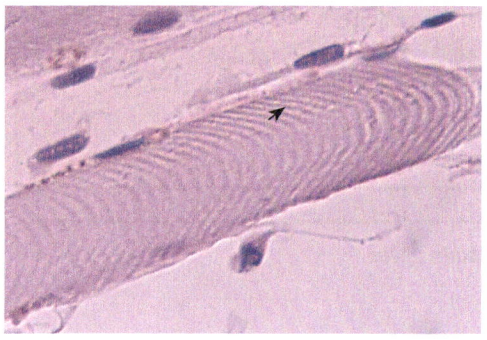

1 *Bau eines Skelettmuskels: Die kleinsten Teilchen des Muskels sind die etwa 1 Tausendstel Millimeter dicken Muskelfibrillen, die unter dem Mikroskop eine deutliche Querstreifung (➚) zeigen. Die Skelettmuskeln nennt man daher auch quer gestreifte Muskeln.*

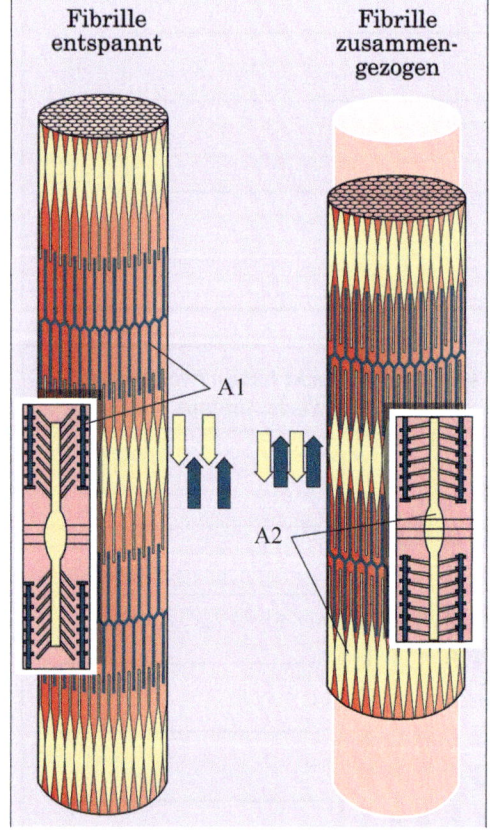

2 *Arbeitsweise eines Skelettmuskels: Kleinste Abschnitte (A1, A2) der Muskelfibrillen können sich gegenseitig ineinanderschieben und verkürzen so den Muskel.*

🦉 ➜ **Arbeitsblatt S. 28**

Das Muskelsystem

Manchmal entstehen übermäßige und schmerzhafte Spannungen an Muskelgruppen (meist Fuß- und Schenkelmuskulatur), die man als Muskelkrampf bezeichnet. Man kann durch vorsichtige, aber möglichst kräftige Dehnung des Muskels dessen Verkrampfung lösen.

Die häufigsten **Muskelverletzungen** entstehen dadurch, dass von ermüdeten oder nicht aufgewärmten Muskeln zu große Leistungen verlangt werden.

Bei einer Prellung treten Blutergüsse im Muskel auf. Durch entsprechende Ruhestellung heilt diese schmerzhafte Verletzung rasch. Muskelzerrungen gehören zu den häufigsten Sportverletzungen. Sie entstehen v. a. beim zu abrupten Beschleunigen oder Abbremsen (z. B. beim Tennis). Überdehnt man einen Muskel plötzlich, so kann ein Muskelriss die Folge sein.

Dauernde Bewegungsarmut führt zu einer Erschlaffung und Rückbildung der Muskulatur. Nur das Training möglichst aller Muskelgruppen (z. B. beim Schwimmen) erhält die Muskulatur leistungsfähig. Beachte aber bei jeder sportlichen Übung, dass ein Muskel nicht plötzlich seine volle Leistung erbringen kann. Die Muskeln müssen daher zuerst „aufgewärmt" (d. h. ihre Durchblutung gefördert) werden.

Skelettmuskeln gehorchen unserem Willen

Die **Skelettmuskulatur** ermöglicht die Bewegungen unseres Körpers und gibt ihm seine Gestalt. Bei durchtrainierten Sportlern erkennt man „durch" die Haut Muskeln bzw. Muskelgruppen. Beim Mann beträgt das Gewicht der Muskulatur 40 %, bei der Frau etwa 25 % des gesamten Körpergewichtes.

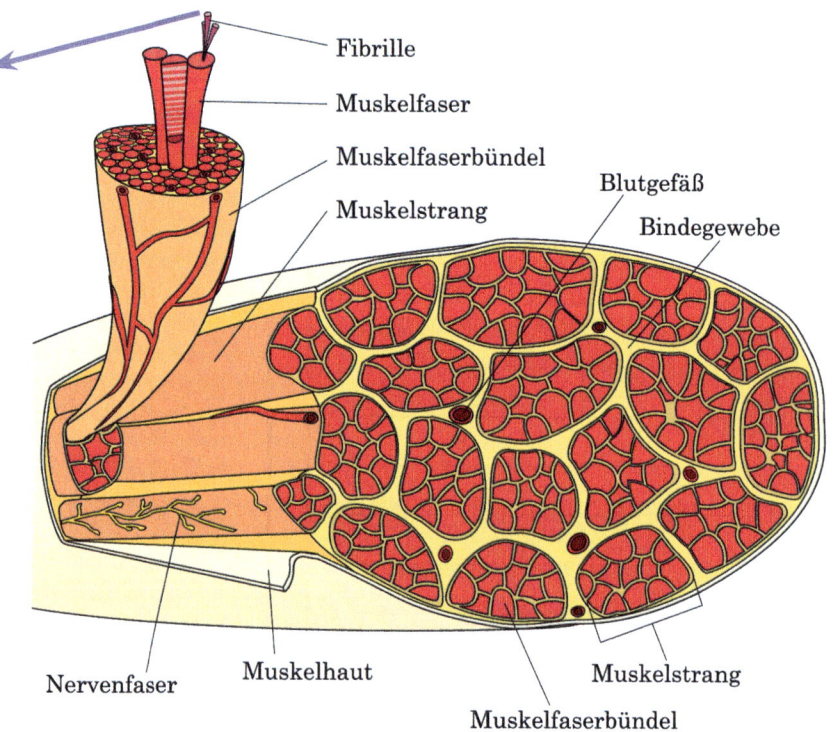

3 *Bau eines Muskels*

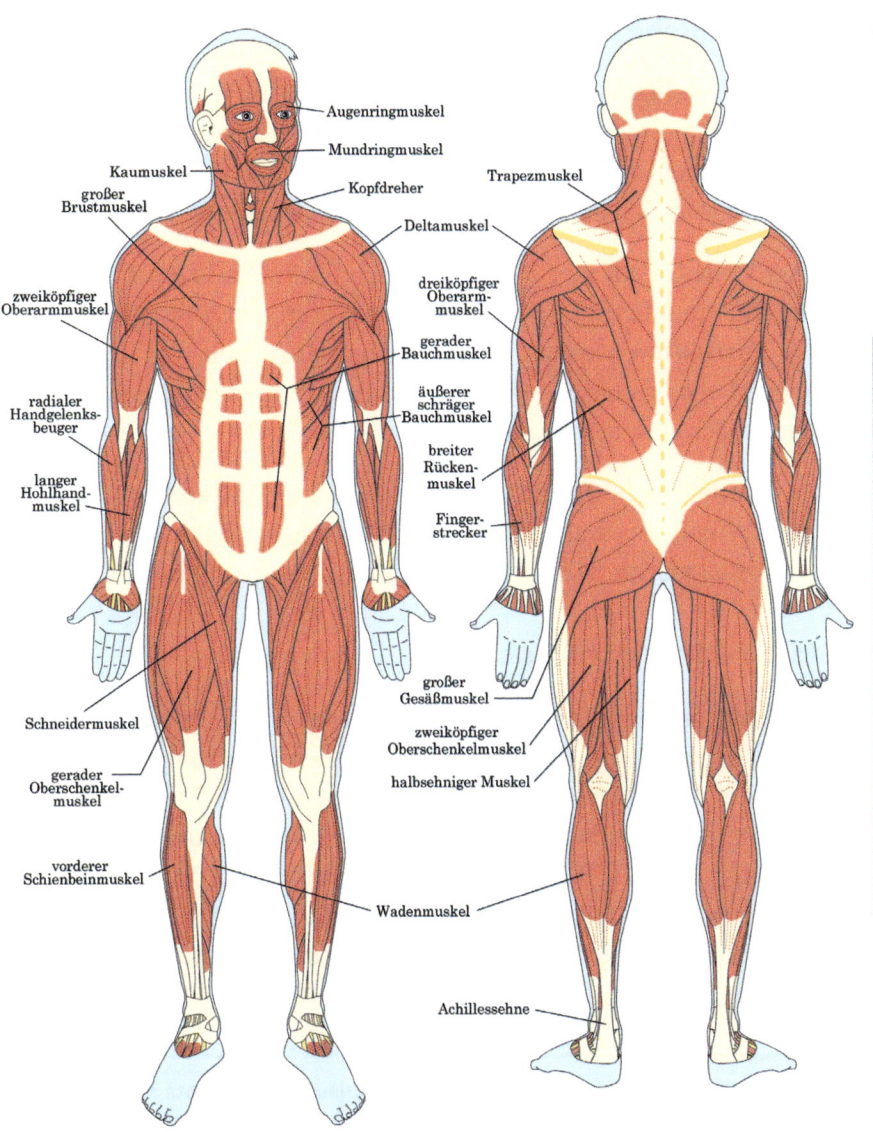

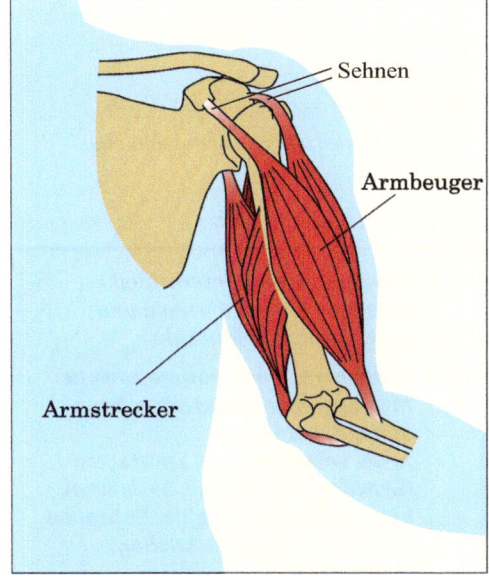

1 Wichtige Skelettmuskeln: Die Muskeln liegen in mehreren Schichten über dem Skelett. Am Rumpf sind diese Muskeln eher flächenhaft, an den Gliedmaßen eher spindelförmig ausgebildet. Die Verbindung zwischen dem Muskel und einem Knochen stellen **Sehnen** aus Bindegewebe her. Kaumuskeln, Zwischenrippen- und Bauchmuskeln setzen direkt am Knochen an.

2 Beuger – Strecker: Der Beuger auf der Vorderseite des Oberarms wirkt dem Strecker an der Hinterseite entgegen. Zieht sich der Beuger zusammen, um den Unterarm heranzuziehen, so muss der Strecker gleichzeitig nachlassen und umgekehrt.

Neben der Aufgabe der Gestaltgebung haben die Muskeln auch eine Schutz- und Stützfunktion. So schützt z. B. die Bauchdecke innere Organe, die gesamte Muskulatur hält den Körper aufrecht.

Die Skelettmuskeln wirken oft als **Gegenspieler** (→ Abb. 2). Zwei Muskeln spielen zusammen (Muskelpaar), indem sie entgegengesetzt arbeiten (ein Muskel kann sich selbst nicht dehnen).

An den Ausführungen von Bewegungen sind meistens mehrere **Muskelgruppen** beteiligt. So erfordern etwa die Handbewegungen 35 Muskeln.

Man unterscheidet zwei verschiedene **Spannungszustände** des Muskels: die Arbeitsspannung (Tetanus) und die Ruhespannung (Tonus), wenn er keine Arbeit leistet.

Bei der Muskelkontraktion wird Energie verbraucht. Sie muss erneuert werden, damit sich der Muskel erneut verkürzen kann. Sehr viel Energie wird verbraucht, wenn die Muskeln auf Schnelligkeit und Kraft beansprucht werden. Je mehr Sauerstoff und Zucker (wird im Verdauungssystem aus Kohlenhydraten gewonnen) einer Zelle in kurzer Zeit zugeführt werden kann, umso besser ist das Leistungsvermögen eines Muskels. Die Aufnahmefähigkeit kann durch entsprechendes Training gesteigert werden.

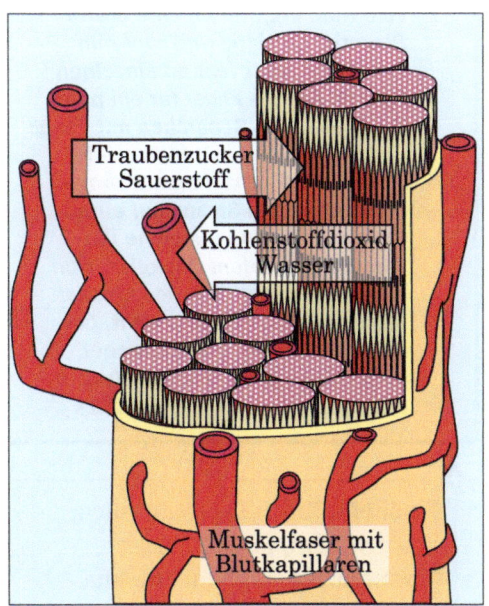

3 Stoffwechsel eines Skelettmuskels: In der Muskelzelle wird Energie durch die Oxidation (→ **L**) von Traubenzucker (eine langsame „Verbrennung") frei gesetzt, wobei Wärme entsteht. Dabei anfallendes Kohlenstoffdioxid wird über die Lunge ausgeschieden, das entstehende Wasser über die Blutbahn entsorgt.

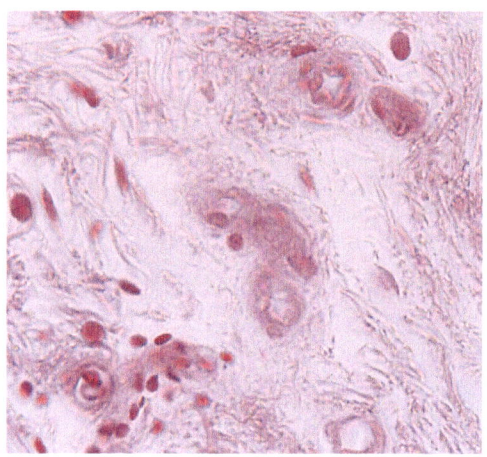

1 Glatte Muskelzellen (Mikroaufnahme)

---

1 ▶ Beschreibe den Unterschied zwischen Skelettmuskeln und unwillkürlichen Muskeln.

2 ▶ Finde heraus und notiere, welche Muskelgruppen besonders beansprucht werden:
a) bei verschiedenen Sportarten (Schwimmen, Fußball, Skifahren),
b) beim Festziehen einer Schraube mit einem Schraubenzieher,
c) beim Essen.

3 ▶ Zähle Maßnahmen für die Gesunderhaltung und das Training der Muskeln auf und wie du dich „fit" hältst.

4 ▶ Versuch: Dazu brauchst du ein Stück Muskelfleisch (z. B. Kotelett vom Schwein oder „Wadschinken" vom Rind etc). Nimm eine breite Pinzette zur Hand und zupf nun vorsichtig, aber fest an einzelnen Fasern. Gib die Faser für ein paar Minuten in ein Schälchen mit Essig und zerreiße sie mit Hilfe zweier Pinzetten in ganz dünne Stränge. Lege nun einen Strang auf einen Objektträger und quetsche ihn vorsichtig mit dem Deckglas. Nun hast du ein so genanntes Muskelquetschpräparat hergestellt, bei dem du bei 400- bis 600facher Vergrößerung die Querstreifung beobachten kannst (➔ Abb. 12.1).

Muskelaufbau: Muskelfibrillen, Muskelfasern, Faserbündel.
Muskelarten: willkürliche Muskeln – quer gestreifte Muskelfasern, Bewegungsmuskeln, unwillkürliche Muskeln – glatte Muskelzellen, Eingeweidemuskeln.
Ausnahme: Herzmuskel – quer gestreift, aber unwillkürlich.

Unwillkürliche Muskeln

Die **Eingeweidemuskeln** unterscheiden sich im Bau und in der Leistungsfähigkeit von den Skelettmuskeln. Sie bestehen aus etwa 0,1 mm langen und 0,005 mm dicken, lang gestreckten Zellen, die keine Querstreifen aufweisen. Daher heißen sie **glatte Muskeln**.

Unser Wille hat auf ihre Tätigkeit keinen Einfluss. Sie arbeiten zwar langsam, ermüden aber wenig. Ihr Energieverbrauch ist gering. Die **quer gestreiften** Muskeln arbeiten dagegen schnell und kraftvoll, ermüden aber rasch. Glatte Muskeln finden wir vor allem in den Wänden der inneren Organe.

Eine **Ausnahme** bildet der **Herzmuskel**. Seine Tätigkeit ist von unserem Willen – wie die der glatten Muskeln – unabhängig, seine Fasern sind jedoch wie bei den Skelettmuskeln quer gestreift.

Stoffwechsel der Muskulatur

Die **Kraftquelle** für die Arbeit der Muskeln ist die Energie, die bei der Oxidation (langsame Verbrennung) oder Vergärung von Traubenzucker in den Muskelzellen frei wird (➔ Abb. 13.3). Bei schwerer, langer Muskelarbeit häuft sich vor allem **Milchsäure** an, welche Ermüdung bewirkt. Beansprucht man einen Muskel zu sehr, treten Schmerzen auf (**Muskelkater**). Bei besonders starkem Muskelkater ist körperliche Ruhe nötig, weil es zu kleinen Verletzungen der Muskelfasern gekommen ist.

Abb. 2 zu 4 ▶ Herstellung eines mikroskopischen Präparats eines quer gestreiften Muskels.

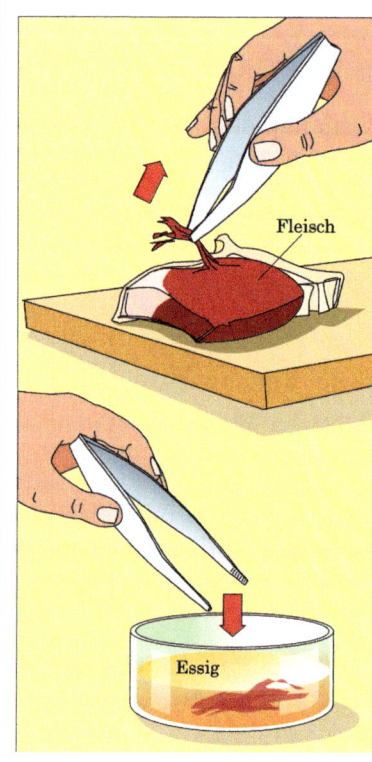
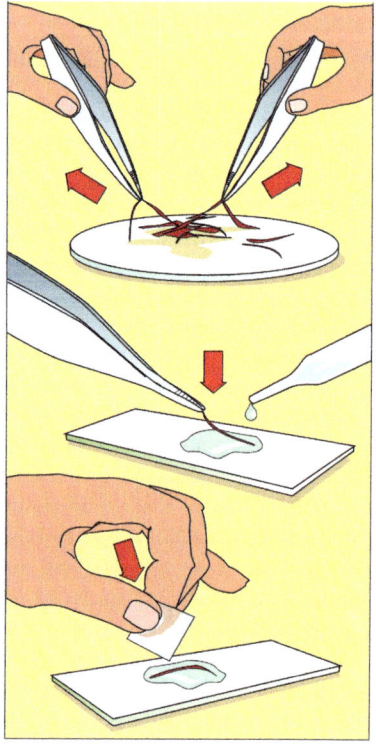

Die Haut

Die Schichten der Haut

Die Haut ist ein Organ unseres Körpers, das viele verschiedene Aufgaben erfüllt:

> Sie grenzt den Körper gegen die Umwelt ab (mechanischer Schutz),

> dient als **Ausscheidungsorgan**,

> **schützt** den Körper vor Austrocknung und Infektionen (→ L),

> spielt eine große Rolle bei der Regulierung der **Temperatur** und

> ist ein **Sinnesorgan**.

Der Vielfalt ihrer Aufgaben entspricht auch der recht komplizierte Aufbau.

Die **Oberhaut** misst an der Fußsohle etwa 2 mm, an der Handfläche 1 mm, an weniger beanspruchten Stellen 0,5 mm und an den Lippen sogar noch weniger. Hornhautzellen teilen sich ständig und sterben nach außen zu ab. Sie werden beim Waschen entfernt.

Wird eine Hautstelle längere Zeit hindurch Druck und Reibung ausgesetzt, so bilden sich **Schwielen**. Die Hornschicht ist an diesen Stellen extrem stark. Die darunter liegende **Keimschicht** sorgt für ständigen Nachschub an Zellen. Bei mechanischer Schädigung der Haut oder bei Verbrennung kommt es zu einer Trennung der beiden Schichten. Die Hornschicht hebt sich ab, und der Zwischenraum füllt sich mit Gewebsflüssigkeit. Es entsteht eine „Blase".

Die an die Oberhaut angrenzende stark durchblutete **Lederhaut** enthält Nervenenden und Drüsen. Im **Unterhautbindegewebe** sind Fettzellen eingelagert. Es besteht aus Bindegewebe.

Ein erwachsener Mensch hat rund 1,7 m² Haut. Sie ist über den ganzen Körper verteilt und unterschiedlich ausgebildet. Sie trägt mehr oder weniger Haare, Nägel, Schweißdrüsen und dient als wichtiges Sinnesorgan mit direktem Kontakt zur Umwelt.

Wiederhole mit Hilfe der Abb. 1 Bau und Aufgaben der Haut.

1 *Die Haut und ihre Aufgaben.*

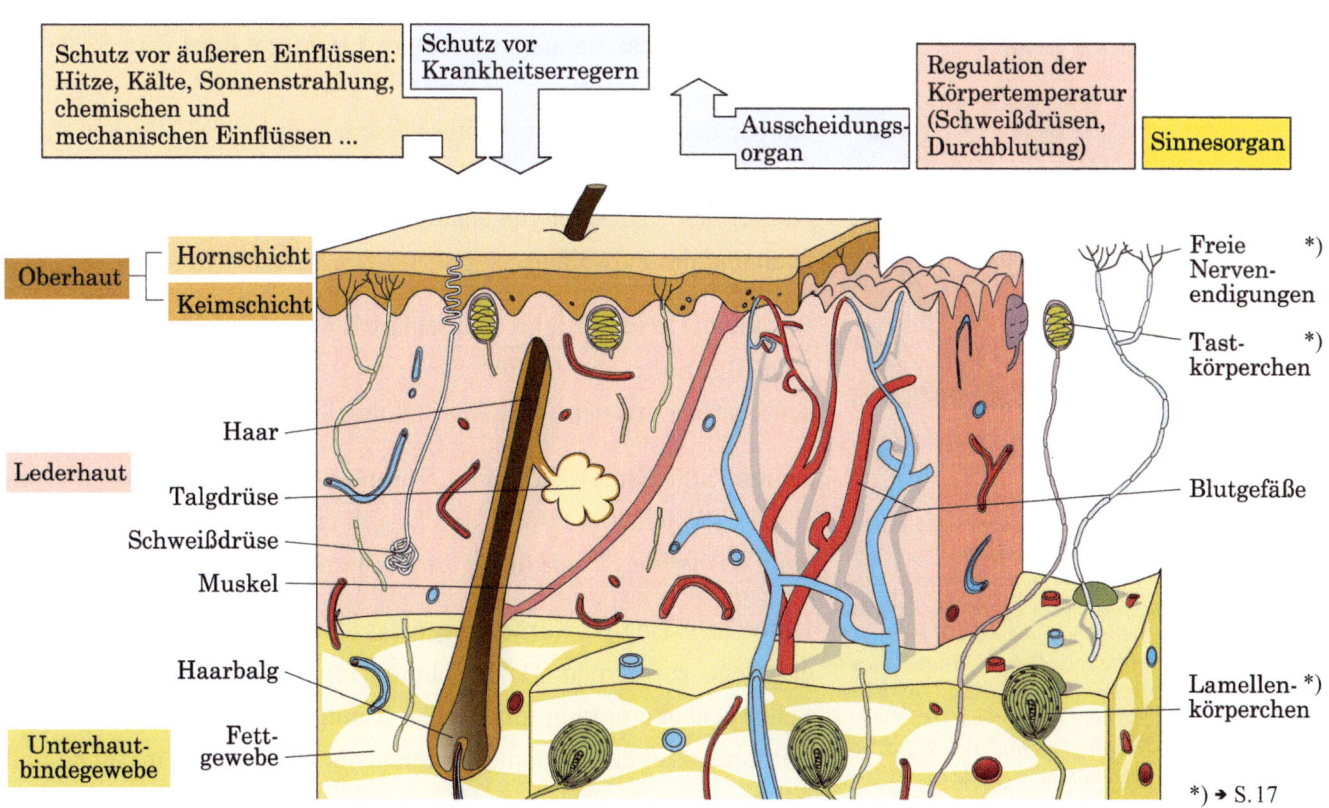

1 Sonnenbrand

In der **Keimschicht** sind **Pigmentzellen** (→ **L**) eingelagert, die den Farbstoff der Haut, der Haare und der Iris ausbilden. Pigmentbildung wird durch ultraviolette Strahlen (wie sie das Sonnenlicht enthält) stark gefördert. Diese Bräunung schützt die Haut vor Schädigung. Bei intensiver und zu lange andauernder Sonnenbestrahlung besteht die Gefahr einer Schädigung der Zellen. Eine solche Schädigung kann zur „Hautkrebsbildung" (→ **L**) führen.

An der Oberhaut münden die Ausführungsgänge der in der Lederhaut liegenden **Talg**- und **Schweißdrüsen**. Ihre Sekrete überziehen die Oberhaut.

Die fette **Talgschicht** hält die Haut geschmeidig und wirkt Wasser abstoßend. Sind die Hände aber lang im Wasser, besonders mit fettlösenden Zusätzen (Geschirrspülmittel), wird diese Schutzschicht entfernt. Die Haut nimmt Wasser auf und quillt. Speziell an den Fingern treten dann Falten und Runzeln auf.

Die **Lederhaut** grenzt nicht geradlinig an die Oberhaut, sondern springt in zahlreichen Papillen und Leisten gegen sie vor. Die beiden Hautschichten sind ineinander verzahnt. In den Papillen liegen Blutgefäßschlingen und Sinneskörperchen. Jeder Mensch hat sein eigenes Linienmuster, das besonders deutlich an den Zehen und Fingern zu erkennen ist. Fingerabdrücke spielen daher in der Kriminalistik eine große Rolle zur Täteridentifizierung.

Haare und Nägel

Bei Tieren dient das Haarkleid v. a. als Schutz gegen Kälte und Nässe. Die menschliche Behaarung ist stark **zurückgebildet**. Nur der Fötus im Mutterleib ist etwa vom dritten bis siebenten Monat am ganzen Körper deutlich behaart. Später verschwinden diese Härchen meistens. Der Erwachsene hat im Durchschnitt etwa 5 Härchen auf 1 cm² Körperhaut. Ganz frei von Haaren sind nur die Lippen, die Handflächen und die Fußsohlen.

Ein kleiner **Muskel** führt vom Haarbalg zur Oberfläche der Lederhaut. Bei Kälte oder Gefühlen wie Angst und Entsetzen richtet dieser das Haar aus der liegenden Stellung auf („Gänsehaut").

Zehen- und **Fingernägel** sind Hornplatten, die ständig nachwachsen. Das Wachstum erfolgt vom Nagelbett aus. Der helle Halbmond zeigt das vordere Ende dieser Zuwachszone.

Unter dem Begriff **Körperpflege** fasst man Haar-, Haut, und Nagelpflege zusammen. Dazu gehören regelmäßiges Haarewaschen, Schuppenbekämpfung, gründliche Reinigung der Haut, das Tragen luftdurchlässiger Kleidung, ausreichender Aufenthalt in Sonne und frischer Luft, Reinigung und Kürzen der Nägel.

2 Auf dem Kopf trägt man etwa 100 000 Haare (im Bild Kopfhaut und Haare unter dem Mikroskop; ca. 80-fache Vergrößerung). Die Lebensdauer dieser Haare beträgt einige Jahre. Dann fallen sie aus und werden durch neue ersetzt. Wimpern erneuern sich alle 4 bis 5 Monate, die Körperhärchen alle paar Wochen. In den Haarbalg münden 1 oder 2 Talgdrüsen, die das Haar einfetten. Der an Blutgefäßen reiche Haarbalg ernährt das Haar. Von hier bekommt es auch den Farbstoff mit. Wird kein Farbstoff mehr erzeugt, befindet sich Luft im Haar. Dieses erscheint dann grau.

Die Haut als Sinnesorgan (Abb. 2 – 6)

Die Haut bietet nicht nur Schutz vor der Außenwelt, sondern in ihr eingelagerte Nervenzellen müssen von der Umwelt kommende **Reize** aufnehmen und die Erregungen weiterleiten.

Durch die Haut erfahren wir, ob etwas heiß oder kalt ist, ob wir an einem Gegenstand anstoßen oder ob uns Schmerz zugefügt wird.

Es gibt bestimmte Punkte in der Haut, die auf **Wärmereiz**, andere, die auf **Kältereiz** ansprechen. Beiden ist gemeinsam, dass sie keine absoluten Werte angeben, sondern immer nur Unterschiede zur Hauttemperatur. Am besten zeigt das der **Drei-Schalen-Versuch**:

1 Drei-Schalen-Versuch mit verschieden warmem/kaltem Wasser (mit geschlossenen oder verbundenen Augen)

> **1 ▶ Lege eine Hand in heißes, die andere in kaltes Wasser. Dann lege beide Hände gleichzeitig in die dritte Schale mit lauwarmem Wasser. Notiere, was du spürst und was dieses Ergebnis bedeutet.**
>
> _____
>
> _____
>
> _____
>
> _____
>
> _____

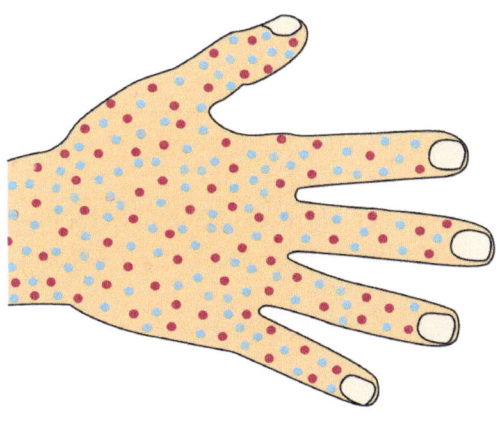

2 Verteilung der Wärme- (rot) und Kältepunkte (blau) auf der Haut

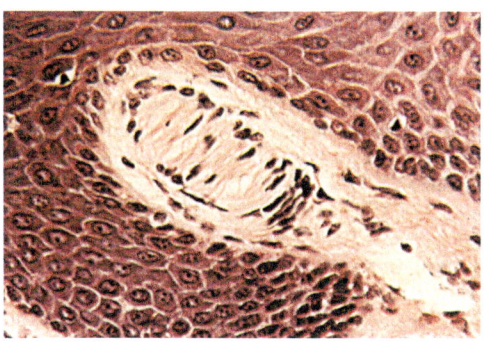

3 Tastkörperchen liegen in den Lederhautpapillen. Bindegewebshüllen umgeben die ovalen Körperchen, in denen sich freie Nervenendigungen befinden. Bei Berührung werden die Zellen zusammengedrückt und die Nerven dadurch erregt. Die Tastkörperchen melden uns leichte oberflächliche Berührungen.

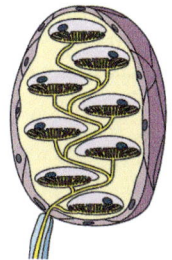

4 Tastkörperchen (schematisch)

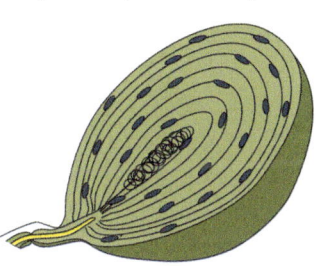

5 In die Tiefe wirkender Druck wird von den im Unterhautbindegewebe liegenden **Lamellenkörperchen** registriert. Sie können 4 mm lang werden. Das Nervenende im Inneren wird von vielen Gewebslamellen eingehüllt, zwischen denen sich Flüssigkeit befindet.

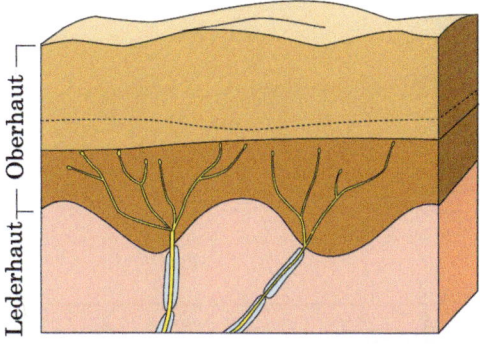

6 Für den Schmerzsinn gibt es kein eigenes Sinnesorgan. **Freie Nervenendigungen**, die sich bis zur Oberhaut vorschieben, nehmen den Reiz auf. Daher schmerzen auch ganz oberflächliche Schürfwunden, die so flach sind, dass sie nicht einmal bluten. Schmerzpunkte liegen nicht nur in der Haut, sondern auch in inneren Organen. Gehirn und Lunge sind jedoch schmerzfrei.

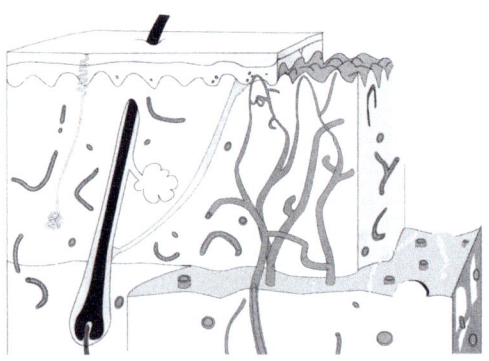

1 *Hautausschnitt (Skizze)*

Die Haut als Ausscheidungsorgan

Ein Mensch besitzt mehr als 2 Millionen **Schweißdrüsen**. An manchen Körperstellen stehen sie so dicht, dass 400 (!) auf $1\,cm^2$ kommen. Besonders viele finden wir an den Handflächen, Fußsoh-len, der Brust, in den Achselhöhlen sowie an der Stirn. Die schlauch-förmigen Drüsen sind in ihrem unteren Ende aufgeknäuelt. Dieser Knäuel liegt in der Lederhaut (➔ Abb. 15.1).

Die **Schweißporen** haben einen Durchmesser von 2 bis 4 Tausends-tel Millimetern. Kleine Ringmuskeln können sie verschließen. An einem Tag, an dem man nicht zu schwitzen glaubt, wird etwa 1 Li-ter Schweiß abgesondert. Er verdunstet unbemerkt. Nur bei stark gesteigerter Schweißproduktion oder wenn die Verdunstung durch feuchte, schwüle Luft verhindert wird, bilden sich Tropfen.

Der **Schweiß**, eine wässrige Lösung, weist nur 2 % Trockenstoffe auf. Dazu gehören Salz, Harnstoff, Harnsäure sowie andere Stoff-wechselschlacken und mitunter auch Krankheitsgifte, wie sie z. B. von Bakterien erzeugt werden. Der Säure- und Salzfilm des Schwei-ßes dient als Schutz vor Krankheitserregern („Säureschutzmantel" der Haut).

Die Schweißabsonderung dient aber nicht nur der Ausscheidung, sondern hat große Bedeutung für die **Erhaltung der Körpertempera-tur**. Der Mensch gehört zu den gleichwarmen Lebewesen, d. h. seine Körpertemperatur ist weitgehend unabhängig von äußeren Einflüs-sen.

Ob das Thermometer plus oder minus 40 °C anzeigt, unsere Körper-temperatur bleibt im Normalfall ständig zwischen 36° und 37 °C. An diesem Vorgang ist die Haut maßgeblich beteiligt. Steigt die Temperatur im Körper, so werden die zahlreichen feinen Blutgefä-ße, die in der Haut liegen, stark erweitert. Sie können bis zu einem Drittel der gesamten Blutmenge des Körpers aufnehmen und an die Oberfläche führen, wo die Wärme abgestrahlt wird.

In $1\,cm^2$ Haut gibt es so viele feine Blutgefäße (Kapillaren, ➔ **L**), dass sie aneinander gereiht 1 m lang wären. Bei Kälte ziehen sie sich zusammen, und das meiste Blut bleibt im warmen Körperinneren.

Eine wesentliche Abkühlung erfährt der Überhitzte durch die Schweißabsonderung, da sich die **Verdunstungskälte** wohltuend auswirkt. Gegen zu große plötzlichen Wärmeverlust schützen die Fettpolster im Unterhautbindegewebe.

Oberhaut: Hornschicht aus abgestorbenen Zellen, werden von der Keimschicht ersetzt, Pigmentzellen (Farbzel-len) bilden bei UV-Bestrahlung mehr Pigment.

Lederhaut: Haare mit Haarmuskeln, Talgdrüsen sorgen für Geschmeidigkeit von Haut und Haaren, Schweiß-drüsen zur Abgabe von Schweiß (ca. 1 Liter täglich), Blutkapillaren, Nerven, Sinneskörperchen (Schmerz-, Tast-, Wärme-, Kältepunkte).

Unterhautbindegewebe: verbindet Haut mit Muskeln und Sehnen, besteht v. a. aus Fettgewebe (Energiespei-cher, Schutz vor Kälte und Stößen).

Nahrung, Zähne, Verdauung

Gesunde Ernährung ist Voraussetzung für die Gesunderhaltung unseres Körpers. In der so genannten „Überflussgesellschaft" ernähren sich aber immer mehr Menschen unausgewogen. Sie essen vor allem zu fettreich, zu viel, zu salzig und auch zu viel Zucker. Wissenschaftliche Untersuchungen haben gezeigt, dass 25 % der 10- bis 18-jährigen Schüler an Übergewicht oder Fettleibigkeit leiden.

> **1 ▶** Informiere dich über den Gesundheitsbericht des BM für Gesundheit.
>
> **2 ▶** Erstelle für einen beliebigen Wochentag ein Ernährungsmodell: Schreibe auf, was und wie viel du isst bzw. trinkst – vom Frühstück bis zum Abendessen und überlege, ob du dich „gesund" ernährst.

Unsere Nahrung

Die Nährstoffe dienen dem Aufbau und dem Ersatz von Körperzellen (**Baustoffwechsel**) sowie zur Erhaltung von Energie (**Betriebsstoffwechsel**).

Den Nährwert der Nahrungsstoffe misst man in Wärmeeinheiten – **Joule** (früher Kalorien, 1 kcal entspricht 4,187 kJ). Jeder Mensch hat täglich einen bestimmten **Mindestbedarf an Energie**. Der Bedarf richtet sich nach dem Alter, dem Gewicht, der Leistung eines Menschen und dem Klima (➜ Abb. 2).

Unsere Nahrung (➜ Abb. 1) besteht nur aus wenigen Grundstoffen, die in ihr enthalten sein müssen: Kohlenhydrate, Fette, Eiweiße. Dabei liefern 1 g Eiweiß oder 1 g Kohlenhydrate ca. 17 kJ, 1 g Fett hingegen rund 39 kJ.

Eiweiße, die unser Körper braucht, sind u. a. in Fleisch, Fisch, Milch, Eiern, Käse und Hülsenfrüchten enthalten. Eiweiß dient vor allem als Baustoff und macht daher im Gegensatz zu Fetten und Kohlenhydraten nicht dick. Eiweiße bestehen aus 20 verschiedenen Grundbausteinen, den Aminosäuren. Acht von ihnen kann der Mensch nicht selbst herstellen, man nennt sie daher essenzielle Aminosäuren. Sie müssen mit der Nahrung (tierische oder pflanzliche Eiweiße) aufgenommen werden.

Kohlenhydrate sind aus Zuckermolekülen aufgebaut. Traubenzucker besteht nur aus einem derartigen Baustein, daher nennt man solche Zucker „Einfachzucker". Demgegenüber stehen Zweifachzucker, wie unser „Würfelzucker", der aus Zuckerrüben gewonnen wird. Bestehen Kohlenhydrate aus mehreren miteinander verbunden Grundbausteinen, so nennt man sie Vielfachzucker (Stärke: z. B. im Mehl). Kohlenhydrate werden bei zu geringer körperlicher Tätigkeit als Körperfett gespeichert. Vor allem ein Übermaß an Zucker – oft in Form von süßen Getränken konsumiert – kann schädlich sein.

Fette sind aus Fettsäuren (➜ L) und Glyzerol, einem Alkohol, aufgebaut. Wie bei den Eiweißen kann der Mensch auch bei den Fetten bestimmte Fettsäuren nicht selbst im Stoffwechsel herstellen.

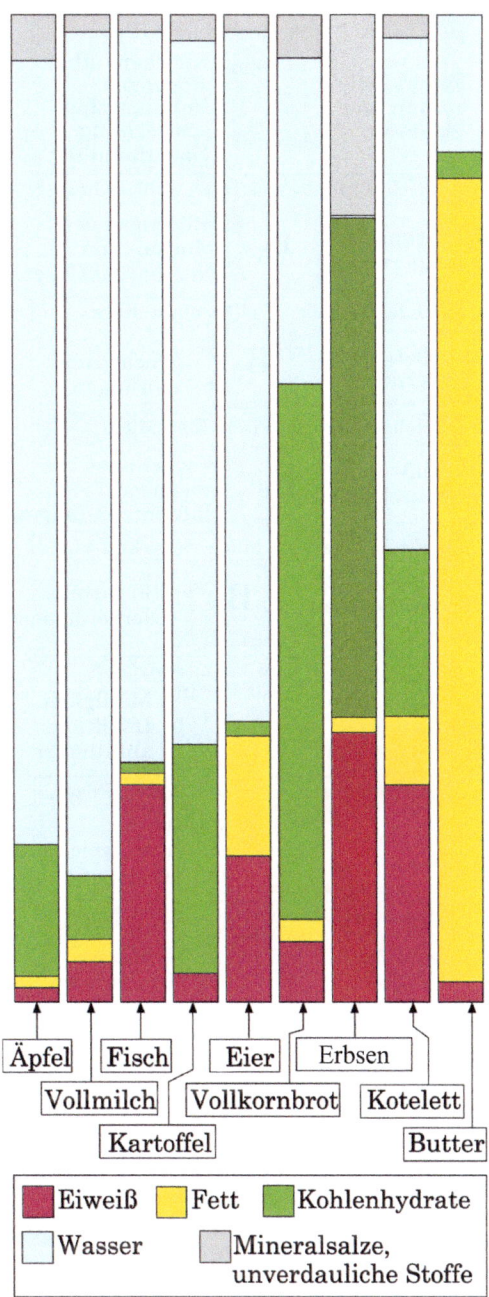

Äpfel	Fisch		Eier	Erbsen
Vollmilch		Vollkornbrot		Kotelett
	Kartoffel			Butter

| ▮ Eiweiß | ▮ Fett | ▮ Kohlenhydrate |
| ▮ Wasser | ▮ Mineralsalze, unverdauliche Stoffe | |

1 Einige Nahrungsmittel und deren Zusammensetzung

🦉 ➜ **Arbeitsblatt S. 28**

---

* Zusatzinformation

In Ruhe braucht der Mensch etwa 4,2 kJ je kg Körpergewicht und Stunde. Das ergibt für einen 70 kg schweren Menschen ungefähr 7 000 kJ an einem Tag. Man bezeichnet das als Grundumsatz. Der Leistungsumsatz entsteht bei jeder Form der körperlichen Betätigung. Er verbraucht unterschiedliche Mengen an Energie, so werden z. B. beim Schreiben nur 126 kJ, beim Wettkampf-Schwimmen hingegen 3 000 kJ pro Stunde verbraucht.

2 Energiebedarf

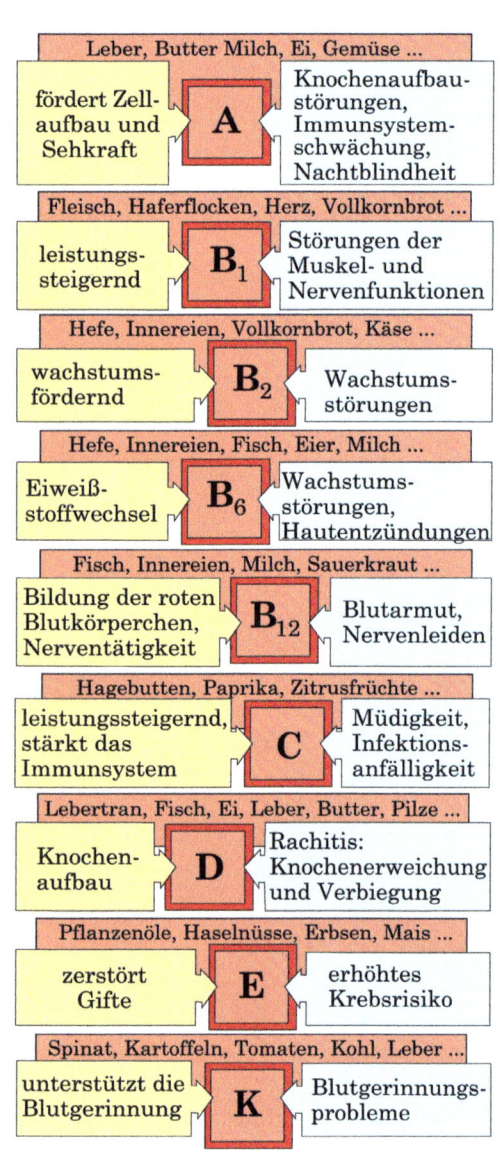

1 *Einige Vitamine, Vorkommen, Bedeutung für den Körper, Störungen bei deren Fehlen*

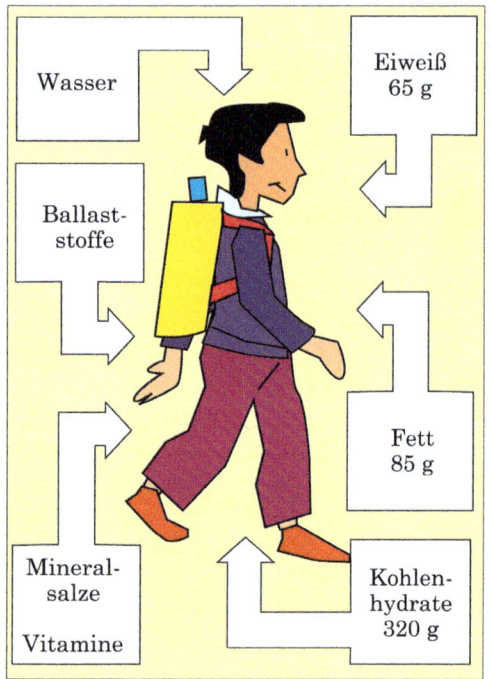

2 *Vergleiche mit dem Bedarf eines Erwachsenen und mit deinen Notizen von S. 19, 2 ▶.*

Diese essenziellen Fettsäuren müssen mit der Nahrung aufgenommen werden. Vor allem Sonnenblumen- und Distelöl enthalten viele essenzielle Fettsäuren und sollten daher auf unserem Speiseplan stehen. Tierische Fette besitzen hingegen einen hohen Anteil an **Cholesterol**. Dieses ist für den Körper z. B. für die Bildung mancher Hormone (➔ **L**) wichtig, kann aber bei übermäßiger Zufuhr zu einer Erhöhung des Fettgehaltes im Blut führen. Die Gefahr einer Verstopfung der Gefäße (Thrombose, ➔ **L**) steigt, und es kann zu Herz- und Kreislauferkrankungen kommen.

Übermäßiger Fettkonsum führt zu Übergewicht, wobei überschüssiges Fett als so genanntes Depotfett angelagert wird. Als übergewichtig werden Menschen bezeichnet, die mehr als 10 % des Normalgewichtes haben. Dabei gilt die Regel für Normalgewicht:

Körpergröße in cm minus 100 – 10 % = ideales Körpergewicht

In jüngster Zeit wird eher der „Body-Mass-Index" vorgeschlagen:

Körpermasse [kg] : (Körpergröße [m])² =

Ideal ist ein Wert zwischen 18 und 25.

Berechne mit beiden Methoden deine persönlichen Daten.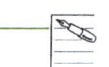

Die beste Ernährung für den Menschen ist gemischte Kost. Etwa drei Viertel unserer Nahrung sollen aus pflanzlichen, der Rest aus tierischen Stoffen bestehen. Dies stellt auch sicher, dass dem Körper die nötigen Vitamine zugeführt werden.

Vitamine sind für den Menschen lebensnotwendige organische Stoffe, die von seinem Körper nicht oder nur in geringer Menge selbst gebildet werden können. Sie müssen mit der Nahrung aufgenommen werden. Sie sind für den Ablauf des Stoffwechselvorganges unerlässlich. Beim Fehlen eines Vitamins können Gesundheitsstörungen – manchmal sogar Organstörungen – auftreten. Heute sind mehr als 20 Vitamine bekannt, die man mit Buchstaben bezeichnet. Viele Vitamine sind in Gemüse, Obst und in der Milch enthalten. Vitamine werden je nach Art durch Hitze, Licht oder Oxidation zerstört (➔ Abb. 1).

Neben Eiweiß, Fett, Kohlenhydraten und Vitaminen brauchen wir in unserer Nahrung auch **Mineralsalze** (z. B. zur Blutbildung, zum Aufbau von Knochen, Zähnen, Muskeln, Nerven und deren Funktion). Es sind dies vor allem Verbindungen (Salze) von Natrium, Kalium, Kalzium, Magnesium, Chlor, Phosphor und Spuren von Kupfer, Zink, Mangan, Jod und Eisen. Der für den Körper erforderliche Salzbedarf ist durch die täglichen Speisen einer gemischten Kost im Wesentlichen gedeckt.

Der Stoffwechsel kann nur funktionieren, wenn neben den bisher besprochenen Stoffen noch **Wasser** dazukommt (etwa 2 – 3 l pro Tag). Es dient als Lösungs- und Transportmittel für alle im Stoffwechselprozess auftretenden Produkte.

Ballaststoffe sind nicht oder wenig abbaubare Anteile der Nahrung (z. B. Zellulose und verholzte Teile von Pflanzen). Sie sind in Schwarzbrot, Vollkornbrot, Obst und Gemüse enthalten und regen die Darmtätigkeit an.

Die Zähne

Das **Milchgebiss** eines Kindes unterscheidet sich durch die Anzahl der Zähne vom **Dauergebiss** eines Erwachsenen. Es besteht in jedem Kiefer aus 4 Schneidezähnen, 2 Eckzähnen und 4 Mahl-(Backen-)zähnen – insgesamt also aus 20 Zähnen. Beim Dauergebiss kommen noch 6 Mahlzähne in jedem Kiefer dazu (zusammen 32 Zähne). Etwa im siebenten Lebensjahr beginnt der Wechsel der Zähne. Ungefähr mit 13 bis 15 Jahren sind alle Zähne bis auf den jeweils letzten Mahlzahn ausgebildet – die Weisheitszähne können manchmal erst in späteren Jahren hervorbrechen.

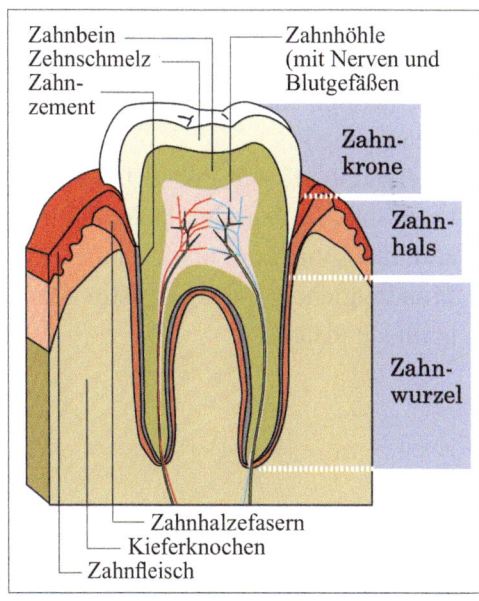

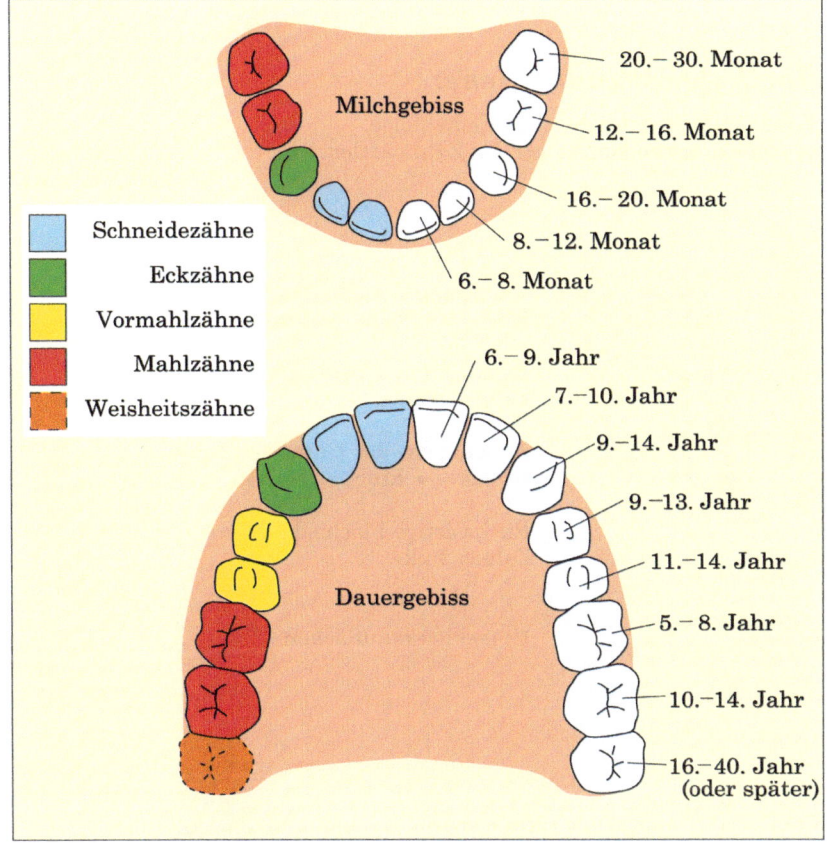

Milchgebiss
- 20.–30. Monat
- 12.–16. Monat
- 16.–20. Monat
- 8.–12. Monat
- 6.–8. Monat

Farbe	Bezeichnung
blau	Schneidezähne
grün	Eckzähne
gelb	Vormahlzähne
rot	Mahlzähne
orange	Weisheitszähne

Dauergebiss
- 6.–9. Jahr
- 7.–10. Jahr
- 9.–14. Jahr
- 9.–13. Jahr
- 11.–14. Jahr
- 5.–8. Jahr
- 10.–14. Jahr
- 16.–40. Jahr (oder später)

1 Milchgebiss und bleibendes Gebiss mit den Durchbruchszeiten der Zähne

Der harte Zahnschmelz verträgt keinen zu raschen Temperaturwechsel. Ein Wechsel von heißen und kalten Speisen oder Getränken kann dazu führen, dass der Schmelz kleine Risse erhält. Leichte, oft unsichtbare Beläge aus Schleim und Nahrungsbestandteilen sind Nährböden für Zahnfäulebakterien (Zahnfäule = **Karies**). Diese zerstören den Zahnschmelz und greifen auf das Zahnbein über. In der Folge kommt es zur Entzündung des Zahnmarks und Schädigung des anliegenden Kieferknochens. Dies bedeutet neben dem Tod des Zahnes auch eine Gefährdung des ganzen Körpers, da von den Entzündungsherden an der Wurzelspitze **Infektionen** ausgehen können, die Muskeln, Gelenke, Magen, Herz u. a. schädigen.

Eine Zivilisationskrankheit ist die **Parodontitis**. Das ist ein langsam fortschreitender Schwund des Zahnbettes und das Lockerwerden der Zähne. Die Krankheiten der Zähne und des Zahnhalteapparates nehmen in Österreich zu. Rund 80 % der Erwachsenen haben behandlungsbedürftige Erkrankungen wie Karies, Zahnfehlstellungen oder Parodontitis.

Zahnbein — Zahnhöhle (mit Nerven und Blutgefäßen)
Zehnschmelz
Zahnzement
Zahnkrone
Zahnhals
Zahnwurzel
Zahnhalzefasern
Kieferknochen
Zahnfleisch

*2 Wir unterscheiden am Zahn den oberen sichtbaren Teil, die **Zahnkrone**, den vom Zahnfleisch bedeckten **Zahnhals** und die im Kiefer steckende **Zahnwurzel**.*
Der Zahn besteht aus dem Zahnbein (einem knochenähnlichen Gewebe), das im Bereich der Krone und des Halses vom Zahnschmelz, im Bereich der Wurzel vom Zahnzement überzogen ist. Der Schmelz ist der härteste von Zellen gebildete Stoff des Körpers. Dadurch ist er besonders geeignet, das Zahnbein zu schützen. Die Zahnhöhle im Inneren enthält zahlreiche Nerven und Blutgefäße. Zahnhaltefasern verbinden die Zahnwurzel mit dem Kieferknochen.

→ **Arbeitsblatt S. 28**

3 Zahn mit Karies (dunkel) und Zahnbelag

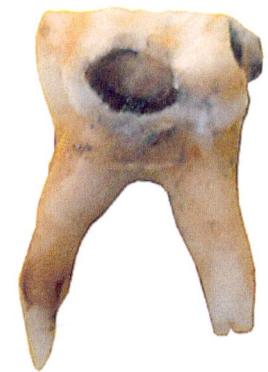

4 Wurzelspitzen eines infolge Parodontitis ausgefallenen Zahnes.

Vorsorge:
- gesunde Ernährung
- regelmäßige und wirkungsvolle Mundhygiene
- regelmäßige Kontrolle – d. h. mindestens 2-mal im Jahr durch den Zahnarzt, die Zahnärztin und eventuell
- Mundhygiene bei der Dentistin oder beim Dentisten

Ziel einer wirkungsvollen Zahnhygiene ist es, die Zahnbeläge möglichst zu entfernen, mit Zahnseide oder winzigen Zahnbürsten die Zahnzwischenräume von Speiseresten und Zahnbelag zu befreien. Nach jeder Hauptmahlzeit sollten die Zähne gründlich geputzt werden. Da Speisereste und Zahnbelag fest an den Zahnoberflächen haften, muss die Mundhygiene gründlich und systematisch (→ Abbildung) erfolgen.

Systematik der Mundhygiene:

Reinige deine Zähne immer in der gleichen Reihenfolge.
Beginne mit den am schwierigsten zu reinigenden Zahnpartien.

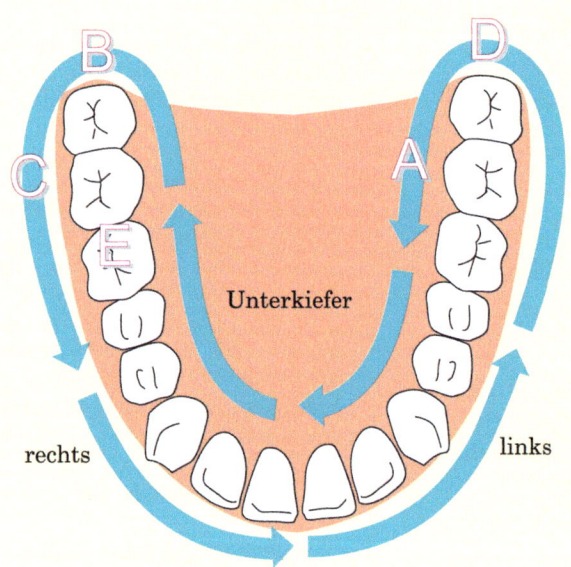

rechts   Unterkiefer   links

A   Innenseite der Unterkieferzähne
links ⟶ Front ⟶ rechts

B   Rückwärtige Fläche des letzten Zahnes rechts

C   Außenfläche der Unterkieferzähne
rechts ⟶ Front ⟶ links

D   Rückwärtige Fläche des letzten Zahnes links

E   Unterkieferkauflächen

① Ansetzen der Bürste am Zahnfleischrand – reine Drehung der Bürste um ihre Längsachse vom Zahnfleisch zum Zahn.

② Dabei streichen die Borsten über das Zahnfleisch, den Zahn und in den Zahnzwischenraum – damit Abscheren und Wegkehren der Zahnbeläge.

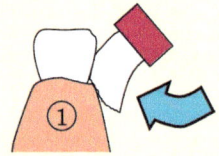

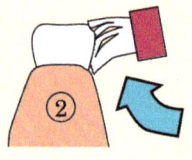

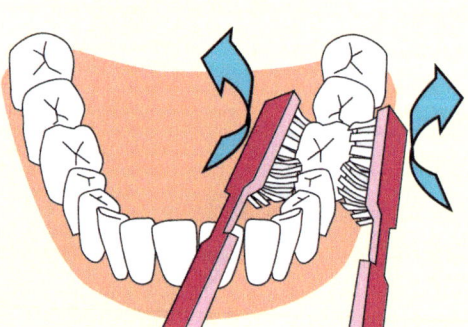

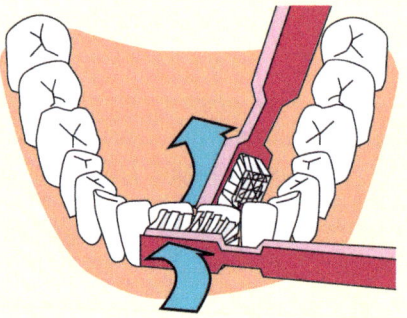

Darstellung der Rolltechnik an den charakteristischen Flächen im linken Unterkiefer und in der Front.
Die gleichen Bewegungen gelten für die rechte Seite und für den gesamten Oberkiefer.

Die Verdauungsorgane und ihre Tätigkeit

In der **Mundhöhle** wird die Nahrung zerkleinert und durch die Zunge geprüft (Geschmacks-, Tast- und Temperatursinn). Bei der Überprüfung der Speisen und Getränke hilft auch der in den Nasenhöhlen liegende Geruchssinn mit. Die Zunge unterstützt die Zähne bei der Kauarbeit. Aus vielen kleinen Drüsen und den drei Paar großen Speicheldrüsen wird am Tag etwa 1,5 Liter Speichel der Nahrung zugesetzt. Die Nahrung kann dadurch wesentlich besser gleiten. Außerdem enthält der Speichel Ptyalin: Das ist ein **Enzym** (→ **L**), eine Substanz, die chemische Reaktionen einleiten oder beschleunigen kann. Dabei wirken bestimmte Enzyme nur auf bestimmte Stoffe ein (Schlüssel-Schloss-Prinzip). Ptyalin baut Stärke zu Malzzucker ab. Du kannst das leicht nachprüfen, indem du ein Stück Brot längere Zeit im Mund behältst und ausdauernd kaust.. Nach wenigen Minuten schmeckt es süßlich.

Der **Magen** durchknetet den Nahrungsbrei. In der Magenschleimhaut sondern etwa 4 Millionen Drüsen täglich 2 bis 3 Liter Magensaft ab. Das Pepsin (ein im Magensaft enthaltenes Enzym) zerlegt die langen Eiweißketten in kürzere Bruchstücke. Es wirkt allerdings nur durch die Salzsäure, die im Magensaft in etwa 0,4 %iger Konzentration vorhanden ist. Sie tötet außerdem noch Bakterien ab und bringt Milch zum Gerinnen. Je nach Verdaulichkeit der Nahrung bleibt diese 4 bis 5 Stunden (manchmal sogar länger) im Magen.

Am Ausgang des Magens (Pförtner) wird der Nahrungsbrei schubweise in den Anfangsteil des **Dünndarms**, den Zwölffingerdarm, weiterbefördert. In den Zwölffingerdarm – seine Länge entspricht etwa 12 nebeneinander gelegten Fingern – münden die Ausführungsgänge der Leber und der Bauchspeicheldrüse. Durch die im Bauchspeichel enthaltenen Enzyme werden Eiweißstoffe, Kohlenhydrate und Fette in ihre Endprodukte zerlegt (= **Verdauung, → L**). Dabei helfen noch die etwa 3 Liter Darmsaft aus Drüsen der Dünndarmschleimhaut und die Gallenflüssigkeit. Diese wird von der Leber abgesondert, in der Gallenblase gespeichert und bei Bedarf in den Zwölffingerdarm abgegeben. Die Gallenflüssigkeit zerteilt Fette in kleinste Tröpfchen (man sagt: sie emulgiert Fette) und wirkt dadurch, dass die Enzyme diese Tröpfchen nun leichter angreifen können. Die Gallensäuren erleichtern die chemische Zerlegung der Stoffe, wirken fäulnishemmend und regen die Darmperistaltik an.

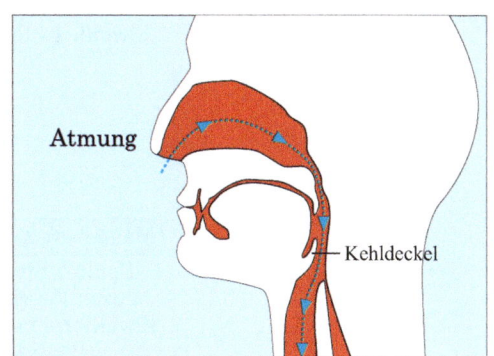

2 *Im Rachen kreuzen einander Speiseweg und Luftweg (beim Atmen durch die Nase). Die Luftröhre wird beim Schlucken durch den Kehldeckel, der Nasenraum durch das Gaumensegel verschlossen. Die Speiseröhre, ein muskulöses Rohr mit Ring- und Längsmuskeln, befördert die Nahrung in einer Art Wellenbewegung (Peristaltik, → L) in den Magen.*

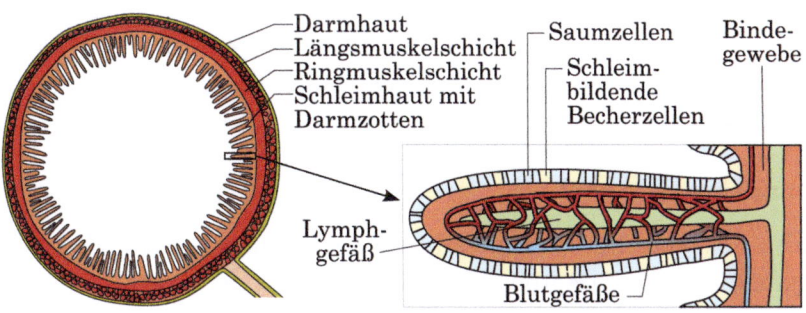

1 *Im **Dünndarm** werden – nach dem Zusatz weiterer Enzyme – die Endprodukte der verdauten Nahrung (Eiweiße – Aminosäuren; Kohlenhydrate – Traubenzucker; Fette – Fettsäuren und Glyzerol) aufgenommen (diese Stoffaufnahme nennt man **Resorption → L**). Das erfolgt durch so genannte Darmzotten, etwa 4 Millionen winzige Ausbuchtungen der Darmwand. Durch sie wird die Oberfläche der Darmwand vergrößert (je größer die Oberfläche, desto größer die Aufnahme der Endprodukte).*

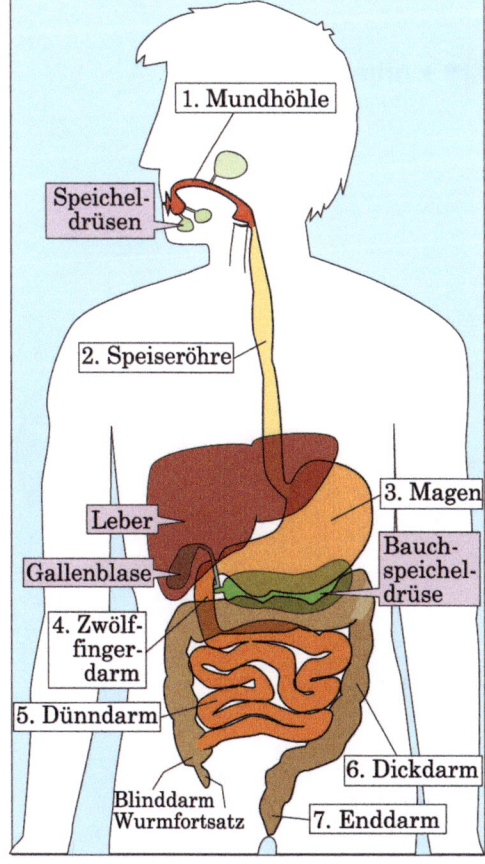

3 *Verdauungsorgane des Menschen*

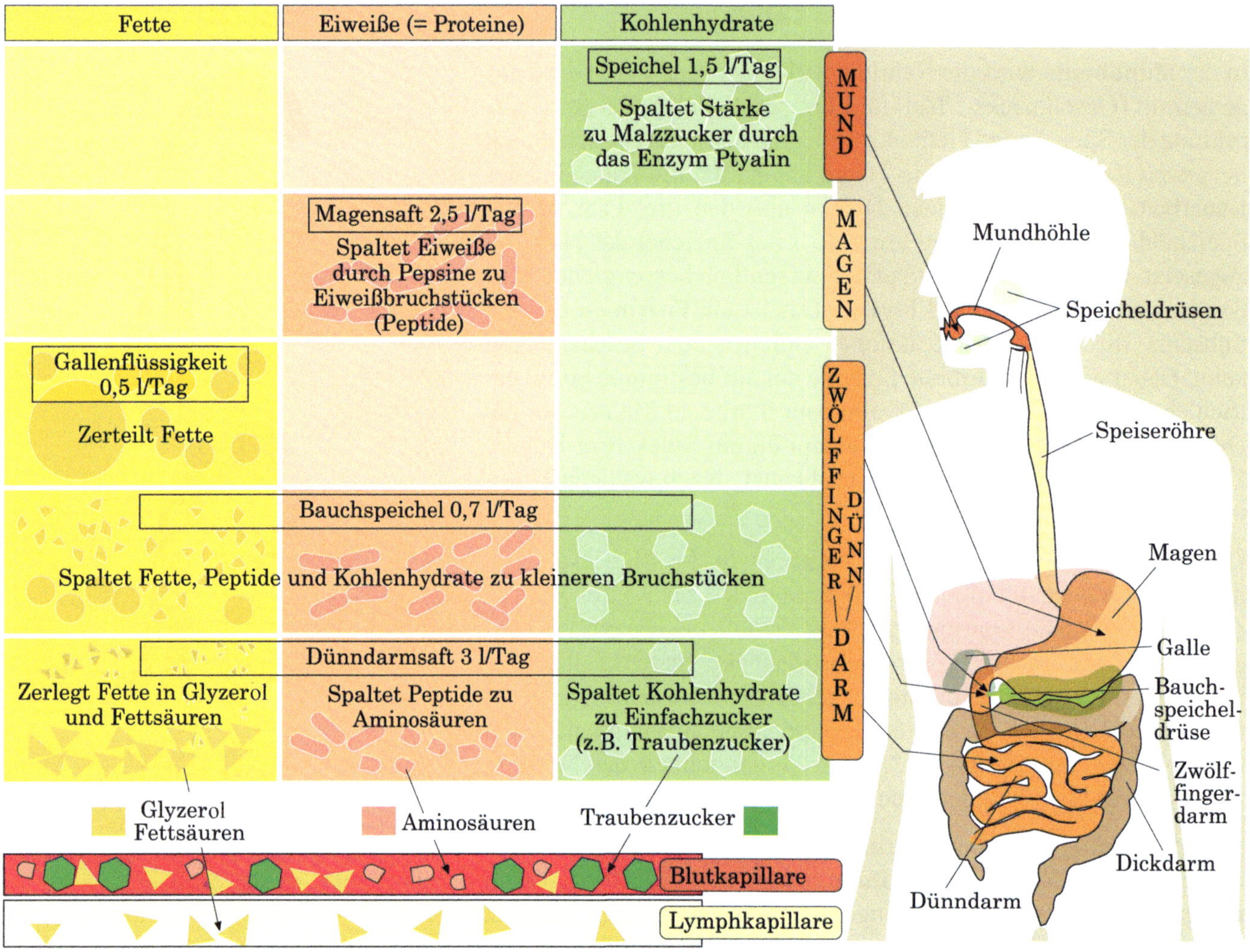

Fette	Eiweiße (= Proteine)	Kohlenhydrate	
		Speichel 1,5 l/Tag Spaltet Stärke zu Malzzucker durch das Enzym Ptyalin	**MUND**
	Magensaft 2,5 l/Tag Spaltet Eiweiße durch Pepsine zu Eiweißbruchstücken (Peptide)		**MAGEN**
Gallenflüssigkeit 0,5 l/Tag Zerteilt Fette			**ZWÖLFFINGER- DARM / DÜNNDARM**
Bauchspeichel 0,7 l/Tag Spaltet Fette, Peptide und Kohlenhydrate zu kleineren Bruchstücken			
Dünndarmsaft 3 l/Tag Zerlegt Fette in Glyzerol und Fettsäuren	Spaltet Peptide zu Aminosäuren	Spaltet Kohlenhydrate zu Einfachzucker (z.B. Traubenzucker)	

Glyzerol Fettsäuren   Aminosäuren   Traubenzucker

Blutkapillare

Lymphkapillare

Mundhöhle
Speicheldrüsen
Speiseröhre
Magen
Galle
Bauchspeicheldrüse
Zwölffingerdarm
Dickdarm
Dünndarm

1 *Schema der Verdauung (Zerlegung der Nährstoffe in ihre Grundbestandteile) – Übersicht über das Verdauungssystem*

→ Arbeitsblatt S. 29

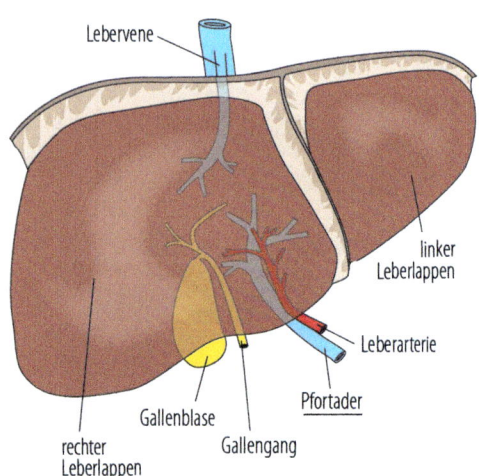

Lebervene
linker Leberlappen
Leberarterie
Pfortader
Gallenblase
Gallengang
rechter Leberlappen

2 *Die **Pfortader** hat die Aufgabe, die im Darm gebildeten Nährstoffe und mögliche Giftstoffe in die Leber zu transportieren.*

Sind die Endprodukte der verdauten Nahrung (die **Aminosäuren** der Eiweißstoffe, der **Traubenzucker** der Kohlenhydrate, die **Fettsäuren** und **Glyzerol** der Fette) durch die Darmzotten aufgenommen (**Resorption**), gehen sie verschiedene Wege.

Während Aminosäuren und Zucker durch die Blutbahnen abtransportiert werden, treten Fettsäuren und Glyzerol in die Lymphbahnen über (→ Abb. 1).

Die Lymphbahnen (dünnwandige Gefäße mit vielen Klappen) stehen jedoch mit den Blutbahnen in Verbindung (→ S. 36), sodass auch Fettsäuren und Glyzerol schließlich in den Blutkreislauf gelangen und damit den Körperzellen zur Verfügung stehen.

Aufgaben der Leber

Die Absonderung von Gallenflüssigkeit ist nur eine der vielen Aufgaben der Leber (→ Abb. 25.1). Die Leber ist die größte Drüse des menschlichen Körpers. Sie **entgiftet** das Blut, das durch die **Pfortader** aus dem Darm kommt (auch Alkohol und Medikamente werden in der Leber abgebaut). Sie **entnimmt** dem Blut überschüssigen **Zucker**, wandelt ihn in **Glykogen** (ein Kohlenhydrat) um und speichert dieses. Bei Bedarf wird Glykogen wieder in Traubenzucker zurückverwandelt und dem Blut zugeführt.

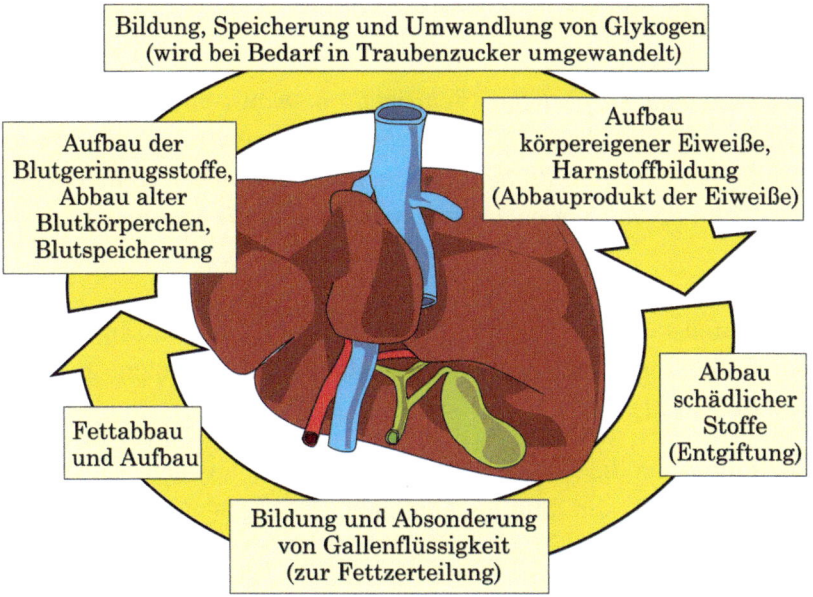

Bildung, Speicherung und Umwandlung von Glykogen (wird bei Bedarf in Traubenzucker umgewandelt)

Aufbau der Blutgerinnugsstoffe, Abbau alter Blutkörperchen, Blutspeicherung

Aufbau körpereigener Eiweiße, Harnstoffbildung (Abbauprodukt der Eiweiße)

Abbau schädlicher Stoffe (Entgiftung)

Fettabbau und Aufbau

Bildung und Absonderung von Gallenflüssigkeit (zur Fettzerteilung)

1 Aufgaben der Leber

Die Leber ist ein **Blutspeicher**, bildet das zur Blutgerinnung (→ L) wichtige Fibrinogen (→ L) und baut die alten roten Blutkörperchen ab. Sie baut aus Aminosäuren wieder Eiweiße auf und bildet aus Ammoniak (ein giftiges Abbauprodukt des Eiweißstoffwechsels) und Kohlenstoffdioxid den **Harnstoff**.

Unverdaute und unverdauliche Nahrungsreste gelangen vom Dünndarm in den **Dickdarm**. Die Verdauungsrückstände werden durch den **Entzug von Wasser** eingedickt. Darmbakterien zersetzen zum Teil fäulnisartig Eiweiß, andere spalten Zellulose oder bilden Vitamine (z. B. Vitamine der B_6-Gruppe und Vitamin K). Dadurch leisten sie Hilfe bei den Stoffwechselvorgängen.

Durch den **Mastdarm** gelangen die Rückstände zum **After** und werden ausgeschieden.

Zu den bekanntesten **Erkrankungen** des Verdauungsweges zählen Gastritis (Magenschleimhautentzündung), Magengeschwüre, Gelbsucht (Gallenfarbstoff tritt ins Blut über), Gallensteine und Blinddarmentzündung.

Du schonst deine Verdauungsorgane, indem du die Speisen gut kaust und ohne Hast isst. Außerdem sollen Speisen und Getränke nicht zu heiß, aber auch nicht zu kalt eingenommen werden. Viel Bewegung fördert die Verdauung.

Nährstoffe dienen dem Aufbau und Ersatz von Körperzellen (Baustoffwechsel) und zur Energieerhaltung (Betriebsstoffwechsel).

Zähne: Zahnbein, an der Oberfläche von sehr hartem Zahnschmelz geschützt. Zahnhöhle mit Nerven und Blutgefäßen. Milchgebiss aus 20, Dauergebiss aus 32 Zähnen.

Die **Verdauung** dient dem Körper zur Versorgung mit lebensnotwendigen Stoffen.

Verdauungsorgane: Mundhöhle, Speiseröhre. Magen, Zwölffingerdarm mit Leber und Bauchspeicheldrüse, Dünndarm, Dickdarm, After

LIEBE DICH

SO WIE DU BIST.

Schließ Freundschaft mit deinem Körper, denn Hungern macht nicht glücklich.

2 Rund 200 000 Österreicherinnen und Österreicher leiden an Essstörungen. Nicht nur Esssucht (meist verbunden mit Übergewicht), sondern auch Magersucht und Bulimie (→ L, dabei erbrechen die betroffenen Menschen unmittelbar nach dem Essen ihre Speisen wieder) zählen zu diesen Krankheiten.

1 ▶ Erkundige dich nach Ursachen von Essstörungen und informiere dich über Beratungsmöglichkeiten, z. B. http://www.fem.at oder http://www.netdoktor.at

2 ▶ Erkläre, wonach sich der Mindestbedarf an Energie richtet.

3 ▶ Stelle ein „gesundes" Menü (inkl. kJ-Angaben) zusammen.

4 ▶ Beschreibe den Weg der Nahrung durch den Körper.

→ Arbeitsblatt S. 29

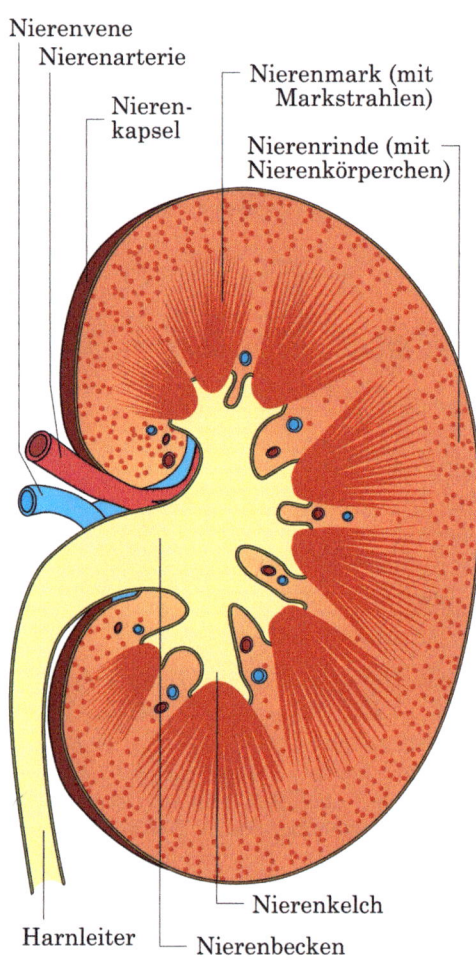

Nierenvene
Nierenarterie
Nieren-kapsel
Nierenmark (mit Markstrahlen)
Nierenrinde (mit Nierenkörperchen)
Nierenkelch
Harnleiter
Nierenbecken

1 Längsschnitt durch eine Niere

Die Ausscheidung

Bei intensiver körperlicher Betätigung brauchst du besonders viel Energie. Entsprechend sind auch die Abfallprodukte aus diesem erhöhten Stoffwechsel. Zu den Ausscheidungsprodukten zählen neben dem Schweiß und Kot noch der Harn, der über die Nieren produziert wird.

Die Abfallstoffe, die aus dem Blut entfernt werden müssen, werden durch die Lunge, die Nieren und die Haut aus dem Blut ausgeschieden (➜ Abb. 2).

Die **Lunge** hat die Aufgabe, das Kohlendioxid aus dem Blut abzugeben (➜ S. 30), die **Haut** als Ausscheidungsorgan wurde bereits besprochen (➜ S. 18).

Wichtige Ausscheidungsorgane des menschlichen Körpers sind die **Nieren**. Sie sind ca. 10 cm groß, bohnenförmig und liegen an der Rückseite der Bauchhöhle in Fett eingebettet.

Nieren sind gut durchblutet. Messungen und Berechnungen haben gezeigt, dass durch die menschlichen Nieren pro Tag rund 1500 Liter Blut fließen. Überlege zum Vergleich, welche Menge deines Lieblingsgetränkes (z. B. Milch, Apfelsaft) du nebeneinander stellen könntest.

Etwa 1 Million **Nierenkörperchen** filtern **Harn** aus dem Blut. Dieser besteht aus Wasser, Harnstoff, Harnsäure und verschiedenen Salzen.

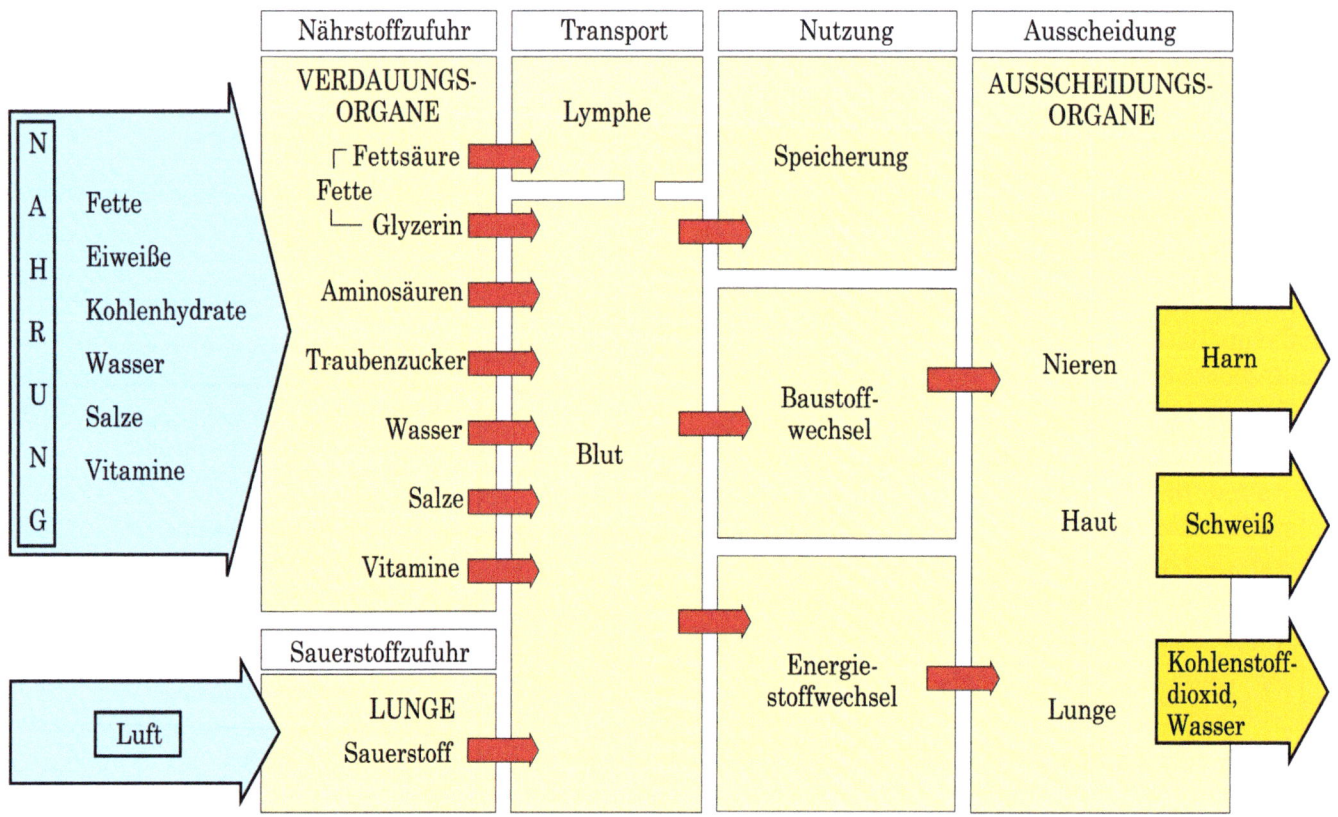

2 Der Weg der Nährstoffe und Atemgase im Körper

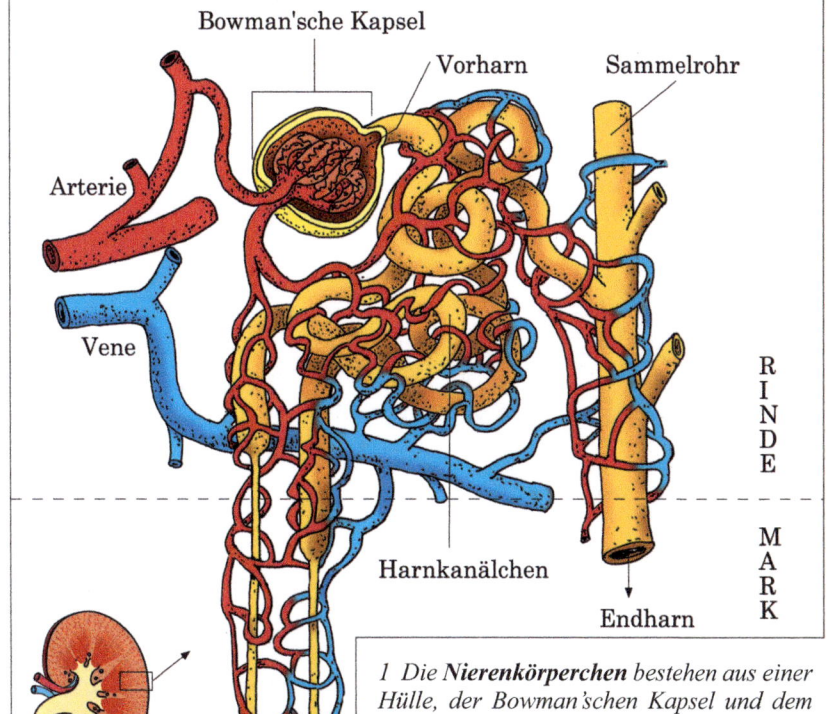

1 Die **Nierenkörperchen** bestehen aus einer Hülle, der Bowman'schen Kapsel und dem Kapillarknäuel. In ihnen wird durch feinste Poren der Blutkapillaren aus dem arteriellen Blut der so genannte Vorharn (etwa 170 Liter pro Tag) in den Kapselraum gepresst. In den langen Harnkanälchen werden 99 % des Vorharns (u. a. Wasser, Traubenzucker, Kochsalz und Kalisalze) wieder an das Blut zurückgegeben. Der Endharn mit den Abfallstoffen gelangt in das Sammelrohr.

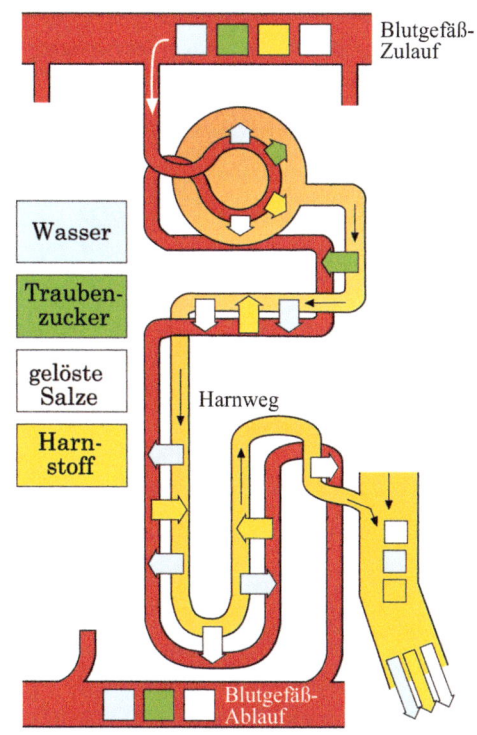

2 Die Niere als Filter – ein Modell

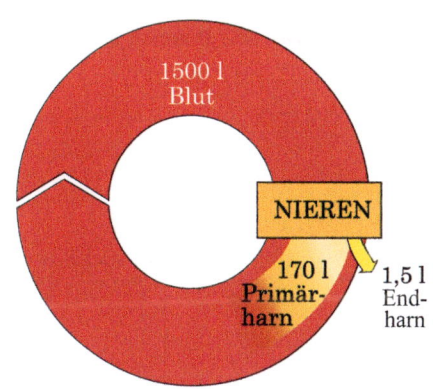

3 Tagesleistung der Nieren: rot = durchfließendes Blut; orange = Primärharn; gelb = Endharn.
Der Großteil des Primärharns wird zurückgewonnen und verbleibt im Blutkreislauf. Nur die kleine Menge Endarn wird ausgeschieden.

Von den Nierenkörperchen gehen kleine schleifenförmige **Harnkanälchen** ab, die in ein Sammelrohr münden (➜ Abb. 1). Der Harn fließt aus allen Sammelrohren in das **Nierenbecken**. Dies geschieht nur langsam und tropfenweise. Darauf gelangt der Harn aus beiden Nieren durch die **Harnleiter** in die **Harnblase**. Die Harnblase ist durch Schließmuskeln verschlossen und wird durch die **Harnröhre** entleert.

Bei Störungen der Nierenfunktion können sich die Ausscheidungsprodukte als unlöslicher Nierensand oder als Nierensteine ablagern. Die Nieren scheiden diese Ablagerungen über den Harnleiter, Harnblase und Harnröhre aus. Nicht selten treten dabei äußerst schmerzhafte Koliken auf – Nierensteine bleiben dabei auf diesem Weg stecken und müssen so rasch wie möglich entfernt werden. Die moderne Medizin macht es möglich, dass die meisten dieser Steine mit Hilfe von Ultraschall – ohne Operation – zertrümmert werden.
Wenn Nieren nicht mehr funktionieren, müssen Patienten mehrmals pro Woche mehrere Stunden lang ihr Blut einer **Blutwäsche** (**Dialyse**) unterziehen.

Ausgewogene Ernährung und entsprechende Flüssigkeitsaufnahme, am besten reines Wasser, sorgen für eine Gesunderhaltung der Nieren.

Nieren, ca. 10 cm, bohnenförmig, filtern in der Nierenrinde den Harn aus dem Blut, regulieren den Salz- und Wasserhaushalt. Harn gelangt durch die Nierenbecken, Harnleiter, Harnblase und Harnröhre zur Ausscheidung.

1 ▶ Erkläre die Arbeitsweise der Nieren und die Ausscheidung der schädlichen Stoffe.

2 ▶ Notiere den Unterschied zwischen „Die Haut als Ausscheidungsorgan" und der Nierentätigkeit.

3 ▶ Besorge dir vom Fleischhauer eine Niere, die er dir gleich der Länge nach halbieren soll. Lege die beiden Hälften nebeneinander und ordne mit Hilfe der Abbildung folgende Begriffe zu: Nierenrinde, Nierenmark, -becken, Harnleiter.

4 ▶ Informiere dich, wo es in deiner Umgebung eine Dialysestation gibt.

1 ▶ Bezeichne die Teile eines Muskels. Verwende dazu die folgenden Begriffe:

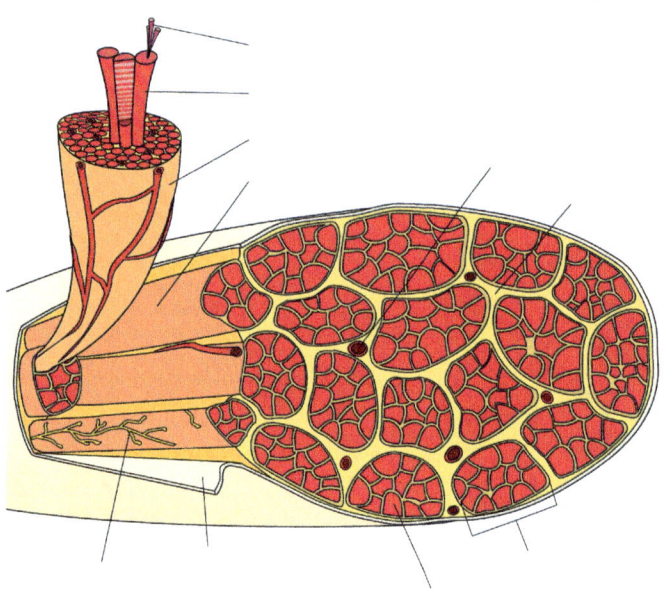

Bindegewebe
Blutgefäß
Fibrille
Muskelfaser
Muskelfaserbündel
Muskelfaserbündel
Muskelhaut
Muskelstrang
Muskelstrang
Nervenfaser

2 ▶ Beschrifte den Bauplan eines Mahlzahnes. Verwende dazu folgende Begriffe:

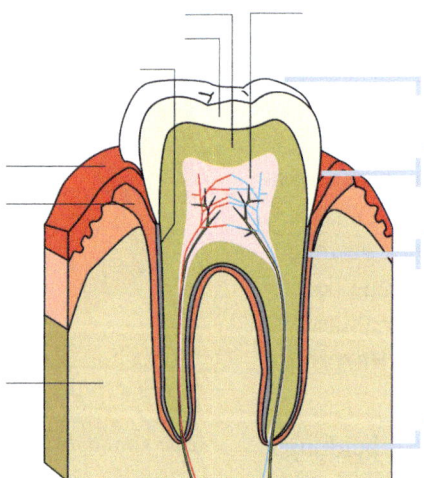

Kieferknochen
Zahnbein
Zahnfleisch
Zahnhals
Zahnhaltefasern
Zahnhöhle
Zahnkrone
Zahnschmelz
Zahnwurzel
Zahnzement

3 ▶ Nährstoffgehalt verschiedener Lebensmittel: Arbeite heraus, welche Nahrungsmittel besonders viele und welche besonders wenige Kohlenhydrate enthalten.

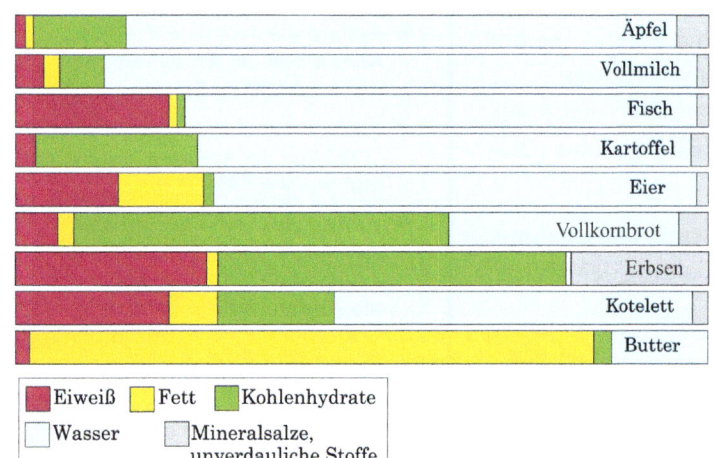

viele Kohlenhydrate:

1. _____

2. _____

3. _____

wenig Kohlenhydrate:

1. _____

2. _____

3. _____

4 ▶ Ergänze den Text über den Weg der Nahrung.

Aus _____ wird der Nahrung _____ zugesetzt.

Das Ptyalin darin ist ein _____, das Stärke zu _____ abbaut.

Die _____ entgiftet das Blut und wandelt überschüssigen Zucker in _____ um.

In der _____ wird _____ gespeichert.

_____

Im _____ werden die Endprodukte der verdauten Nahrung durch _____ aufgenommen.

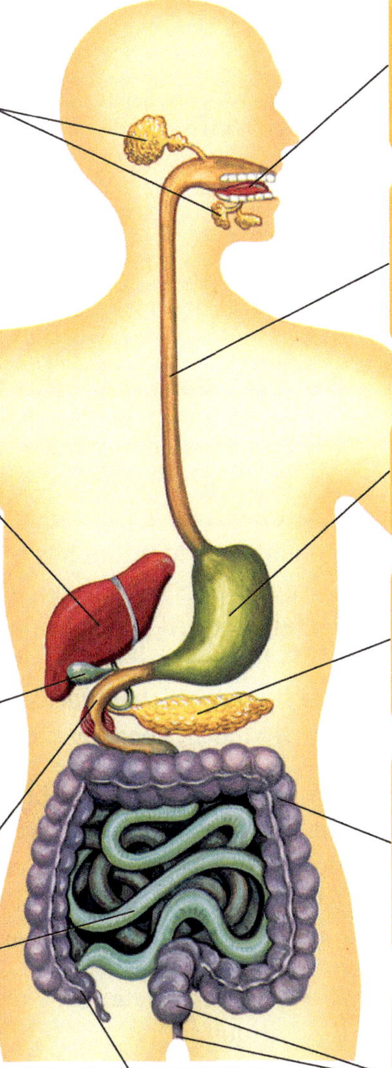

_____

In der _____ wird die Nahrung zerkleinert und überprüft.

Die _____ befördert in einer Wellenbewegung die Nahrung.

Der _____ durchknetet den Nahrungsbrei.

Die _____ enthält Enzyme zum Zerlegen der Nahrung.

Im _____ werden Verdauungsrückstände durch _____ _____ _____ eingedickt.

Ausscheidung durch _____ und _____.

5 ▶ Kreuzworträtsel (Umlaut = 1 Buchstabe): Die gelb markierten Felder ergeben in der richtigen Reihenfolge (beginne mit dem gelben Feld bei ⑥) den Namen für die wellenförmige Bewegung der Speiseröhre.

① Wenig oder nicht abbaubare Anteile der Nahrung
② Substanz, die chemische Reaktionen einleiten kann
③ ... filtern Harn aus dem Blut.
④ Galle zerteilt ... in kleinste Tröpfchen.
⑤ Zahnfäule
⑥ ... zerlegt Eiweißketten in kürzere Bruchstücke.

① In geringer Konzentration im Magensaft enthalten
② Lebenswichtige Stoffe, die nur mit der Nahrung aufgenommen werden können
③ Im Kiefer steckender Teil des Zahnes
④ Tierische Fette haben einen hohen Anteil an ...
⑤ Gebiss eines Kindes

Lösung: _____

Das Atmungssystem

1 ▶ *Vergleiche die Werte der Tabelle über die Zusammensetzung von Frischluft und ausgeatmeter Luft und interpretiere. Notiere, bei welcher Luftart sich die Zusammensetzung ändert und finde heraus, weshalb.*

Gase	Frischluft	Ausgeatmete Luft
Sauerstoff	21 %	17 %
Stickstoff	78 %	78 %
Kohlenstoffdioxid	0,035 %	4 %
Andere Gase (ca.)	1 %	1 %

Der Weg der Luft – Nase und Rachenhöhle

Die Atmung gehört zu den wichtigen Lebenskennzeichen. Wird sie länger als 4 Minuten unterbrochen, tritt eine Schädigung von Gehirnzellen ein. Die Luft, die uns den nötigen Sauerstoff zuführt, gelangt entweder durch die **Nase** oder durch den **Mund** in unseren Körper. Vorteil der Nasenatmung: Feste Haare in der Nase wirken wie ein Zaun, der alle groben Verunreinigungen zurückhält. Die feineren Schmutzteilchen bleiben an der Nasenschleimhaut kleben, die durch eigene Schleimdrüsen – es sind etwa 150 auf 1 cm² Haut – ständig feucht gehalten wird.

Die **Schleimhaut** befeuchtet die eingeatmete Luft und macht sie so für unsere Lunge besser verträglich. Durch die vielen **Blutgefäße** in der Nase wird die Luft erwärmt und gelangt nicht so kalt in die Atemwege. Schließlich prüfen wir bei der Nasenatmung die Luft auf eventuelle Verunreinigungen (Geruchsorgan).

Bei sportlicher Betätigung reicht allerdings die Luftmenge nicht aus, die wir durch die Nase aufnehmen können, und wir müssen durch den Mund atmen. Der Weg, den die Luft dann zurücklegt, ist zwar viel kürzer, die eingeatmete Luft wird jedoch weniger gereinigt, erwärmt, angefeuchtet, geprüft und gelangt gleich zum Kehlkopf.

Im Rachen kreuzen einander die Luft- und Speisewege. Wenn wir schlucken, müssen die Luftwege verschlossen werden. Gelingt das einmal nicht, und es gelangt ein Brösel in die Luftröhre, müssen wir so lange husten, bis es wieder entfernt ist. Wenn wir schlucken, hebt sich der Kehlkopf zum Kehldeckel, und die Luftröhre ist somit fest verschlossen. Gleichzeitig legt sich das Gaumensegel mit dem Zäpfchen vor die inneren Nasenlöcher und verschließt den Zugang zur Nasenhöhle.

In Falten der Gaumenbogenhaut liegen die **Gaumenmandeln** (besonders große Lymphknoten → **L**). Sie enthalten viele weiße Blutkörperchen, die eingedrungene Krankheitserreger abtöten und Abwehrstoffe bilden.

Der Kehlkopf

Der Kehlkopf liegt am Eingang der Luftröhre, ist mit dem Zungenbein durch eine Membran verbunden und besteht aus **Knorpeln**.

Die beiden **Stimmbänder** sind zwischen den Stellknorpeln und dem Schildknorpel ausgespannt (sie enthalten Muskelfasern) und lassen

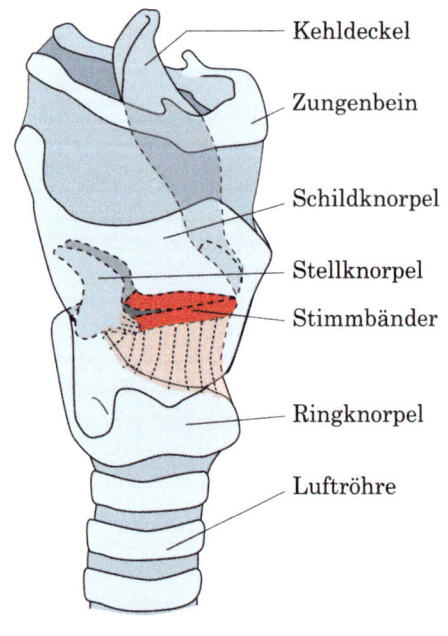

Kehldeckel

Zungenbein

Schildknorpel

Stellknorpel

Stimmbänder

Ringknorpel

Luftröhre

1 *Der große Schildknorpel ist beim Mann größer und stärker entwickelt als bei Frauen und Kindern. Die Vorwölbung in der Mitte wird „Adamsapfel" genannt. Zwei kleine Gelenke verbinden den Schildknorpel mit dem unter ihm liegenden Ringknorpel. Auf dem Ringknorpel stehen die beiden pyramidenförmigen Stellknorpel auf kleinen Gelenkflächen. Der Kehldeckel hängt sowohl mit dem Schildknorpel als auch mit dem Zungenbein zusammen.*

zwischen sich die **Stimmritze** frei. Wenn wir husten oder niesen, wird die Stimmritze zunächst fest verschlossen. Dann öffnet sie sich plötzlich, und mit einem starken Luftstoß entweichen eingedrungene kleine Teilchen.

Wenn wir sprechen oder singen, werden die Stimmbänder leicht aneinander gelegt, und der austretende Luftstrom versetzt sie in ganz schnelle Schwingungen. Die Stimmritze wird abwechselnd geöffnet und geschlossen. Die Tonhöhe der menschlichen Stimme hängt von Länge, Spannung und Dicke der Stimmbänder ab. Die Tonstärke ändert sich mit der Kraft des Luftstromes, der durch die Stimmritze gejagt wird.

In der Pubertät wächst der Kehlkopf bei Burschen bedeutend schneller als bei Mädchen. Die Stimmbänder werden entsprechend länger. Dadurch wird die Stimme etwa eine Oktave tiefer. Die helle hohe Kinderstimme wird zur Männerstimme. Dieser Vorgang wird **Stimmbruch** genannt.

*2 In den oberen Luftwegen tragen die Schleimhautzellen feine **Flimmerhärchen**, die wie ein wogendes Feld aussehen. Sie schlagen stets von innen nach außen, sodass eingedrungene Verunreinigungen hinausbefördert werden.*

Luftröhre und Bronchien

Etwa in der Höhe der Brustbeinmitte gabelt sich die **Luftröhre** in zwei **Bronchien**. Die zwei Haupt-Äste gabeln sich wieder und bilden mit ihren immer kleiner werdenden Verzweigungen einen Bronchialbaum. Die feinsten Ästchen münden in die **Lungenbläschen** (**Alveolen**, Abb. 3).

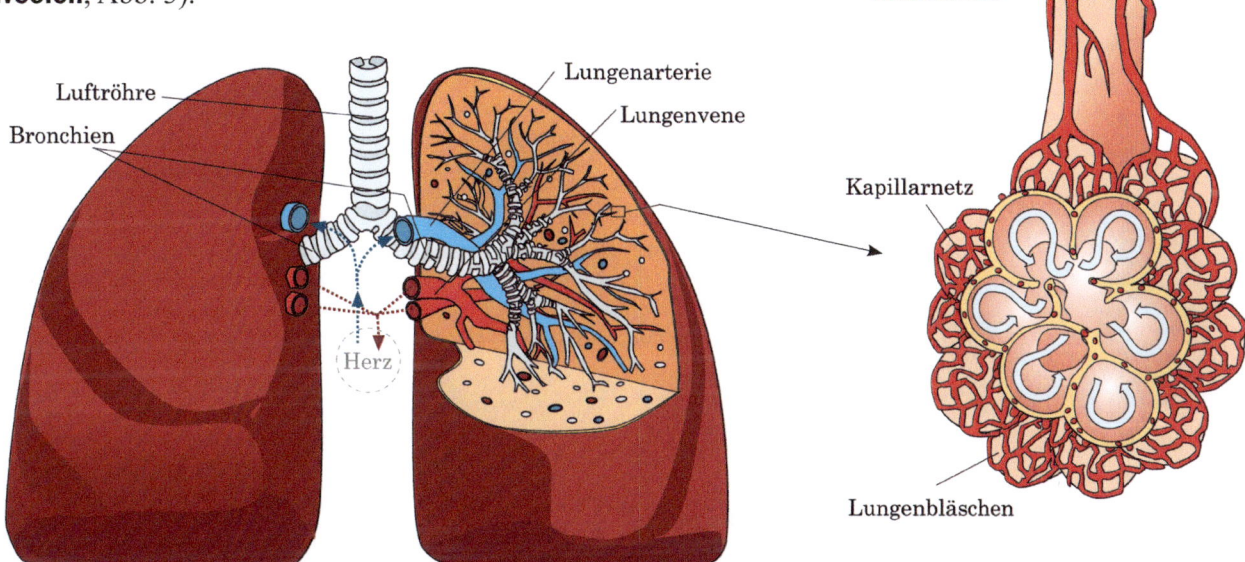

1 Luftröhre und Bronchien: Die Luftröhre ist 10 bis 12 cm lang und misst 1,3 bis 2,3 cm im Durchmesser. 16 bis 20 Knorpelspangen von hufeisenförmiger Gestalt geben ihr Festigkeit. Nach hinten, wo die Knorpelspangen offen sind, verschließt eine feste Membran die Luftröhre. Dahinter verläuft die Speiseröhre. Eine Schleimhaut, die durch Drüsen stets feucht gehalten wird, kleidet die Innenwand der Luftröhre aus. Sie trägt Flimmerhärchen, die immer nach oben schlagen. Schleim und Staubteilchen werden dadurch in den Rachen befördert.

*3 Die **Lungenbläschen (Alveolen)** haben einen Durchmesser von 0,25 mm und eine Wandstärke von nur ca. 1 Tausendstel Millimeter (im Bild Mikroaufnahme – ca. 50-fache Vergrößerung). Sie sind von einem Netz von feinsten Blutgefäßen eingehüllt. Die Zahl der Lungenbläschen ist sehr groß. Ein Erwachsener besitzt einige hundert Millionen Alveolen. Ihre Oberfläche wird auf etwa 100 m² geschätzt. Die Gesamtoberfläche des menschlichen Körpers beträgt etwa 2 m². Die Oberfläche der Lungenbläschen ist also etwa 50-mal so groß wie die unserer Körperoberfläche.*

→ **Arbeitsblatt S. 41**

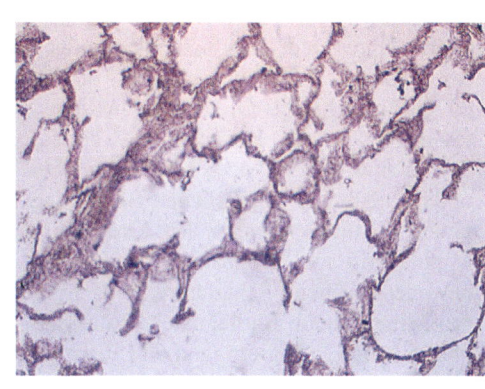

Der **Gasaustausch** zwischen Lungenbläschen und Blutgefäßen erfolgt durch deren Wände (innerer Gasaustausch). Man nennt diesen Vorgang **Diffusion**. Er wird durch die verschieden hohe Konzentration der beiden Gase ermöglicht. Aus dem Bereich der höheren Konzentration wandern die Gasmoleküle in den Bereich niedriger Konzentration. Sauerstoff und Kohlendioxid „gehorchen" bei der Atmung den Gasgesetzen. Sinkt nämlich der Sauerstoffgehalt im Blut, so strömt der Sauerstoff aus der Atemluft ins Blut. Umgekehrt gilt: Weil in der Atemluft ein geringerer Anteil an Kohlenstoffdioxid als im Blut ist, entweicht ein kleiner Teil des CO_2 aus dem Blut, geht in die Atemluft über und wird ausgeatmet.

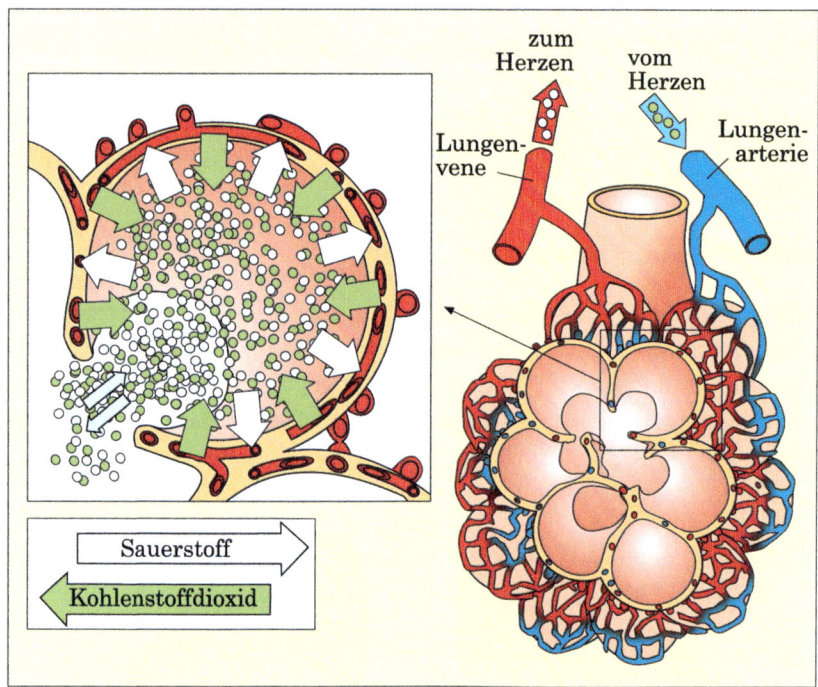

2 *Das sauerstoffarme Blut nimmt aus der Atemluft den Sauerstoff auf und gibt dafür Kohlenstoffdioxid an sie ab. Die Wand der Lungenbläschen, durch die der Gasaustausch erfolgt, ist stets feucht. Erhöht sich im Körper der Kohlenstoffdioxidgehalt, wird die Atmung intensiver und es gelangt mehr Sauerstoff in das Blut.*

Mechanismus der Atembewegungen

Die Lunge besteht aus **zwei Lungenflügeln**. Der rechte hat drei Lappen, der linke nur zwei. Jeder Lungenflügel sitzt auf dem **Zwerchfell**, einem flachen Muskel, der die Brust- und Bauchhöhle trennt. Den Lungenflügeln liegt das **Lungenfell** dicht an. Ein hauchdünner Spalt, die fast luftleere Brustfellhöhle, trennt Lungen- und Rippenfell.

Die **Atembewegungen** werden durch die Zwischenrippenmuskeln und durch das Zwerchfell ausgeführt (➜ Abb. 1). Wenn sich die Zwischenrippenmuskeln zusammenziehen und die Rippen heben, wird dadurch der Brustraum vergrößert und die Lunge ausgedehnt. Der in den Bläschen herrschende Unterdruck lässt die Atemluft einströmen (Brustatmung). Wir atmen ein. Dasselbe wird durch eine Abflachung und Senkung des in Ruhelage kuppelartig hochgewölbten Zwerchfells erreicht (Bauchatmung). Wenn der Brustkorb zusammensinkt und das Zwerchfell sich hochwölbt, wird die Luft aus der Lunge gepresst. Wir atmen aus.

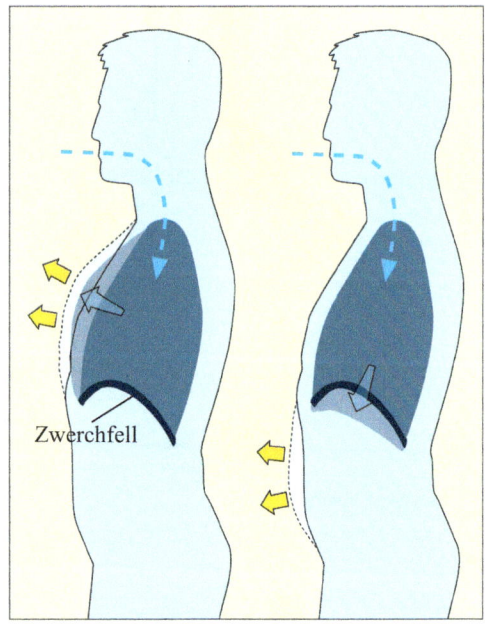

1 *Brust- und Bauchatmung*

Atemmenge und Luftfassungsvermögen der menschlichen Lunge hängen von Alter und Geschlecht ab. Das Luftfassungsvermögen eines Erwachsenen beträgt durchschnittlich 4,5 – 5,5 Liter, wobei bei unterschiedlicher körperlicher Betätigung unterschiedliche Mengen (in Litern) pro Minute ein- und ausgeatmet werden. So bewegen wir beim Schlafen rund 4,5 Liter pro Minute, beim Radfahren 23 Liter und beim intensiven Rudern rund 60 Liter/min.

Erkrankungen der Lunge

Früher war man gegen die **Tuberkulose** (eine bakterielle Erkrankung) völlig machtlos. Viele Menschen starben daran. Heute werden in Österreich vielfach schon Säuglinge dagegen geimpft.

Auch eine **Lungenentzündung** verlief oft tödlich. Das Blut bekommt zu wenig Sauerstoff, weil die Atemwege verlegt und die Alveolen entzündet sind. Heute ist die Behandlung der Erkrankten leichter. Die Erreger – Pneumokokken oder Viren einerseits, Entzündungen im Anschluss an Erkältungen oder Infektionskrankheiten wie Masern, Scharlach und Grippe andererseits – können durch moderne Medikamente (z. B. Penicillin gegen Bakterien → **L**) leichter bekämpft werden.

Erkältungskrankheiten oder Erkrankungen der Luftwege (Bronchitis → **L**, Lungenentzündung u. a.) können vielfach verhindert werden, indem man sich häufig in frischer Luft aufhält. Zudem sollte mehr durch die Nase als durch den Mund geatmet werden. Gymnastik, Schwimmen und andere Sportarten stärken den Körper. Der immer häufiger auftretende **Lungenkrebs** wird durch starkes Rauchen gefördert. Neun von zehn Lungenkrebs-Patienten sind Raucher. Seit 2005 bestehen gesetzliche Rauchverbote für Amtsgebäude, Spitäler, Einkaufszentren, Straßenbahnen, Zügen, Bussen, Schulen etc. Ab 2018 gilt auch in Restaurants und Gaststätten Rauchverbot.

Verunreinigungen der Atemluft (wie z. B. Feinstaub) verkleben die Flimmerhärchen und die Lungenbläschen. Dies kann krebserregend sein.

Asthma ist eine entzündliche Erkrankung der Atemwege und wird durch Allergien oder seelische Belastungen verursacht. Es kommt zu akuter Atemnot.

Ein **Röntgenbild** der Lunge zeigt, ob die Lungenbläschen Luft enthalten oder verdichtet sind. Die Ärztin / der Arzt kann feststellen, ob eine Tuberkuloseinfektion weiter fortgeschritten ist und das Lungengewebe an manchen Stellen ganz zerstört wurde, so dass sich Hohlräume gebildet haben. Ist eine Infektion dagegen gut überstanden, sieht die Ärztin ode der Arzt Kalkherde in der Lunge. Auch Geschwüre, die durch Lungenkrebs entstanden sind – sie treten besonders bei starken Rauchern auf –, können durch eine Röntgenuntersuchung erkannt werden.

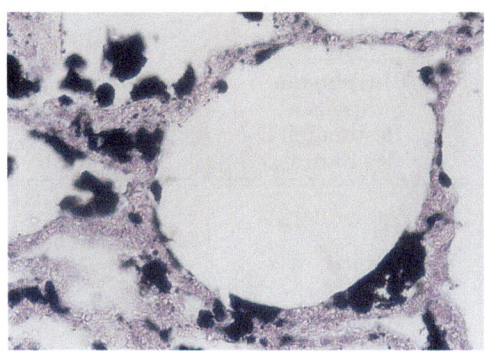

1 Lungenbläschen mit Teerablagerungen vom Rauchen

Nasenhöhle: Reinigung der Luft durch Flimmerhaare und Schleimhaut, Erwärmung durch den langen Weg (zahlreiche Blutgefäße), Schleimhaut befeuchtet Luft, Überprüfung des Geruchs.

Rachenhöhle: Kreuzung mit Speiseweg.

Kehlkopf: Eingang in die Luftröhre, Kehldeckel verschließt beim Schlucken die Luftröhre; Stimmbänder lassen zwischen sich die Stimmritze frei.

Luftröhre: durch Knorpelhalbringe gestützt; Schleimhaut und Flimmerhaare befördern Staub und andere Fremdkörper nach außen.

Bronchien: von der Luftröhre zuerst zwei, dann immer kleiner werdende Verzweigungen bis in die Lungenbläschen.

Lungenbläschen: Oberfläche etwa 100 m²; durch die Wände der Lungenbläschen und der Blutgefäße vollzieht sich der Gasaustausch.

Atembewegungen: Brust-, Bauchatmung.

---

1 ▶ *„Eine Tasse Teer pro Jahr bekommt ein starker Raucher in die Lunge!" Um dir vor Augen zu führen, wie viel Teer und Schadstoffe im Zigarettenrauch enthalten sind, kannst du folgenden Versuch durchführen:*
Nimm ein ca. 10 cm langes (0,6 – 0,8 cm im Durchmesser) Glasröhrchen, fülle es mit Speisesalz und verschließe beide Enden mit Watte. Das ist dein Schadstofffilter. Jetzt verlängerst du das eine Ende mit einem Gummischlauch, der rund 15 cm lang ist und steckst in dessen Ende eine (filterlose) Zigarette. Das zweite Ende des Glasröhrchens verlängerst du ebenfalls mit einem Gummischlauch, der nach rund 10 – 20 cm Länge einen Pipettensaugball trägt (aus dem Chemie- bzw. Physikunterricht). Zünde die Zigarette an und sauge mit Hilfe des Pipettenballes immer wieder Luft durch, bis die Zigarette „ausgeraucht" ist. Beobachte das Glasröhrchen und protokolliere.

Dämpf nun den Zigarettenstummel aus und entferne vom Glasröhrchen Schläuche und einen Wattebausch. Schütte das Salz in eine Eprouvette und löse es mit Wasser auf. Diese Lösung filtrierst du – zurück bleiben die Schadstoffe, die ein Raucher bei jeder gerauchten Zigarette in sein Atmungssystem schleust. Diese Schadstoffe lagern sich dann entsprechend dicht in der Lunge ab.

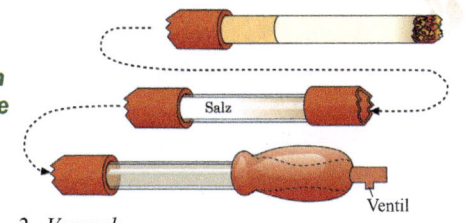

2 Versuch

~ 60% ← Blut → ~ 40%	
Blutplasma (flüssiger Bestandteil des Blutes)	**Blutkörperchen** (geformte Bestandteile des Blutes)
Wasser (90%)	rote Blutkörperchen
Eiweiße	
Kohlenhydrate	
Fette	weiße Blutkörperchen
Aminosäuren	
Mineralstoffe	
Abbauprodukte	Blutplättchen
u. a.	

1 Zusammensetzung des Blutes

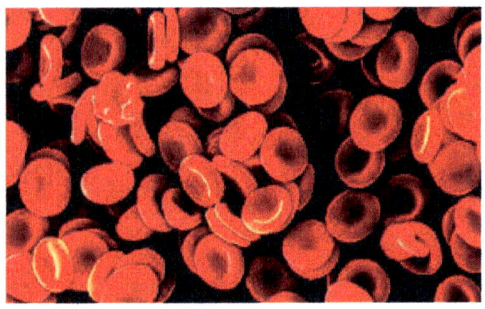

2 Rote Blutkörperchen (ca. 1000-fache Vergrößerung) haben einen Durchmesser von etwa 8 Tausendstel Millimetern und eine Dicke von 2 Tausendstel Millimetern. Ihre Gestalt ist scheibenähnlich (in der Mitte jeweils leicht eingedrückt). Würde man alle roten Blutkörperchen aus dem Blut eines Menschen aufeinanderschichten, so erhielte man eine 10 m (!) hohe Säule.

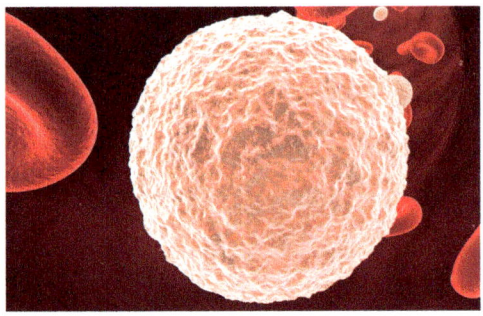

3 Weißes Blutkörperchen (ca. 3500-fache Vergrößerung)

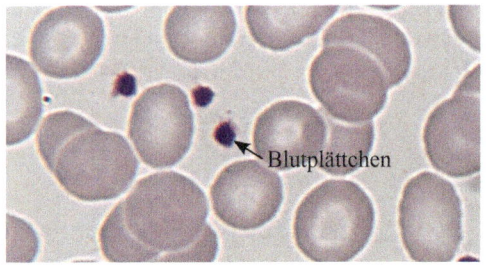

Blutplättchen

4 Blutplättchen (Größe ca. 0,002 mm)

 **→ Arbeitsblatt S. 41**

Blut und Blutgefäßsystem

„Rette Leben – spende Blut" – mit diesem Text wirbt das österreichische Rote Kreuz um Blutspender. Vielleicht kennst du jemanden, der schon einmal Blut gespendet hat. Lass dir einen Blutspenderausweis zeigen und berichte, was auf diesem Ausweis steht. Überlege, welche Vorteile Blutspenden auch für den Spender haben kann.

Die Zusammensetzung des Blutes

Der erwachsene Mensch hat etwa 5 Liter Blut. 60 % davon nimmt das **Blutplasma → L** (= Blutflüssigkeit = Serum) ein. Diese gelbliche Flüssigkeit besteht zu etwa neun Zehnteln aus Wasser. Den Rest nehmen Eiweißstoffe, Salze, Zucker, Enzyme, Hormone, Fette, Kohlenhydrate, Abfallstoffe und Abwehrstoffe ein. Unter den Eiweißstoffen ist das **Fibrinogen** ein weiterer Bestandteil des Plasmas. Fibrinogen spielt bei der Gerinnung des Blutes – beim Bilden der Blutkruste – eine große Rolle.

Rund 40 % des Blutes sind **Blutkörperchen**. In 1 mm³ Blut – das ist etwa die Größe eines Stecknadelkopfes – finden wir ungefähr 5 Millionen **rote Blutkörperchen**. Sie enthalten einen roten Farbstoff, das **Hämoglobin** (**→ L**). Durch seinen Eisengehalt hat es die Eigenschaft, Sauerstoff locker an sich zu binden. In der Lunge nimmt das Hämoglobin der roten Blutkörperchen den Sauerstoff auf. Während des Transports wird der Sauerstoff an die Körperzellen abgegeben. Kohlenstoffdioxid wird vom Blutplasma, aber auch in den roten Blutkörperchen, transportiert.

Die roten Blutkörperchen sind schon nach etwa 4 Monaten abgenützt und werden daraufhin in der Milz und in der Leber abgebaut. Dafür müssen täglich etwa 200 Milliarden neu gebildet werden – die Neubildung erfolgt im **roten Knochenmark**.

Die **weißen Blutkörperchen** haben anders als die roten einen Zellkern. Sie sind größer als diese und entstehen im roten Knochenmark und in den Lymphknoten. In 1 mm³ Blut leben etwa 6 000 weiße Blutkörperchen, die sich ähnlich den Amöben fortbewegen. Sie können die Adern verlassen und Krankheitserreger umfließen, die sie dann verdauen und dadurch vernichten. Dabei sterben viele von ihnen ab und bilden mit den Bakterienresten den Eiter. Die weißen Blutkörperchen bilden auch die wichtigsten Abwehrstoffe (Antikörper). Im Mittel leben weiße Blutkörperchen nur 10 Tage. Es gibt aber auch solche, die bis zu 100 Tage alt werden. Danach werden sie in der Milz und in der Leber abgebaut.

Die **Blutplättchen**, deren Durchmesser nur etwa 2 Tausendstel Millimeter beträgt, werden im roten Knochenmark gebildet. Ihre Zahl in 1 mm³ Blut beträgt etwa 300 000. Sie zerfallen an der Luft und lösen dadurch die **Gerinnung des Blutes** aus. In mehreren chemischen Teilvorgängen entsteht aus dem Fibrinogen (einem Eiweißstoff des Blutes) und einem Enzym der zerfallenden Blutplättchen das Fibrin. Mit den darin verklebten Blutkörperchen bildet sich der Blutkuchen, ein Wundverschluss (Blutkruste).

Blutgruppen und Rhesusfaktor

Kommt es bei einem Menschen zu starkem Blutverlust, ist eine Bluttransfusion (→ **L**) notwendig. Dabei muss allerdings beachtet werden, dass verschiedene Menschen verschiedene Stoffe im Blut haben. Diese vertragen sich unter Umständen nicht und bewirken, dass sich das Blut verklumpt. Die Stoffe an den roten Blutkörperchen werden **Antigen** (→ **L**) A und Antigen B genannt, die im Serum Anti-A und Anti-B (**Antikörper** → **L** = Abwehrstoffe). Sie können Verklumpungen bewirken.

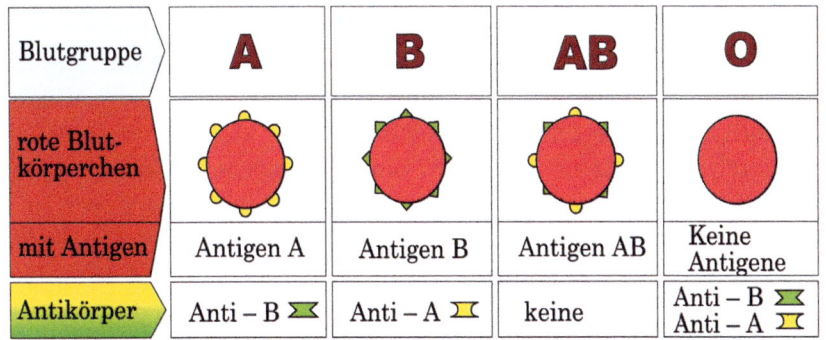

Blutgruppe	A	B	AB	O
rote Blutkörperchen				
mit Antigen	Antigen A	Antigen B	Antigen AB	Keine Antigene
Antikörper	Anti – B	Anti – A	keine	Anti – B Anti – A

1 Blut mit dem Antigen A und Anti-B nennt man **Blutgruppe A**, mit Antigen B und Anti-A **Blutgruppe B**, mit Antigen A und B ohne Antikörper **Blutgruppe AB** und Blut ohne Antigen A oder B und sowohl mit Anti-A als auch mit Anti-B **Blutgruppe 0**.

Bei Versuchen mit Rhesusaffen entdeckte man an den roten Blutkörperchen den **Rhesusfaktor** (→ **L**). Menschen, die ihn im Blut aufweisen, nennt man Rh-positiv (= rhesuspositiv, Rh+). Weisen sie ihn nicht auf, nennt man sie Rh-negativ (rh-). 85 % der Europäer sind Rh-positiv. Die Anlage für Rh-positiv ist dominant (→ **L**), d. h. dieses Merkmal wirkt sich aus (→ S. 81, Vererbung).

Menschen mit der Blutgruppe 0 können *theoretisch* allen anderen Blut spenden und jene mit Blutgruppe AB von allen anderen Blut erhalten. In der Praxis wird jedoch das Blut von gleichen Blutgruppen übertragen.

In Österreich haben 33 % der Menschen die Blutgruppe A+, 30 % die Gruppe 0+ und nur 1 % die Gruppe AB- (→ Abb. 3). Wird Rh-positives Blut auf einen Rh-negativen Menschen übertragen, bilden sich in seinem Blut Abwehrstoffe. Er wird gegen Rh-positives Blut empfindlich. Weitere Blutübertragungen von Rh-positivem Blut können im Rh-negativen Empfänger zu schweren Schäden oder zum Tod führen.

Neugeborene einer Rh-negativen Mutter und eines Rh-positiven Vaters können schwer erkranken. Um dies zu vermeiden, bestimmt man bei werdenden Müttern Blutgruppe und Rh-Faktor. Ist dieser negativ, kann durch Einspritzen eines Antirhesusfaktors die Bildung der Antikörper im mütterlichen Blut verhindert werden.

Jeder Mensch sollte in seinem eigenen Interesse seine Blutgruppe kennen. Wenn es der Gesundheitszustand eines Erwachsenen zulässt, sollte er Blut spenden. Weil Spenderblut in Österreich auf mehrere Krankheiten untersucht wird und das Blutbild Hinweise auf (beginnende) Krankheiten geben kann, rettet der Spender damit nicht nur vielleicht ein Menschenleben, sondern hat gleichzeitig eine medizinische Kontrolle seines Blutes (z. B. Kontrolle des Blutdruckes, Überprüfung auf Infektionskrankheiten etc.).

2 Der Wiener Arzt Karl Landsteiner (1868 – 1943) entdeckte um 1900 die unterschiedlichen Blutgruppen der Menschen. Allerdings liegt die erste Bluttransfusion von Mensch zu Mensch schon über 500 Jahre zurück.

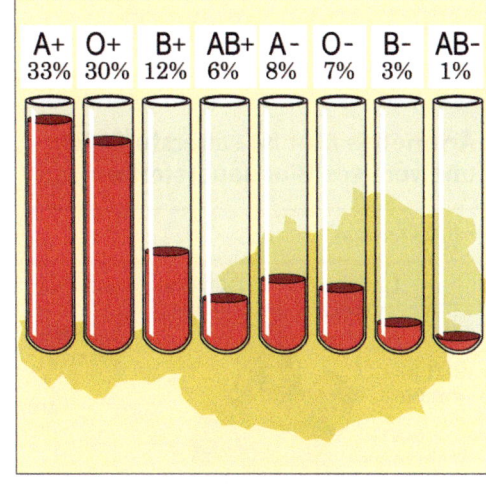

A+	O+	B+	AB+	A-	O-	B-	AB-
33%	30%	12%	6%	8%	7%	3%	1%

3 Verteilung der Blutgruppen in Österreich

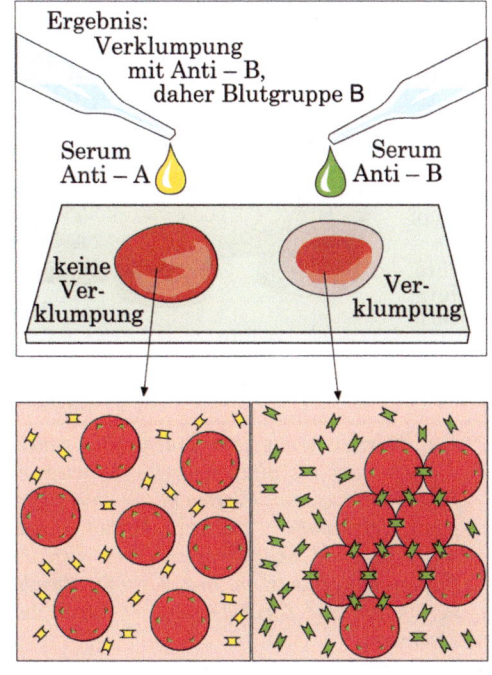

4 Blutgruppenbestimmung

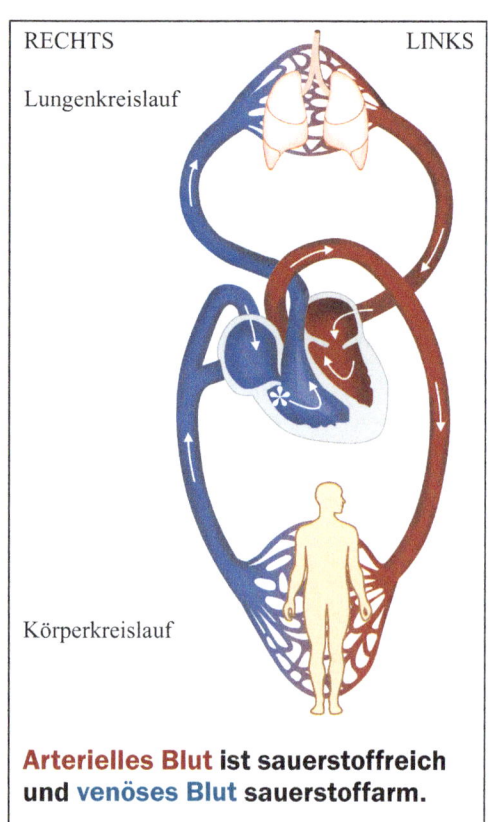

RECHTS   LINKS

Lungenkreislauf

Körperkreislauf

Arterielles Blut ist sauerstoffreich und venöses Blut sauerstoffarm.

1 *Blutkreislauf*

Der Blutkreislauf

Im Bindegewebe eingebettet durchzieht ein System von Röhren – die Blutgefäße – den Körper. Wir unterscheiden

‣ Blutgefäße, die Blut vom Herz wegführen (**Arterien**, ➔ **L**),

‣ solche, die es zum Herz zurückführen (**Venen**, ➔ **L**) sowie

‣ die große Zahl kleinster Haargefäße (**Kapillaren**), die Arterien und Venen miteinander verbinden. Das gesamte Leitungssystem der Blutgefäße ist insgesamt rund 96 000 km lang.

Wir unterscheiden beim Blutkreislauf einen **Lungenkreislauf** und einen **Körperkreislauf** (➔ Abb. 1).

Beim **Lungenkreislauf** wird das Blut aus der rechten Herzkammer durch die Lungenarterie (im Bild *) in die beiden Lungenflügel geführt. Die Haargefäße sind so dünn, dass sich die roten Blutkörperchen gerade noch einzeln hindurchbewegen können. Dabei erfolgt der **Gasaustausch** (Kohlenstoffdioxid wird abgegeben und Sauerstoff aufgenommen). Das sauerstoffreiche Blut gelangt durch die Lungenvene in den linken Vorhof.

Beim **Körperkreislauf** pumpt die linke Herzkammer das sauerstoffreiche hellrote Blut in den Körper. Dort erfolgt die Abgabe des Sauerstoffs und Aufnahme des Kohlenstoffdioxids durch die Wände der Kapillaren. Das dunkelrot gefärbte Blut wird durch die Venen zum Herz zurückgeführt (➔ Abb. 3).

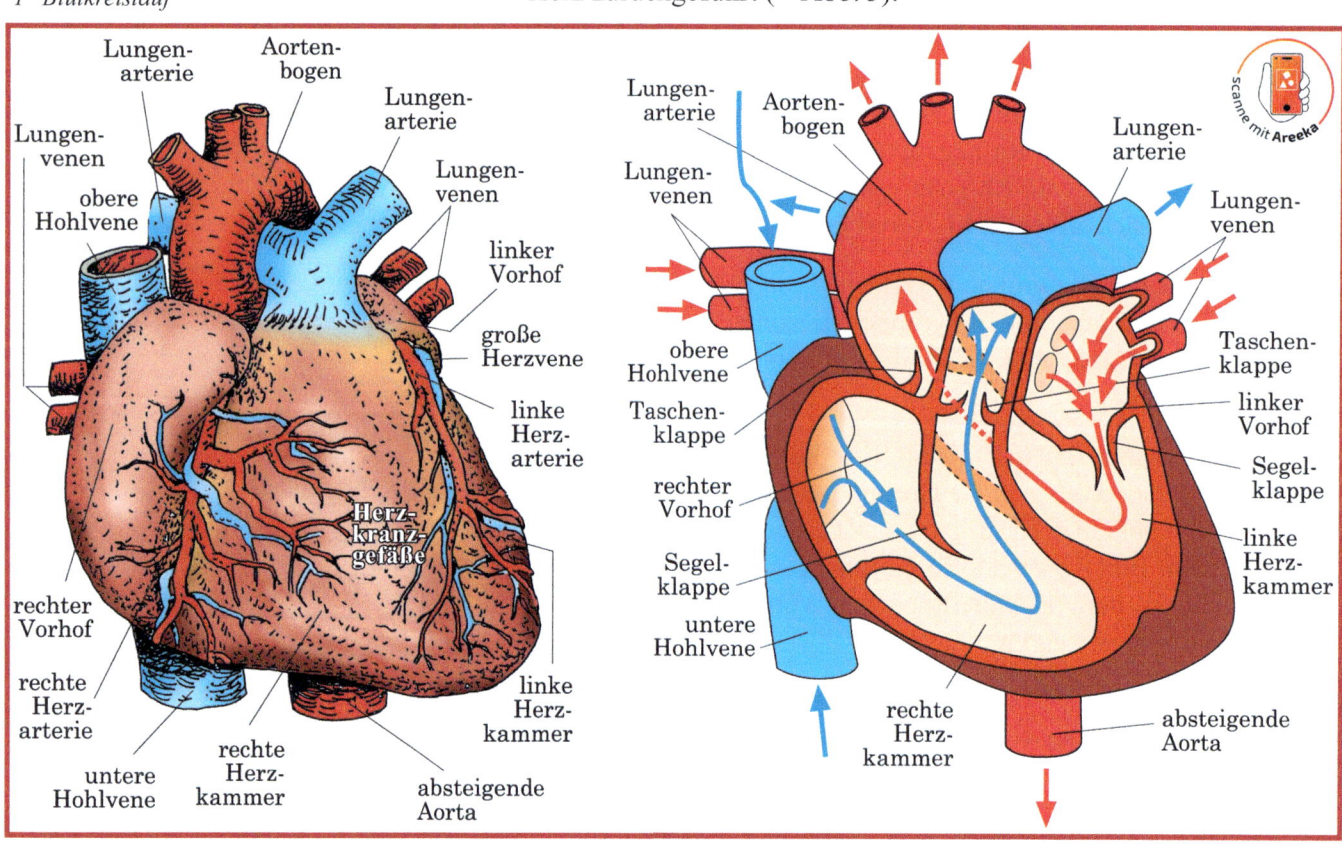

2 *Das **Herz**, ein ungefähr faustgroßer Muskel, ist der „Motor" unseres Blutkreislaufes. Es wiegt etwa 300 g. Es besteht aus zwei Hälften mit je einem **Vorhof** und je einer **Herzkammer**. Zwischen Vorhöfen und Herzkammern liegende **Segelklappen** verhindern das Zurückfließen des Blutes in die Vorhöfe, **Taschenklappen** verhindern das Zurückfließen des Blutes in die Herzkammern.*

➔ **Arbeitsblatt S. 41, 42**

3 **Tätigkeit des Herzes**:
a) *Die Vorhöfe ziehen sich zusammen und drücken das Blut an den Segelklappen vorbei in die Herzkammern. Die Taschenklappen sind geschlossen.*
b) *Darauf schließen sich die Segelklappen durch den Druck des Blutes, und die Taschenklappen öffnen sich. Die Herzkammern ziehen sich zusammen. Dadurch wird das Blut aus der rechten Herzkammer in die Lungenarterie und aus der linken Herzkammer in die Aorta (Hauptschlagader) gedrückt. Gleichzeitig nehmen die Vorhöfe Blut aus den Venen auf.*

Das Blut braucht für den gesamten Kreislauf ungefähr eine Minute. Der Druck des Blutes pflanzt sich über die Aorta in die großen Schlagadern fort. Beträgt die Geschwindigkeit des Blutstromes in der Aorta noch etwa 50 bis 100 cm/s (1,8 bis 3,6 km/h), so beträgt sie bei der Rückkehr zum Herz nur noch etwa 40 cm/s.

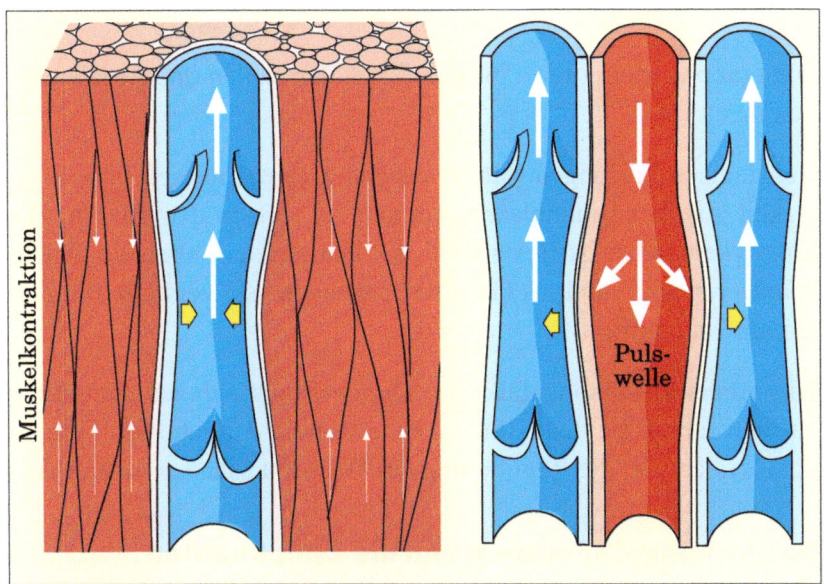

1 **Venenklappen** *verhindern das Zurücksinken des Blutes (besonders in den Beinvenen). Sie fördern seine Weiterführung in Herzrichtung im Zusammenspiel mit der Pumpwirkung der Arterien (Bild rechts) und dem Zusammenziehen der Bewegungsmuskulatur (Bild links).*

Erkrankungen des Kreislaufes und Herzens gelten als typische Zivilisationskrankheiten. Zehntausende Österreicher werden jährlich deswegen ärztlich behandelt. 2012 starben fast 34 000 Österreicher an Herz-Kreislauf-Erkrankungen. Vor allem der Herzinfarkt – dabei kommt es zu einer Verstopfung der Herzkranzgefäße – ist dafür verantwortlich. Bluthochdruck ist eine weitere häufige Erkrankung des Kreislaufsystems. **Risikofaktoren** sind Rauchen, übermäßiger Alkoholgenuss, Übergewicht, mangelnde körperliche Bewegung sowie ständiger Stress (→ **L**). Vorbeugen kann jeder durch entsprechende Maßnahmen: gesunde Ernährung, ausreichende sportliche Betätigung und genügend Schlaf zum Ausrasten und Entspannen.

Blutplasma: Serum aus Wasser, Eiweiß, Salzen u. a., Fibrinogen zur Gerinnung des Blutes.

Rote Blutkörperchen: kernlos, entstehen im roten Knochenmark, 1 mm³ – 4,5 bis 5 Mio. rote Blutkörperchen, enthalten Hämoglobin, das durch seinen Eisengehalt Sauerstoff locker bindet.

Weiße Blutkörperchen: haben Zellkern, größer als rote Blutkörperchen, Bewegung ähnlich Amöben, können die Adern verlassen, umfließen Krankheitserreger und vernichten sie („Gesundheitspolizei").

Blutplättchen: zerfallen an der Luft, lösen die Blutgerinnung aus.

Blutgruppen: A, B, AB, 0. Rhesusfaktor positiv oder negativ.

Blutgefäße: Arterien führen Blut vom Herz weg, die Wände der Arterien sind muskulös; Venen führen Blut zum Herzen hin, Klappen verhindern das Zurückfließen des Blutes; Kapillaren (feinste Verzweigungen) verbinden Arterien und Venen.

Herz: zwei Vorhöfe, zwei Herzkammern, Segelklappen, Taschenklappen. Blutkreislauf: rechte Herzkammer – Lungenarterie – Lunge – linker Vorhof (Lungenkreislauf), linke Herzkammer – Aorta – Körper rechter Vorhof (Körperkreislauf).

1 ▶ Zähle die Aufgaben der roten, der weißen Blutkörperchen und der Blutplättchen auf.

2 ▶ Beschreibe, welche Vorsorge bei der Übertragung von Blut getroffen werden muss.

3 ▶ Informiere dich über das Rote Kreuz und das Blutspenden in Österreich.

4 ▶ Bau eines Herzmodells aus Band 1.

5 ▶ Finde heraus, was ein EKG (→ L) ist.

6 ▶ Miss deinen Blutdruck mit einem Blutdruckmessgerät und stelle deine Ergebnisse in der Klasse vor (gib die beiden Werte, die Höhe deines Blutdrucks an; zum Vergleich nenne deinen „Soll-Blutdruck").

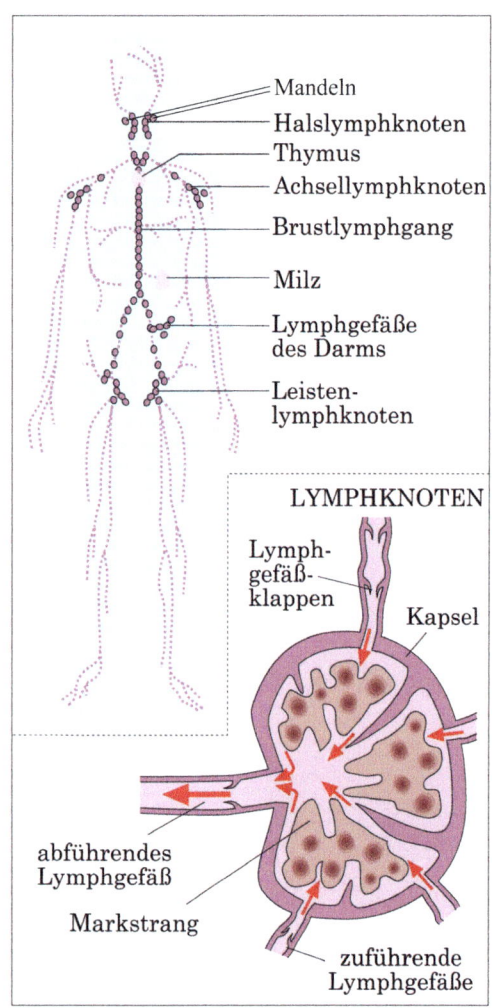

1 Lymphkapillaren:
Die Nährstoffe gehen aus der Körperflüssigkeit in die Zellen über. Auch die Abfallstoffe werden in die Körperflüssigkeit abgegeben und gelangen über das Lymphgefäßsystem in die Blutbahn.

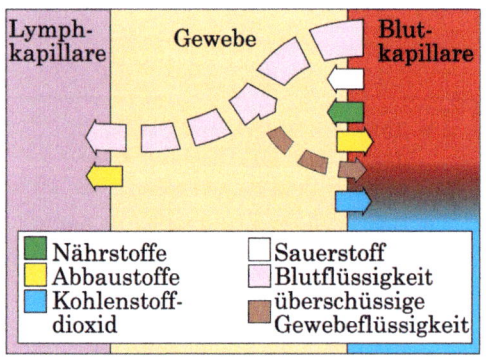

2 *Lymphbewegung*

Das lymphatische System

Selbst über die winzigsten Blutkapillaren schafft es das Blut nicht, alle Zellen zu erreichen. Jede Zelle muss aber versorgt werden. Diese Aufgabe übernimmt die Lymphe (➔ L).

Die Lymphe transportiert Nährstoffe zu den Zellen und Abfallstoffe von ihnen weg.

Bei Hautabschürfungen tritt sie aus dem Gewebe als gelbliche Flüssigkeit aus, bei Brandblasen sammelt sie sich in den Blasen. Die Flüssigkeit selbst ist Bestandteil des Blutes, kann aber die Gefäßwände verlassen und ins Gewebe eindringen. Sie versorgt alle Zellen mit Nährstoffen.

Die größeren Lymphgefäße des Darmsystems nehmen Fettsäuren auf und führen sie dem Blut zu. Eine weitere Aufgabe des Lymphgefäßsystems ist die Regulierung des Wasserhaushaltes im Körper.

Das Lymphgefäßsystem und die Lymphknoten

Die Lymphe wird aus dem Gewebe zuerst frei und dann in dünnsten Lymphkapillaren abtransportiert. Diese fließen zu größeren Lymphbahnen, die den ganzen Körper durchziehen. Wie in den Venen verhindern Klappen einen Rückfluss der Lymphe. Bewegt wird die Flüssigkeit durch die Bewegungen des Körpers.

Bei Verstopfungen von Gefäßen sammelt sich die Flüssigkeit an. Die Folge sind so genannte Ödeme. Die größeren Lymphgefäße münden wieder in Venen.

Das blutgefäßartige Lymphgefäßsystem ist mit zahlreichen kleineren und größeren Lymphknoten angereichert. Tastbar sind sie im Hals- und Achsel- sowie Lendenbereich. Sie wirken wie ein Filter und fangen Krankheitserreger und Fremdkörper ab. Zahlreiche weiße Blutkörperchen werden in ihnen produziert, die ebenfalls bei der Krankheitsabwehr mithelfen.

Bei Infektionen oder Erkrankungen schwellen die Lymphknoten an, können hart werden und Schmerzen verursachen. In diesen Fällen ist unbedingt ärztlicher Rat einzuholen.

Bei so genannten „Blutvergiftungen" (also Infektionen) erkennt man manchmal an den Gliedmaßen blutunterlaufene Streifen. Hier sind die Lymphbahnen entzündet.

---

1 ▶ **Berichte, bei welchen Gelegenheiten du schon deine Lymphflüssigkeit gesehen hast.**

2 ▶ **Beschreibe, an welchen Körperstellen du einen Lymphknoten ertasten kannst.**

Lymphe: gehört zum Blutplasma; versorgt das Gewebe mit Nährstoffen, transportiert Schadstoffe ab, fließt frei bzw. in Lymphgefäßen.

Lymphknoten: bilden weiße Blutkörperchen, helfen bei der Abwehr von Krankheitserregern.

Das Immunsystem

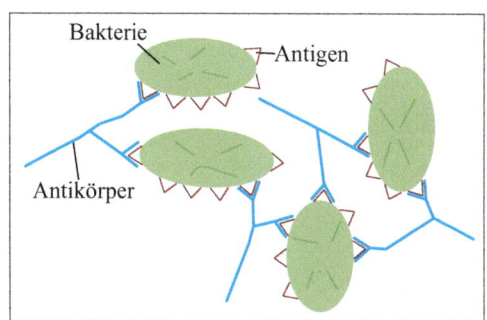

1 ▶ *Nimm deinen Impfpass in die nächste Biologie-Stunde mit und zähle die Impfungen auf, die du bis jetzt erhalten hast. Berichte, gegen welche Krankheitserreger du „immunisiert" bist.*

1 *Modell einer Antigen-Antikörper-Reaktion*

Die Abwehr von Krankheitserregern

Tagtäglich nehmen wir mit unseren Speisen, Getränken und auch mit der Atemluft unzählige Krankheitserreger auf. Ohne entsprechendes Abwehrsystem unseres Körpers würden wir häufig daran erkranken bzw. sogar sterben. Der menschliche Organismus hat aber die Fähigkeit, diese Erreger mit Hilfe seines Immunsystems abzuwehren und zu entsorgen. Bereits im Mutterleib beginnt sich ein eigenständiges **Abwehr-** (**Immunsystem**) zu bilden. Hier sorgt allerdings noch das mütterliche Abwehrsystem für die Gesunderhaltung des heranwachsenden Embryos.

Nach der Geburt baut sich rasch ein eigenständiges Immunsystem auf, reift im Laufe der ersten Lebensjahre und muss dann ein Leben lang auf immer wieder neu auftretende Krankheitserreger richtig reagieren, um den gesamten Organismus zu schützen. Wenn eine Attacke eines Angreifers überstanden ist, bleibt der Körper meist unempfänglich für neue Angriffe. Er ist immun.

Körperfremde Eindringlinge wie Bakterien, Viren oder Pilze nennt man in der Fachsprache **Antigene** (➜ **L**). Bekämpft werden sie mit Hilfe der **Antikörper** (➜ **L**), die von den weißen Blutkörperchen der Lymphknoten produziert werden. Diese Antikörper sind Y-förmig aufgebaut (➜ Abb. 1). Mit den beiden Fortsätzen wird ein Eindringling gefasst, wobei mehrere Antikörper mit dem Antigen zu einem Klumpen zusammengedrängt werden. Diese zusammengeballten Antigen-Antikörper-Komplexe können von speziellen weißen Blutkörperchen aufgefressen und entsorgt werden („Fresszellen").

Die weißen Blutkörperchen haben die Fähigkeit, eine große Zahl von verschiedenen Antikörpertypen zu bilden, sodass zu jedem Krankheitskeim ein entsprechender Antikörper produziert werden kann. So genannte **Gedächtniszellen** merken sich den Eindringling. Bei einem Wiederbefall kann daher rasch auf diesen reagiert werden, sodass der Körper durch die Krankheitskeime nicht geschwächt oder belastet wird.

Die **Schutzimpfung** ist eine **aktive Immunisierung** (➜Abb.2). Dabei wird der Körper mit Hilfe eines medizinischen „Tricks" immunisiert. Abgeschwächte oder abgetötete Krankheitskeime werden bei der Impfung eingespritzt. Das Immunsystem erkennt diese Eindringlinge als Antigene und produziert entsprechende Antikörper. Bei einem tatsächlichen Befall (z.B. von Viren) hat der Körper bereits ein aktiv arbeitendes Immunsystem mit den passenden Antikörpern. Die Krankheit kann daher nicht ausbrechen. Die Impfung hat also eine aktive Immunisierung (der Körper selbst produziert die Antikörper) bewirkt. Der Schutz hält oft mehrere Jahre. Je nach Krankheitserreger muss diese Schutzimpfung wieder „aufgefrischt" werden (z.B. FSME-Schutzimpfung"). Bei der **passiven Immunisierung** (➜Abb.3) werden fremde Antikörper (von Menschen oder Tieren) gegen die jeweiligen Erreger gespritzt. Diese Form der

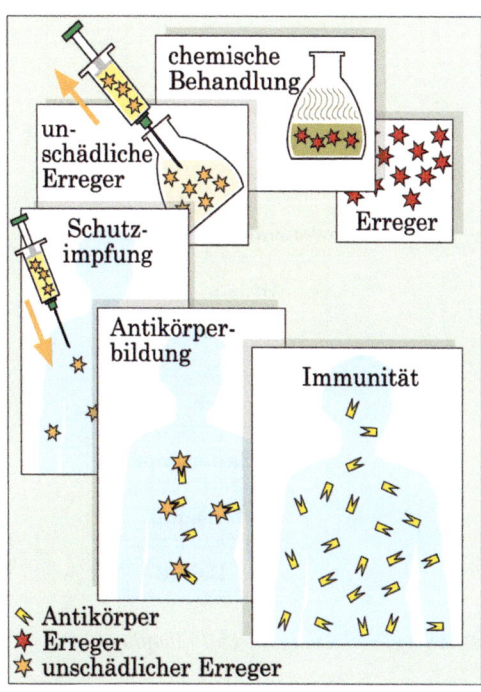

⚡ Antikörper
✶ Erreger
✶ unschädlicher Erreger

2 *Aktive Immunisierung*

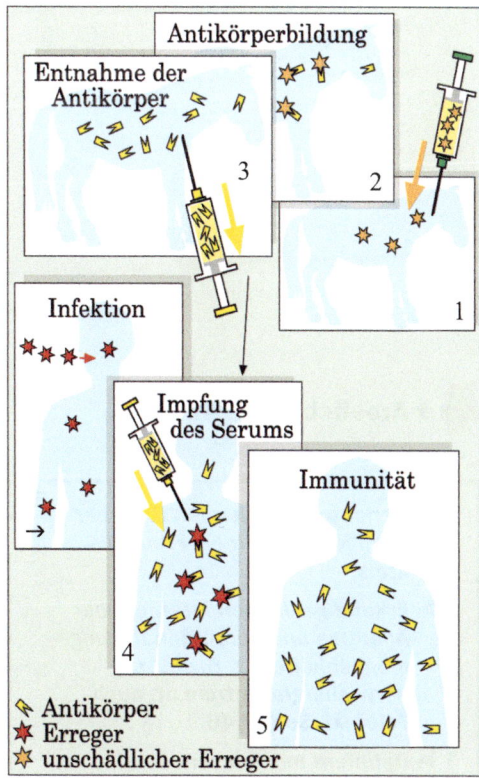

⚡ Antikörper
✶ Erreger
✶ unschädlicher Erreger

3 *Passive Immunisierung, z. B. über ein Pferd*

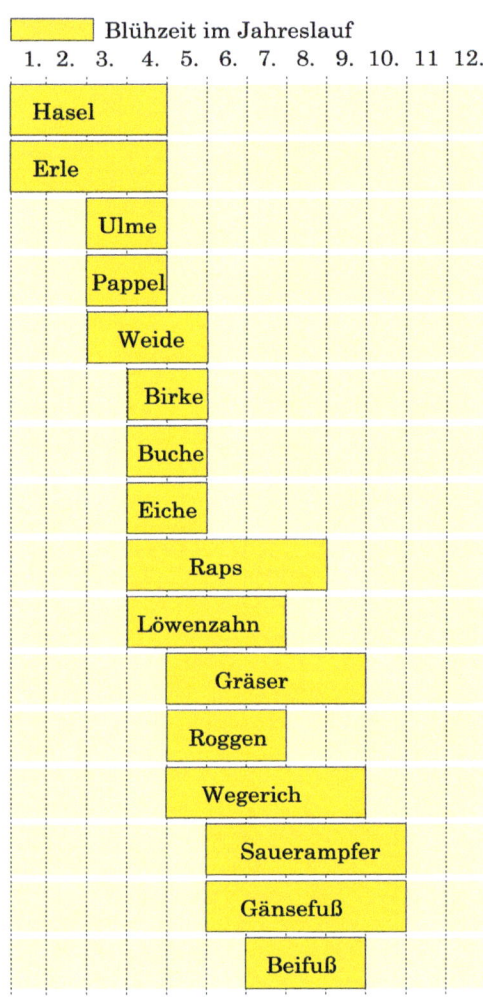

Blühzeit im Jahreslauf
1. 2. 3. 4. 5. 6. 7. 8. 9. 10. 11 12.

Hasel
Erle
Ulme
Pappel
Weide
Birke
Buche
Eiche
Raps
Löwenzahn
Gräser
Roggen
Wegerich
Sauerampfer
Gänsefuß
Beifuß

1 *Allergiebelastung durch Pollenflug*

Immunisierung wird bei wahrscheinlichen Infektionen mit Erregern gefährlicher Krankheiten eingesetzt. Eine dauerhafte Immunisierung ist damit nicht gewährleistet.

Erkrankungen des Immunsystems

Richten sich durch Fehlleistungen Abwehrzellen gegen körpereigene Gewebe, so liegt eine **Autoimmunkrankheit** vor („auto" bedeutet selbst). Dabei können Nervenzellen bzw. ihre Hüllzellen (Multiple Sklerose), Spermien (spontane Sterilität), Blutzellen (bestimmte Formen der Blutarmut) oder Bauchspeicheldrüsenzellen (bestimmte Arten der Zuckerkrankheit) angegriffen und zerstört werden.

Werden die Immunzellen selbst infiziert (z. B. bei AIDS ➜ S. 69), bricht die Immunabwehr zusammen und an sich kaum gefährliche bzw. leicht zu bekämpfende Keime führen zu tödlichen Erkrankungen.

Störungen des Immunsystems – Allergien

Bei Allergien (➜ **L**) reagiert das Immunsystem auf harmlose Substanzen wie Pollen, Milch oder Mehl mit einer übertriebenen Abwehr. Durch diese unpassende „Antwort" des Immunsystems kann es zu chronischen Erkrankungen, aber auch zu tödlichen Schocks (z. B. bei Bienenstichen) kommen.

Häufige Allergien sind Pollenallergie, Nahrungsmittelallergie, Tierallergie (Katzen-, Hundehaare, Milbenkot, …). Grundsätzlich kann jeder Stoff zu einem Allergieauslöser werden.

Abhilfe kann meist nur in geringem Ausmaß erfolgen:

▷ Meiden entsprechender Lebensmittel (z. B. Tomaten, Sellerie, …)

▷ Meiden von Tierkontakten (Katzen, Hunde, …)

▷ Sanierung der Wohnung, regelmäßiges gründliches Reinigen, Lüften der Zimmer (Milben im Teppich, Staub in der Wohnung)

▷ Beachten des Pollenkalenders (➜ Abb. 1) bzw. des eigens organisierten Pollenwarndienstes (z. B. des ORF)

▷ Medikamentöse Behandlung

▷ Desensibilisierung: Darunter versteht man, dass der Körper mit geringsten Dosen der allergieauslösenden Stoffe über längere Zeitabschnitte hinweg behandelt wird. So „gewöhnt" sich das Immunsystem an diesen Stoff, und reagiert beim stärkeren Auftreten der Reizstoffe (Pollen, Haare, …) nicht im Übermaß. Die Krankheitssymptome (rinnende Nasen, tränende Augen, Atemnot, Anschwellungen, Juckreiz, Hautausschläge) können dadurch wesentlich gemindert werden.

➜ **Arbeitsblatt S. 42**

1 ▶ *Berichte von Allergien in deiner Familie oder deinem Freundeskreis.*

2 ▶ *Erkundige dich im Internet über Allergien und deren Behandlungsmöglichkeiten, z. B. unter: www.allergiezentrum.at; auch Teletext, Seite 646*

3 ▶ *Definiere und beschreibe eine Autoimmunkrankheit.*

Das **Immunsystem** schützt den menschlichen Organismus vor Krankheitskeimen. Die weißen Blutkörperchen bilden Antikörper, Fresszellen entsorgen die Antigen-Antikörper-Komplexe.
Durch aktive und passive Immunisierung wird der Körper vor Krankheiten geschützt. Autoimmunkrankheiten sind Fehlleistungen des Immunsystems. Erkrankt das Immunsystem, fällt der Schutz des Organismus meist ganz aus. Allergien entstehen durch „Überreaktionen" der Immunabwehr.

1 ▶ Wiederhole den Bau der Lunge und beschrifte die Abbildung. Verwende dazu folgende Begriffe:

> Bronchien
> Luftröhre
> Lungenarterie
> Lungenbläschen
> Lungenvene

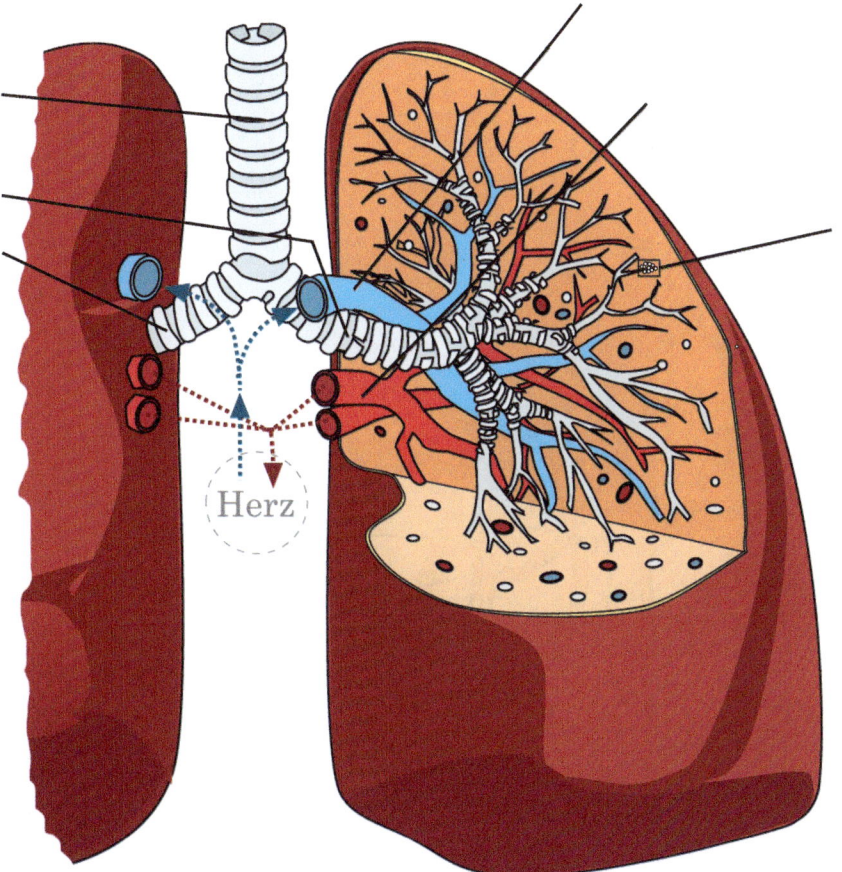

Herz

2 ▶ Versuch mit Lunge: Sieh dir auf YouTube (Stichwort „Kopeszki") den Biologie-Experimente-Film (ab Minute 10:40) an und fasse das Ergebnis kurz zusammen.

3 ▶ Notiere, welche Aufgabe die einzelnen Teile des Blutes haben.

Blutplasma:
_____
_____

weiße Blutkörperchen:
_____
_____

Blutplättchen:
_____
_____

rote Blutkörperchen:
_____
_____

4 ▶ Ergänze den Text.

Beim Körperkreislauf pumpt die _____

Herzkammer das _____

hellrote Blut in den Körper. Dort erfolgt die

Abgabe von _____ und

Aufnahme von _____

durch die Wände der _____ .

Das _____ gefärbte Blut

wird durch die Venen zum Herz zurückgeführt.

(dunkelrot, Kapillaren, Kohlenstoffdioxid, linke, Sauerstoff, sauerstoffreiche)

Lesetraining

1 ▶ *Beschrifte die Abbildung (verwende die nebenstehenden Begriffe).*

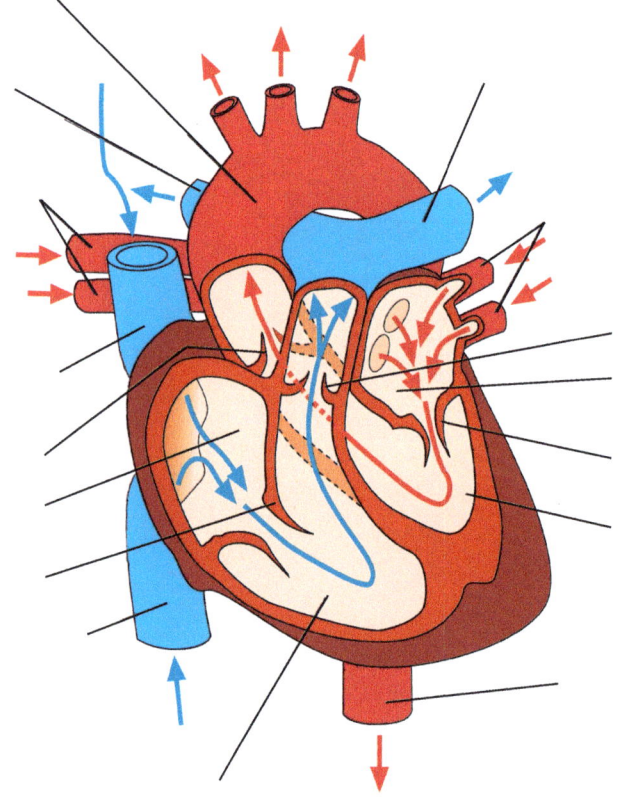

2 ▶ *Entziffere die „Geheimschrift" und trag den Text in dein Heft ein.*

Lesetraining

a	ä	b	c	d	e	f	g	h	i	j	k	l	m	n
ଓ	✳	ଅଠ	ଅ	ଓ	ଵ	✎	♒	⓪	①	②	③	④	⑤

o	ö	p	q	r	s	ß	t	u	v	w	y	z	,	.
⑥	✦	⑦	⑧	⑨	⑩	✳	❶	❷	❸	❺	❻	📄	🗐	

Das Nervensystem

Das Nervensystem besteht aus dem **Gehirn**, dem **Rückenmark** und den **Nervensträngen**, die alle Teile des Körpers mit den Zentren im Gehirn verbinden. Ein **Nerv** besteht aus einem **Zellkörper** und einer langen **Nervenfaser**.

Man unterscheidet das **Zentralnervensystem** (gebildet aus Gehirn und Rückenmark) und das **periphere Nervensystem** (peripher = am Rande liegend) mit den Nerven von Kopf, Rumpf und Gliedern, welche die Verbindung zur Umwelt herstellen.

Beide Systeme sind vom Willen beeinflusst (man bezeichnet sie zusammen auch als animalisches, **willkürliches** Nervensystem).

Außerdem gibt es auch noch das autonome (= selbstständige) Nervensystem (**vegetatives** Nervensystem). Es arbeitet selbstständig ohne Beeinflussung durch den Willen und hält alle lebenswichtigen Organtätigkeiten (Herzschlag, Atmung, …) aufrecht. Es arbeitet jedoch nicht als abgeschlossenes System, sondern steht mit allen übrigen Gruppen des Nervensystems in Verbindung.

Die **Nervenzelle** (das Neuron) besteht aus einem **Zellkörper** und einer langen **Nervenfaser** (Neurit). Vom Zellkörper gehen viele bäumchenartige Fortsätze aus, die zur Verbindung der Zellen dienen und die Erregung (ausgelöst durch Reize) aufnehmen und zum Zellkörper weiterleiten (→ Abb. 3). Sie werden **Dendriten** genannt.

Fast alle Zellkörper liegen im Gehirn und Rückenmark, wo sie die graue Masse bilden. Die Nervenfaser kann bis zu 1 m lang sein. Dieser Hauptfortsatz ist meist von fetthaltigen Hüllzellen umgeben, die zur Isolierung dienen. Die Nervenfasern bilden die weiße Masse von Rückenmark und Gehirn. Dazu zählen auch Nerven, die oft vielfach verzweigt durch den Körper laufen.

Wir unterscheiden zwei Arten von Nerven:

▷ Die **Empfindungsnerven** (sensorische): Reize werden von den Sinnesorganen aufgenommen und in Nervenimpulse (Nervenerregungen) umgewandelt. Diese werden über die Nerven zum Gehirn geleitet.

▷ Die **Bewegungsnerven** (motorische) leiten die Befehle des Gehirns und des Rückenmarks zu den Muskeln.

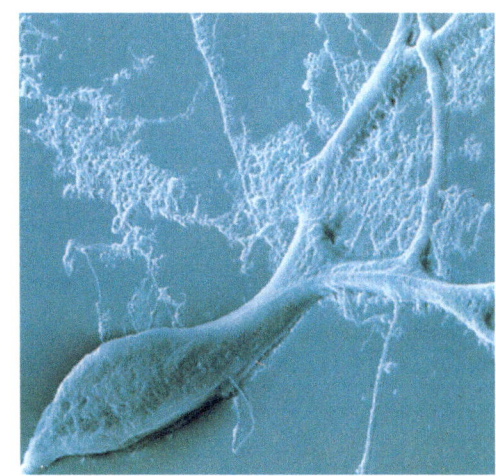

2 *Isolierte Nervenzelle (ca. 1000-fache Vergrößerung)*

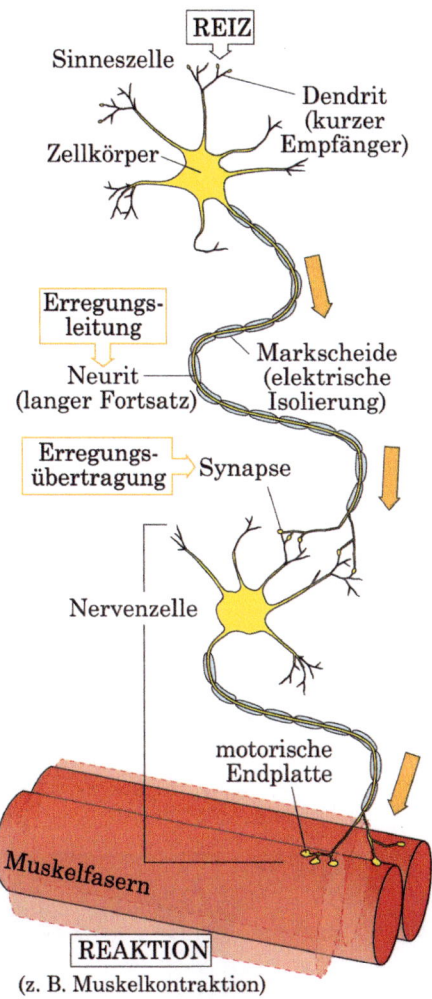

3 *Nervenzelle*: *Die Pfeile geben die Richtung der Erregungsleitung an.* **Synapsen** *sind Verbindungsstellen zwischen den Nerven bzw. zwischen Nerven und Zielorganen, wie Drüsen oder Muskelfasern. Dort nennt man sie „motorische Endplatte". Die Weiterleitung der Erregung entlang der Nervenbahn erfolgt über elektrische Signale. Von Synapse zu Synapse übernehmen chemische Botenstoffe („Neurotransmitter", → L) diese Aufgabe.*

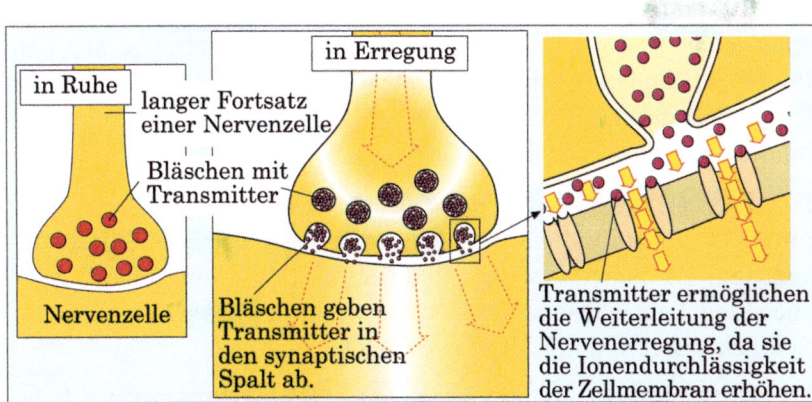

1 *Schematische Darstellung der Erregungsübertragung in den Synapsen.*

1 Das **Gehirn** liegt in der Schädelkapsel und wird von drei Häuten – der harten Hirnhaut, der Spinnwebenhaut und der weichen Hirnhaut – umhüllt. Alle drei sind durch flüssigkeitserfüllte Spalträume voneinander getrennt. Durch die Flüssigkeit werden Stöße auf Gehirn und Rückenmark gedämpft und gemildert. Das Gehirn ist etwa 1,3 kg bis 1,8 kg schwer und besteht aus Milliarden von Nervenzellen.

Man gliedert das Gehirn in Großhirn, Zwischenhirn, Mittelhirn, Kleinhirn und Nachhirn (verlängertes Mark).　→

Das Zentralnervensystem

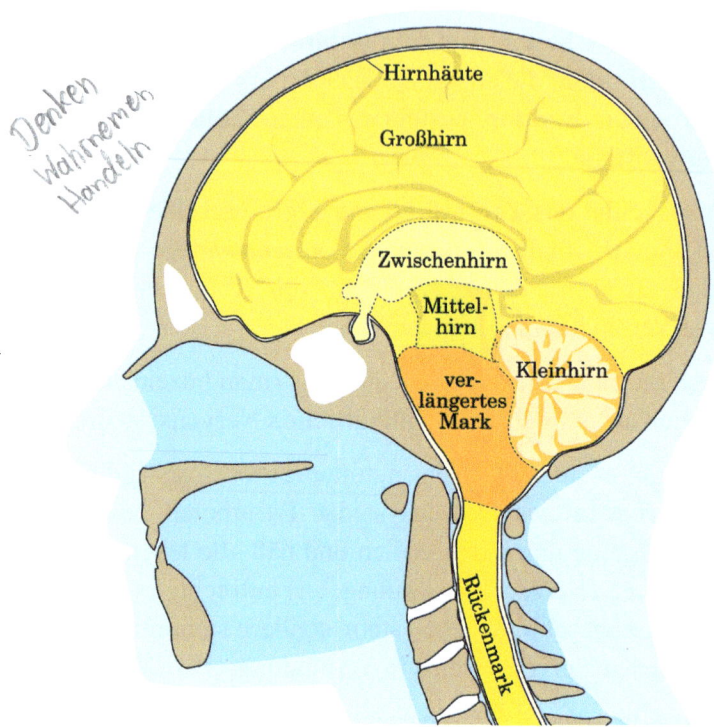

Das **Großhirn** ist durch die Längsfurche in zwei Teile geteilt. Die beiden Hälften verbindet der **Balken**. Die linke Hirnhälfte ist für Sprache und Logik, die rechte für die Kreativität und den Orientierungssinn verantwortlich. Die Oberfläche des Großhirns (Hirnrinde) bildet eine graue Gehirnsubstanz, eine etwa 1,5 bis 5 mm dicke Schicht aus etwa 14 Milliarden Nervenzellen. Durch viele Windungen wird die Oberfläche vergrößert, die Intelligenzleistung wesentlich erhöht. Im Großhirn liegen zahlreiche Bewusstseinszentren (→ Abb. 2).

Das **Zwischenhirn** ist die wichtigste Umschaltstelle. Es ist ein Zentrum für unbewusste Vorgänge wie z. B. von Wach- und Schlafrhythmus, Hunger, Durst, Schmerz, Temperaturempfindungen oder dem Sexualtrieb. Es empfängt Erregungen aus dem Körper, leitet sie zum entsprechenden Teil des Großhirns und bringt unsere Gefühle und Gebärden hervor.

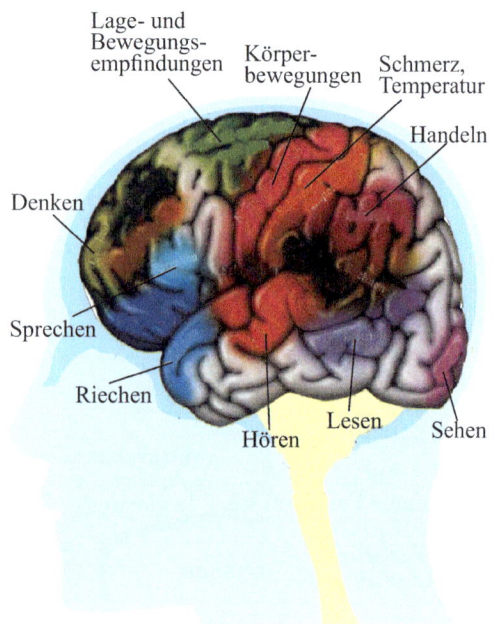

2 Einige Gehirnfelder (Schema)

Das **Mittelhirn** verbindet das Zwischenhirn mit dem Kleinhirn. Es steuert z. B. die Augenbewegungen, Pupillenbewegung, die Seh- und Hörreflexe (→ **L**) und den Schlaf.

Das **Kleinhirn** ist ein Zentrum für die Verarbeitung von Sinneseindrücken. Es ordnet Tasteindrücke und die Eindrücke aus dem Innenohr (Raumorientierung, Gleichgewicht; → S. 51). Es koordiniert Muskelspannung und Muskelbewegungen und ist eine wichtige Verbindung zur Großhirnrinde.

Das **Nachhirn** oder verlängerte Mark verbindet das Rückenmark mit dem Gehirn und ist auch Atem-, Kreislauf- und Stoffwechselzentrum. Es steuert den unwillkürlichen Bewegungsablauf, Speichel- und Tränenabsonderung sowie wichtige Reflexe (z. B. Saug-, Schluck-, Brech- und Lidschlussreflex).

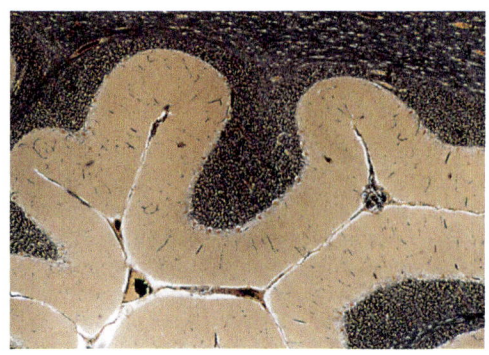

3 Gehirnwindungen

→ Arbeitsblatt S. 55

Das **Rückenmark**, ein etwa 1 cm dicker Strang, verläuft durch den Wirbelkanal der Wirbelsäule.

Das periphere Nervensystem

Aus dem Rückenmark entspringen **31 Nervenpaare**, die zu den Muskeln des gesamten Körpers führen und sowohl Erregungen vom Gehirn in den Körper als auch umgekehrt vom Körper ins Gehirn leiten.

Vom Gehirn gehen **12 Nervenpaare** aus. Durch das 10. und 11. Paar stehen innere Organe (z. B. Herz, Magen, Darm, Lungen, Nieren) mit dem Zentralnervensystem in Verbindung. Das 10. Paar ist ein wesentlicher Teil des parasympathischen Nervensystems (➜ Abb. 46.1). Das 11. Paar steuert Muskeln des Gesichts.

*3 Durch die Wirbelsäule zieht ein etwa 1 cm dicker Strang, das **Rückenmark**. Es besteht innen aus grauer Substanz (Zellkörper der Nervenzellen) und außen aus weißer Substanz (Nervenfasern).*

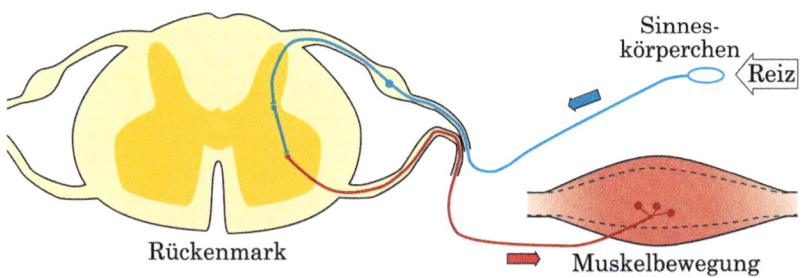

Sinnes-körperchen · Reiz · Rückenmark · Muskelbewegung

*1 Manchmal würde der Weg über das Rückenmark zum Gehirn zu lange dauern. Beispiel: Deine Hand berührt einen heißen Gegenstand – du zuckst plötzlich zurück. Ohne zu denken hast du so reagiert. Die vom Reiz ausgelöste Erregung wurde über die Empfindungsnervenfaser zum Rückenmark geleitet, dort zur Bewegungsnervenfaser umgeschaltet und in die Armmuskeln geführt. Du hast eine **Reflexbewegung** gemacht. Durch diese rasche Reaktion wurdest du vor Schaden bewahrt. Dem Gehirn wird gleichzeitig eine „Kopie" dieser Information übermittelt.*

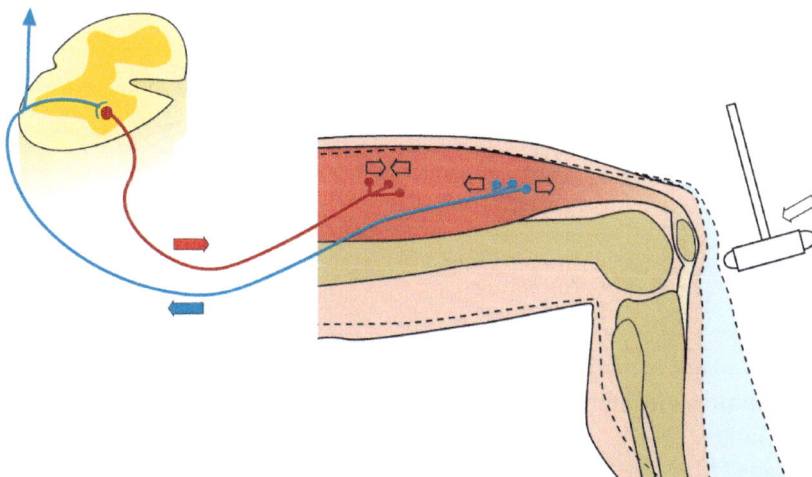

2 Kniesehnenreflex. Ein Schlag auf einen bestimmten Punkt unter der Kniescheibe löst die Kniesehnenreflexbewegung aus. Er soll beim Anstoßen des Fußes an ein Hindernis oder beim Aufspringen den Unterschenkel rasch nach vorn strecken bzw. die Streckmuskeln zusammenziehen.

Das vegetative Nervensystem

Es steuert, ohne dass wir davon etwas bemerken, alle wichtigen Vorgänge im Körper. So wird z. B. die Körpertemperatur trotz der Temperaturschwankungen der Umwelt im Körperinneren auf etwa 36 bis 37 °C gehalten. Kältepunkte auf der Haut, im Körperinneren sowie im Zwischenhirn melden die veränderte Temperatur. Darauf reagiert der Körper mit dem Verengen der Blutgefäße in der Haut.

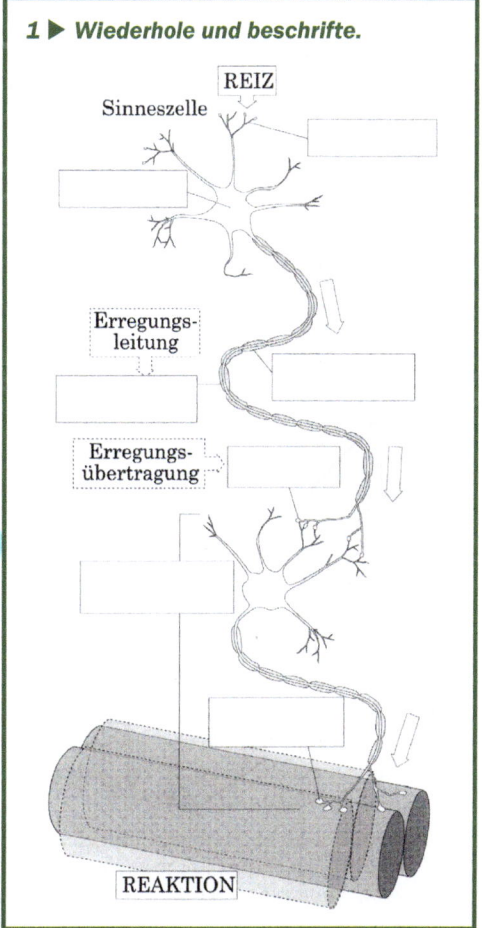

1 ▶ Wiederhole und beschrifte.

REIZ · Sinneszelle · Erregungs-leitung · Erregungs-übertragung · REAKTION

1 *Grüne Pfeile: vom Rückenmark ausgehende Nerven – Sympathikus, rote Pfeile: vom Gehirn bzw. der Kreuzregion ausgehende Nerven – Parasympathikus; Gegenspieler. Der Sympathikus dient zur allgemeinen Leistungssteigerung, der Parasympathikus zur Erholung des Organismus.*

Durch Muskelspannung wird Wärme erzeugt. In ähnlicher Weise werden Blutdruck, Wasserhaushalt, Sauerstoffgehalt des Blutes, Enzym- und Hormonabgabe den jeweiligen Außenbedingungen und denen im Körper angepasst.

Steuerung der inneren Organe durch das vegetative Nervensystem

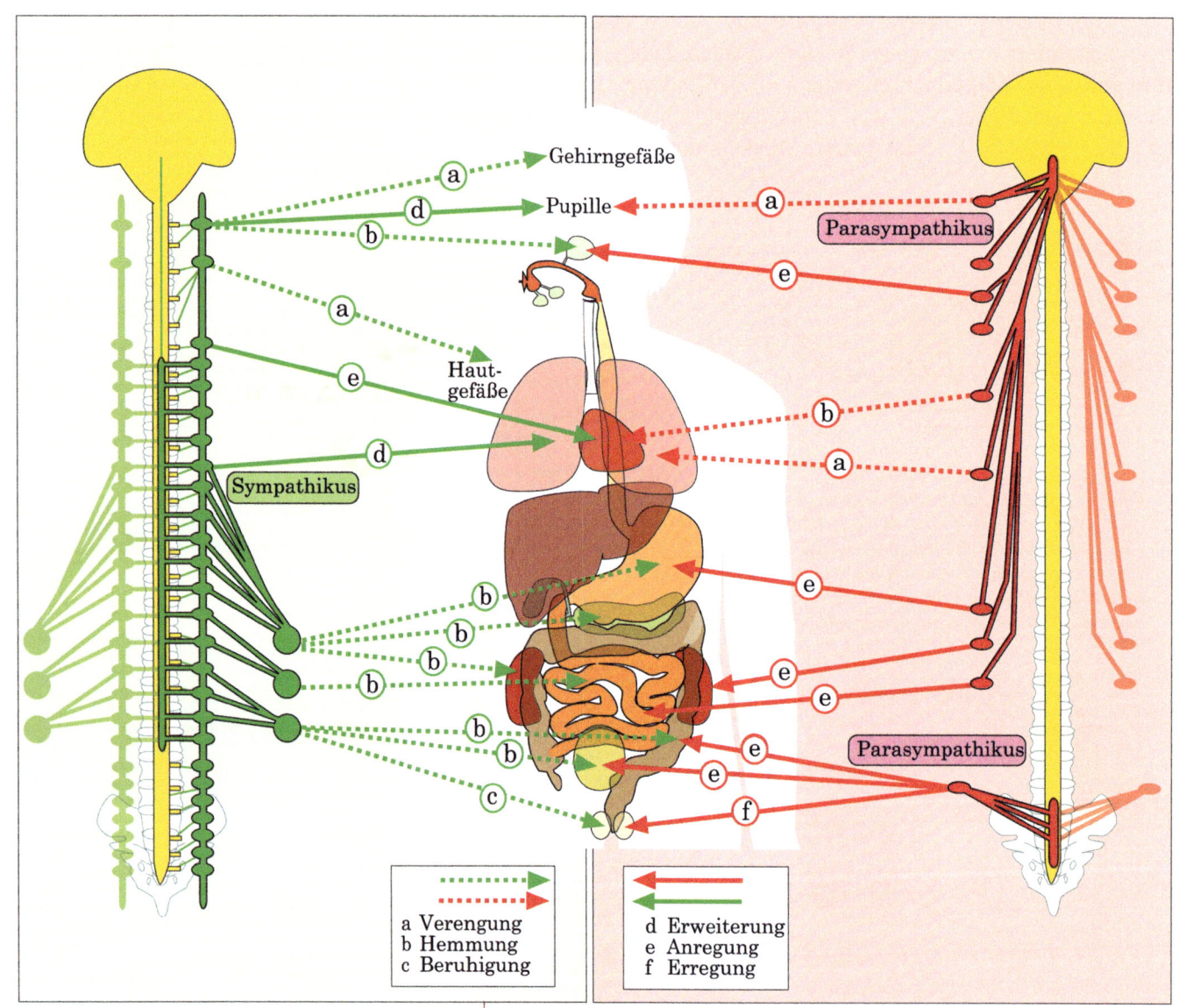

a Verengung
b Hemmung
c Beruhigung

d Erweiterung
e Anregung
f Erregung

Gehirn: Großhirn – durch Längsfurche geteilt, Verbindung durch Balken, Oberfläche aus grauer Gehirnsubstanz (ca. 1,5 bis 5 mm, aus Milliarden Nervenzellen), Zwischenhirn – Umschaltstelle, Mittelhirn – bestimmte Reflexe, Kleinhirn – Muskeltätigkeit, Nachhirn – Atem-, Kreislauf- und Stoffwechselzentrum. 12 Gehirnnervenpaare.

Rückenmark: aus grauer Substanz (Zellkörper) und weißer Substanz (Nervenfasern), 31 Nervenpaare zu den Muskeln.

Nerven: Nervenzelle aus Zellkörper (mit vielen Fortsätzen). Nervenfasern (bis 1 m lang) bestehen aus vielen Nervenzellen, Empfindungsnerven und Bewegungsnerven. Synapsen sind die Schaltstellen zwischen den Nerven und Zielorganen.

Reflex: unwillkürliche Reizbeantwortung durch Empfindungs- und Bewegungsnerven über die Schaltstelle des Rückenmarks. Sie erfolgt immer in gleicher Weise.

1 ▶ **Erkläre den Sinn für die vielen Windungen der Oberfläche des Gehirns.**

2 ▶ **Der Elefant hat ein viel größeres Gehirn als der Mensch. Ist er deshalb intelligenter?**

3 ▶ **Beschreibe einen Reflex. Begründe, warum ein Reflex nicht bewusst wahrgenommen wird.**

Reizüberflutung

Unsere Sinnesorgane nehmen die zahlreichen **Umweltreize** auf, die Erregungen werden im Nervensystem verarbeitet. Viele Menschen sind aber zu vielen Reizen ausgesetzt. Sie finden nicht mehr die nötigen Ruhepausen, um die Überfülle der Reize verarbeiten zu können: Es kommt zu einer **Reizüberflutung**.

Sie kann durch rastlose Arbeit (Überarbeitung, „Workaholic") und unvernünftige Gestaltung von Freizeit (stundenlanges Fernsehen, permanente Musik-Berieselung, häufiger Aufenthalt in Diskotheken) ausgelöst werden. Aber auch durch so genannten Urlaubsstress kann eine Reizüberflutung hervorgerufen werden.

Familienzwistigkeiten oder Missbrauch von Alkohol, Nikotin (➔ S.72) und Kaffee können ebenfalls die Ursache sein und leichte Erregbarkeit, Erschöpfungszustände, Kreislaufstörungen und schließlich organische Erkrankungen hervorrufen.

In manchen Fällen – vor allem bei empfindlichen Menschen – kann Reizüberflutung auch zu **Aggressivität** (Kampf- und Streitbereitschaft) führen. In anderen Fällen kommt es zu **seelischen Krankheiten** (= Gemütskrankheiten, manchmal völlig falsch als „Geisteskrankheit" bezeichnet, ➔ S.76).

1 Lärm schädigt die Gesundheit.

---

1 ▶ Gib die Wirkung des vegetativen Nervensystems auf die abgebildeten Organe an. Verwende dazu die Abb. 46.1.

Sympathikus	Parasympathikus
Lunge: anregend (aktiv)	Lunge: Beruigend, Dämpfend
Magen: hemmend (beruigen)	Magen: anregend (aktiv)
Bauchspeicheldrüse: hemmen	Bauchspeicheldrüse: anregend
Dünndarm: hemmend	Dünndarm: aktiv

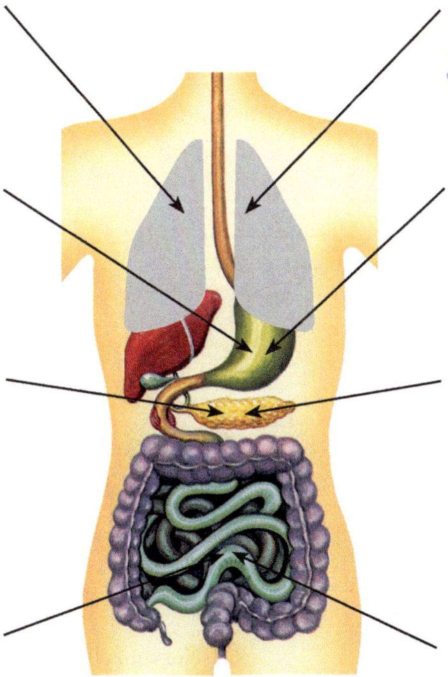

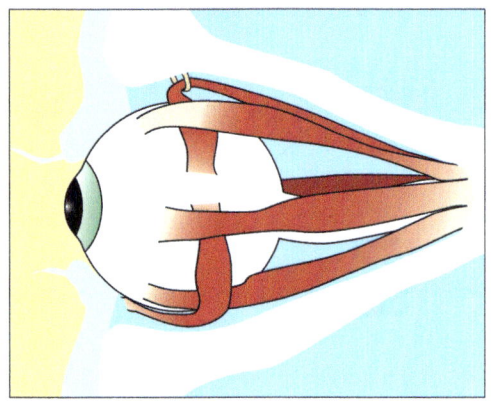

1 Sechs Augenmuskeln ermöglichen die Bewegungen des Auges.

2 Bild ➜

*Die Augapfelwand wird von drei Hautschichten gebildet. Die äußere weiße Außenhaut (ein festes Bindegewebe) geht an der Vorderseite des Auges in die durchsichtige **Hornhaut** über. Die mittlere Augenhaut, die Aderhaut, ist von vielen Blutgefäßen durchzogen und ernährt das Auge. Sie geht nach vorne in die **Iris** über. In der **Netzhaut**, der innersten Schicht, sind Millionen Sehzellen und Nerven eingelagert. Einzelne Nervenzellen vereinigen sich zum **Sehnerv**, der die Erregungen zum Gehirn weiterleitet. Die äußere und innere Augenkammer sind mit Kammerwasser gefüllt. In der Mitte lässt die Regenbogenhaut oder Iris das Sehloch, die **Pupille**, frei. Die elastische **Linse** kann durch Fasern des **Ziliarmuskels** mehr oder weniger abgeflacht werden. Den Zwischenraum zwischen Linse und Netzhaut füllt der zu 98 % aus Wasser bestehende **Glaskörper** aus, der durchsichtig ist.*

🦉 ➜ **Arbeitsblatt S. 55**

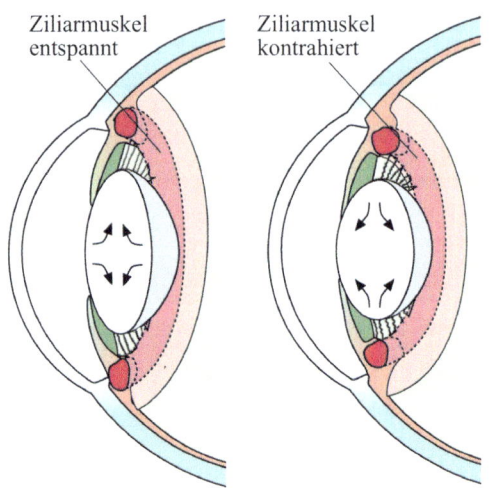

3 Durch die Arbeit des **Ziliarmuskels** kann die Linse auf verschiedene Entfernungen eingestellt werden. Wird die Linse nur wenig gekrümmt, so verschiebt sich der Punkt des „Scharfsehens" auf eine größere Entfernung (Bild links). Wird die Linse stärker gekrümmt, hat sie damit eine stärkere Brechungskraft. Der Punkt des schärfsten Sehens wandert näher (Bild rechts).

Das Auge – der Sehsinn

Das Auge wird nach außen hauptsächlich durch die **Augenlider** mit den **Wimpern** geschützt. Die Wimpern halten Staub und andere kleine Fremdkörper vom Augapfel ab und verhindern zusammen mit den Augenbrauen das Eindringen von Schweiß.

Die in den Tränendrüsen gebildete **Tränenflüssigkeit** verhindert das Austrocknen der Hornhaut und damit die Reibung, die durch die Augenlider hervorgerufen würde. Sie spült auch kleinere Fremdkörper von der Hornhaut in die Augenwinkel.

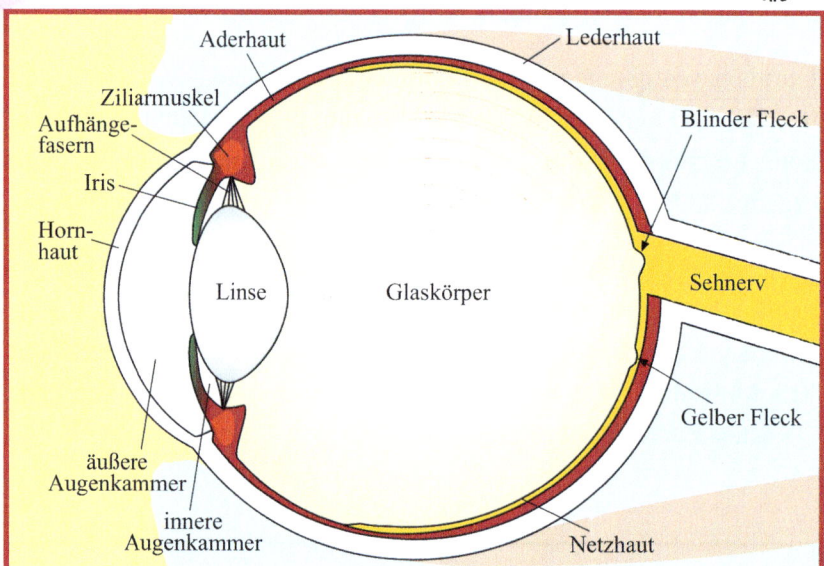

Bei starkem Lichteinfall verengt die **Iris** durch Muskelzug der glatten Muskeln die **Pupille**, bei schwachem Lichteinfall erweitert sie diese (Pupillenreflex). Die Anpassung an verschiedene Helligkeit wird **Adaptation** (➜ **L**, lat. adaptare = anpassen) genannt.
Die Anpassung an die Entfernung nennt man **Akkomodation** (➜ **L**, lat. accomodare = anpassen, ➜ Abb. 3).

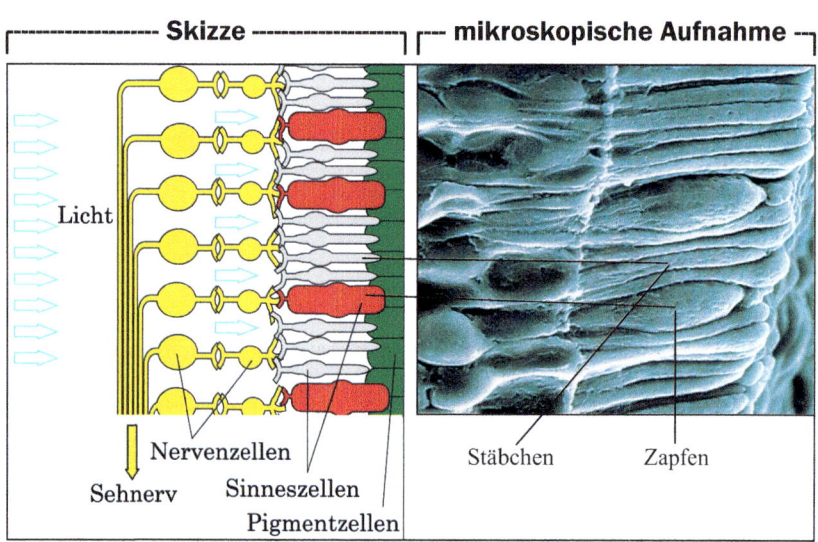

4 Auf die jeweiligen Helligkeitsstufen sprechen die Millionen von Stäbchen in der Netzhaut an, auf Farben die Zapfen.

In der optischen Achse, gegenüber der Pupille, befindet sich eine Anhäufung von Zapfen. Man nennt diese Stelle **gelber Fleck**. Dieser etwa 1 mm² große gelbe Fleck ermöglicht das schärfste Sehen.

Die Stelle, an der sich Nervenzellen zum Sehnerv vereinigen und durch die Schichten der Augapfelwand hindurchführen, heißt **blinder Fleck**. An dieser Stelle sind weder Stäbchen noch Zapfen vorhanden.

Infolge der Brechung der Lichtstrahlen durch die Linse entsteht auf der Netzhaut ein **seiten-** und **höhenverkehrtes**, **verkleinertes Bild**. Die Sinneszellen der Netzhaut nehmen den Lichtreiz auf und leiten die so ausgelösten Erregungen durch den Sehnerv ins Sehzentrum des Großhirns. Dort entsteht die Empfindung (= das Bild).

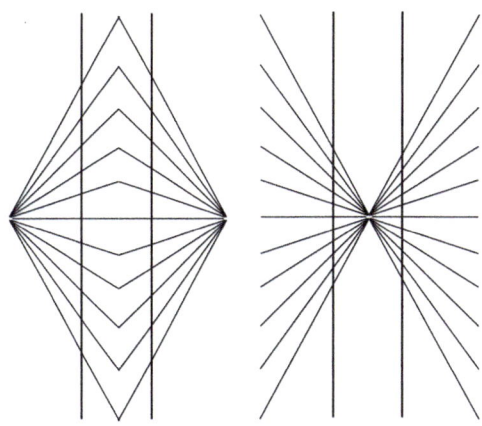

2 *Bei den so genannten **optischen Täuschungen** liegen keine Augenfehler, wohl aber „Fehlinterpretationen" vor. Betrachte die Abbildung. Was fällt dir auf? Bei besonderen Umweltsituationen entstehen durch Fehlinterpretationen des Gehirns so genannte optische Täuschungen, weil die Bildwahrnehmung im Gehirn nicht mit den Erfahrungen in Einklang kommt. Bei manchen Mustern und Flächen entstehen somit falsche Wahrnehmungen.*

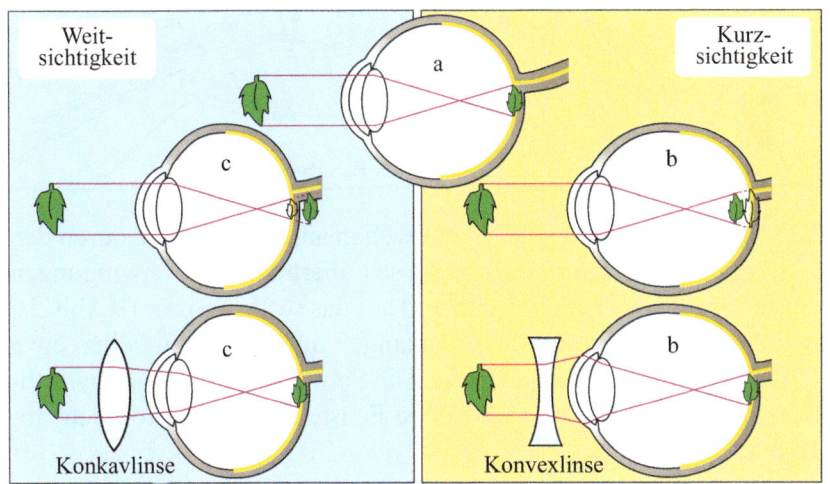

1 *Normalsichtiges Auge (a). Optische Fehler des Auges haben ihre Ursachen meist in Veränderungen des Augapfels. Ist der Augapfel zu lang – oder die Linse zu stark gekrümmt –, spricht man von Kurzsichtigkeit (b). Die Korrektur erfolgt durch eine Zerstreuungslinse, welche die Lichtstrahlen auf die weiter hinten liegende Netzhaut ablenkt und dort scharf abbildet. Eine Sammellinse korrigiert die Weitsichtigkeit, bei der der Augapfel zu kurz oder die Linse zu schwach gekrümmt ist (c).*

Zwei Krankheiten, die zum Erblinden führen können, nennt man grauer und grüner Star. Beim **grauen Star** ist die Linse getrübt. Sie kann operativ entfernt und durch eine künstliche Linse ersetzt werden.

Beim **grünen Star** bewirkt ein zu starker Druck im Inneren des Auges (z. B. durch gehemmten Abfluss des Kammerwassers) die Schädigung von Sehnerv und Netzhaut.

Ein nicht korrigierbarer Augenfehler ist die Rot-Grün-Blindheit, bei der diese Farben nicht unterschieden werden können.

Weil unsere beiden Augen unserem Gehirn jeweils ein leicht verschiedenes Bild melden, können wir dreidimensional, d. h. räumlich sehen.

1 ▶ *Decke ein Auge mit einem Tuch ab und lass dich von einer Mitschülerin oder einem Mitschüler an der Hand ein paar Stufen hinunter führen. Du wirst bemerken, dass du die Stiegenabstufung nicht richtig einschätzen kannst, weil mit einem Auge räumliche Wahrnehmung (fast) nicht möglich ist.*

2 ▶ *Erkläre, wie sich das Auge auf verschiedene Entfernungen einstellen kann.*

3 ▶ *Beschreibe, wie sich das Auge den verschiedenen Helligkeitswerten anpasst.*

4 ▶ *Schließe ein Auge und nimm einen Buntstift in jede Hand. Führe nun mit einer einzigen Bewegung die zwei Spitzen zusammen. Meist gelingt das beim ersten Mal nicht – erkläre.*

5 ▶ *Du kannst die Lichtbrechung der Sammellinse einfach nachweisen, indem du von einer Schuhschachtel die Rückwand entfernst, mit einem Transparentpapier ersetzt und in die Vorderseite der Schachtel ein 1 – 2 mm dickes Loch stichst. Betrachte nun in einem abgedunkelten Raum eine aufrecht stehende Kerze, indem du versuchst durch die Rückseite der Schachtel und das vordere Loch zu blicken – auf der transparenten Rückseite der Schachtel erscheint nun die Kerze, allerdings mit der brennenden Spitze nach unten.*

1 *Ohrmuschel* und *Gehörgang* bilden das äußere Ohr, das durch das *Trommelfell* abgeschlossen wird. Das Mittelohr mit seinen drei *Gehörknöchelchen* (Hammer, Amboss und Steigbügel) ist durch die *Ohrtrompete* mit der *Rachenhöhle* verbunden. Das innere Ohr oder *Labyrinth* – es hat seinen Namen von den vielen komplizierten Gängen – besteht aus den drei *Bogengängen* und den beiden *Säckchen* sowie der *Schnecke*. Das Labyrinth ist mit einer Flüssigkeit gefüllt. Die Verbindung mit dem Mittelohr stellen das *ovale Fenster* (eine Platte, die mit dem Steigbügel verbunden ist) und das *runde Fenster* (eine Membran) her. ➜

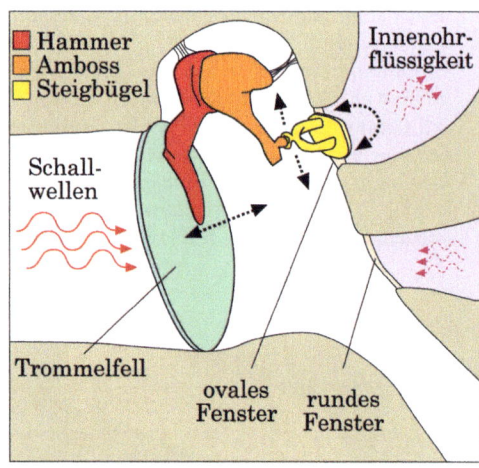

2 Hebelwirkung der Gehörknöchelchen

🦉 ➜ **Arbeitsblatt S. 56**

1 ▶ Berichte, was man unter dem Begriff Ultraschall versteht. Nenne Tiere, die ihn hören können.

2 ▶ Gestalte eine Diskussionsrunde zum Thema „Lärm". Verteile Rollen, z. B. Bürgermeister einer Gemeinde, Zeltfestbetreiber, Musiker, Anrainer des Zeltfestes usw., möglichst vielfältig. Diskutiert, wie man sich gegen Lärmbelästigung schützen kann und bei welcher Lautstärke Musik als Lärm gilt.

3 ▶ Bezeichne mit den Anfangsbuchstaben, zu welchem Teil des Ohrs (Außen-, Mittel-, Innenohr) die Begriffe gehören.

Amboss _____ ☐

Bogengang _____ ☐

Gehörgang _____ ☐

Hammer _____ ☐

Hörschnecke _____ ☐

Ohrmuschel _____ ☐

Steigbügel _____ ☐

Das Ohr ist Gehör- und Gleichgewichtsorgan

Am Ohr unterscheidet man das **äußere Ohr**, das **Mittelohr** und das **innere Ohr**.

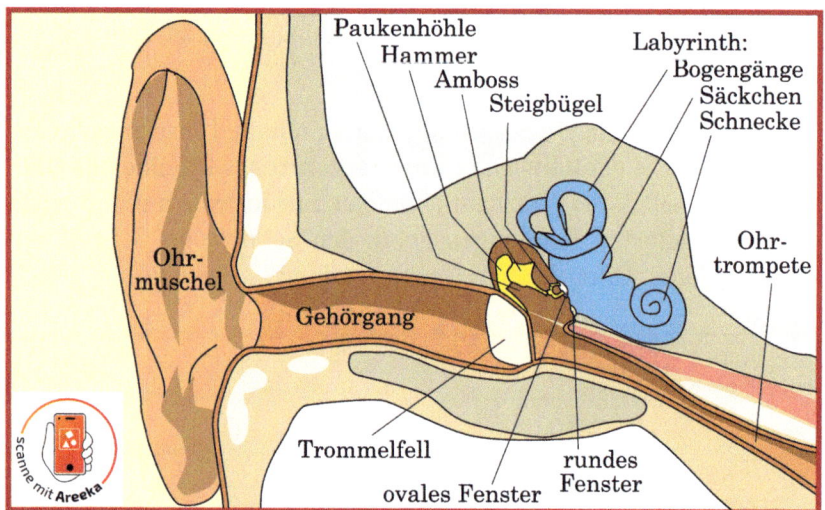

Die Ohrmuschel nimmt die Schallwellen auf und leitet sie durch den Gehörgang zum Trommelfell. Dieses überträgt die Schwingungen auf die drei Gehörknöchelchen und auf das ovale Fenster (➜Abb. 2). Durch die Labyrinthflüssigkeit gelangen nun die Schallwellen etwa 20fach verstärkt in die Schnecke. Die Schwingungen der Labyrinthflüssigkeit werden durch das runde Fenster in die Ohrtrompete abgeleitet.

Die Aufnahme der Schallwellen durch die Hörzellen in der Schnecke erklärt man mit den Schwingungen des Labyrinthwassers im Inneren der Schnecke. Der Gehörnerv leitet die Erregungen der Hörsinneszellen ins Gehirn weiter, wo es zu den Hörempfindungen kommt. Das menschliche Ohr reagiert nur auf Schallwellen mit etwa 20 bis 20 000 Schwingungen in der Sekunde („Hertz").

3 Ohrschnecke

4 ▶ Ergänze:

Das Trommelfell liegt _____
_____.

Das ovale Fenster _____
_____.

Das runde Fenster liegt _____
_____.

Geräuschart	dB-Wert
Hörschwelle	0
Atem	10
ruhige Wohnung	10 – 20
Flüstern, Blätterrauschen	30 – 40
leises Gespräch	40
leise Radiomusik	50
normales Gespräch	60
Straßenverkehr	70
Lärm in Fabrikshallen	80 – 90
Papiermaschine	100
Düsenmotor	130
Presslufthammer	130 – 150

1 Die Schallstärke von Geräuschen wird in Dezibel (dB) angegeben. Übermäßiger und dauernder Lärm kann zu Hörschäden führen, Lärmbelästigung zu Reizüberflutung und Aggressionen.

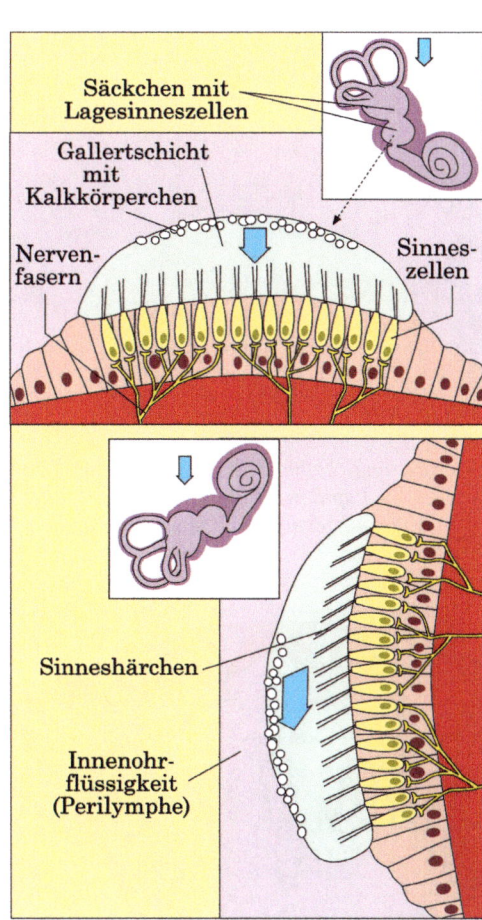

*4 In den beiden Säckchen befinden sich die Sinneszellen für die **Lagebestimmung des Kopfes**. Auf den Sinneshärchen dieser Zellen (die Härchen sind mit einer gallertartigen Masse umgeben) haften kleine Kalkkörperchen. Je nach der Bewegung des Kopfes drücken oder ziehen die Kalkkörperchen an den Sinneshärchen, wodurch die Lage des Kopfes im Raum bestimmt wird.*

Die **Gleichgewichtsorgane** werden von den beiden **Säckchen** und den drei **Bogengängen** gebildet.

Wir unterscheiden **Drehsinn** und **Lagesinn** (→Abb. 2 – 4). Der Drehsinn befindet sich in den drei mit Flüssigkeit gefüllten Bogengängen, der Lagesinn befindet sich in zwei Ausbuchtungen (Säckchen) zwischen der Schnecke (Gehörsinn) und den drei senkrecht aufeinander stehenden Bogengängen (Drehsinn).

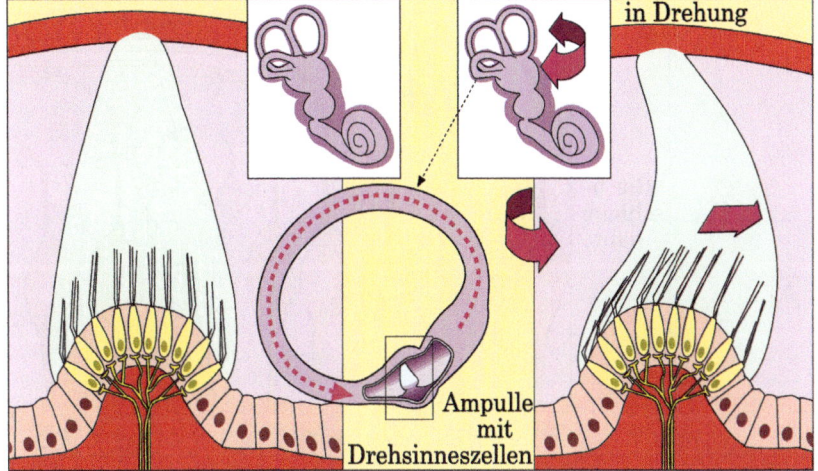

*2 In den Erweiterungen der Bogengänge (den Ampullen) liegen die **Drehbewegungssinnesorgane**. Diese bestehen aus Sinneszellen mit Sinneshärchen (die auch von gallertartiger Masse umgeben sind). Wird der Kopf in der Ebene von einem der 3 Bogengänge gedreht, bleibt die Labyrinthflüssigkeit infolge ihrer Trägheit noch kurze Zeit stehen und bewegt dadurch die Sinneshaare. Nerven leiten die Erregungen ins Kleinhirn, von wo aus Gegenbewegungen des Kopfes und des Körpers ausgelöst werden.*

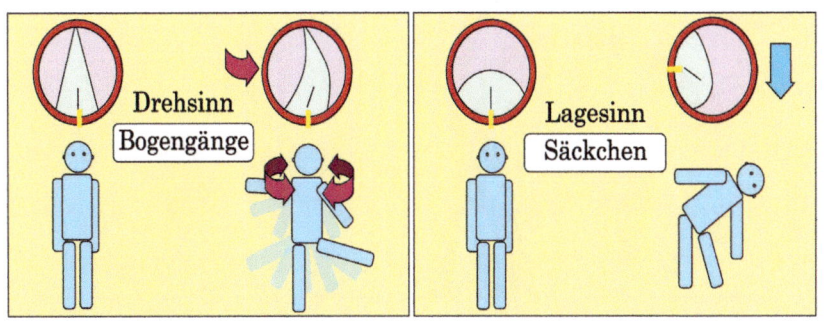

3 Schematische Darstellung der Bewegung von Dreh- und Lagesinn

1 ▶ Nimm eine alte Kleiderbürste mit weichen Haaren, lege einen entsprechend großen Stein darauf und befestige ihn leicht mit einer Schnur. Jetzt hast du ein Modell für den Lagesinn – der Stein entspricht den Kalkkörperchen, die Bürstenhaare entsprechen den Sinneszellen. Bewege (kippe) die Bürste. Interpretiere, wie der Lagesinn arbeitet.

2 ▶ Nimm eine Schuhschachtel und schneide alles bis auf drei Kartonwände weg. Sie sollen eine Ecke bilden. Forme aus einem durchsichtigen Plastikschlauch drei Kreise, gib jeweils ein kleines Glaskügelchen in diese Bögen (Kreise) und befestige auf jeder Kartonwand einen Schlauch. Damit hast du ein Modell der Bogengänge. → Bewege dieses Modell und achte auf die Bewegungen der Kugeln (Zeitpunkt und Richtung).

ikon.at/wdl4d1

Geschmacks- und Geruchssinn

Bei der Nahrungsaufnahme spielen Geschmacks- und Geruchssinn eine wichtige Rolle. Einerseits wird überprüft, ob die Speisen nicht verdorben sind, andererseits ermöglichen diese Sinnesorgane dem Menschen auch den Genuss von Speisen und Getränken.

Wir unterscheiden zwischen den **Geschmacksempfindungen** süß, sauer, salzig und bitter. Auf der Zunge gibt es **Geschmackszentren**. Man nimmt an der Zungenspitze vorwiegend süße, am Zungengrund bittere und an den Zungenrändern hauptsächlich saure und salzige Geschmacksreize auf.

Der Geschmackssinn wird bei der Nahrungsaufnahme durch den **Geruchssinn** unterstützt. Du merkst das besonders, wenn du eine Erkältung hast und die Nasenhöhlen verlegt sind. Die Speisen schmecken dann nicht so gut, da du sie nicht riechen kannst.

Der Mensch kann über 300 verschiedene Gerüche unterscheiden. Wirkt ein Geruch längere Zeit hindurch auf die Riechsinneszellen ein, so sprechen sie nicht mehr darauf an. Man gewöhnt sich daher mit der Zeit an Gerüche (z. B. schlechte Luft im Klassenraum).

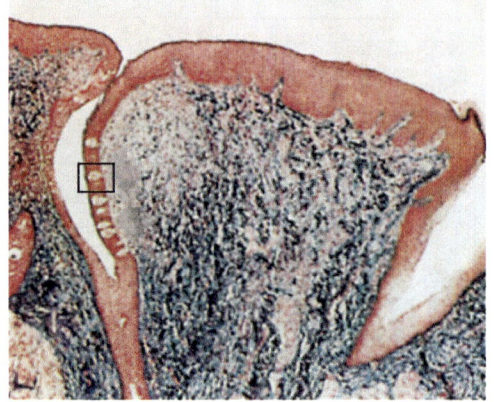

1 Auf der Oberseite der Zunge (ca. 5-fache Vergrößerung) befinden sich viele kleine Wärzchen (= **Papillen**). Man unterscheidet fadenförmige, pilzförmige und umwallte Papillen.

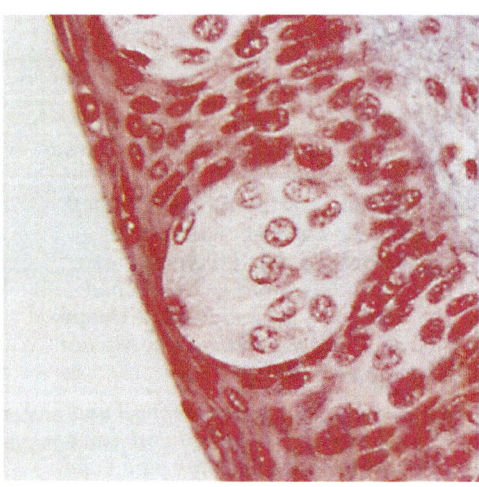

2 In den Papillen liegen die eigentlichen Geschmacksorgane, die **Geschmacksknospen** (ca. 150-fache Vergrößerung). Das Kästchen bezeichnet den Ausschnitt für Bild 3.

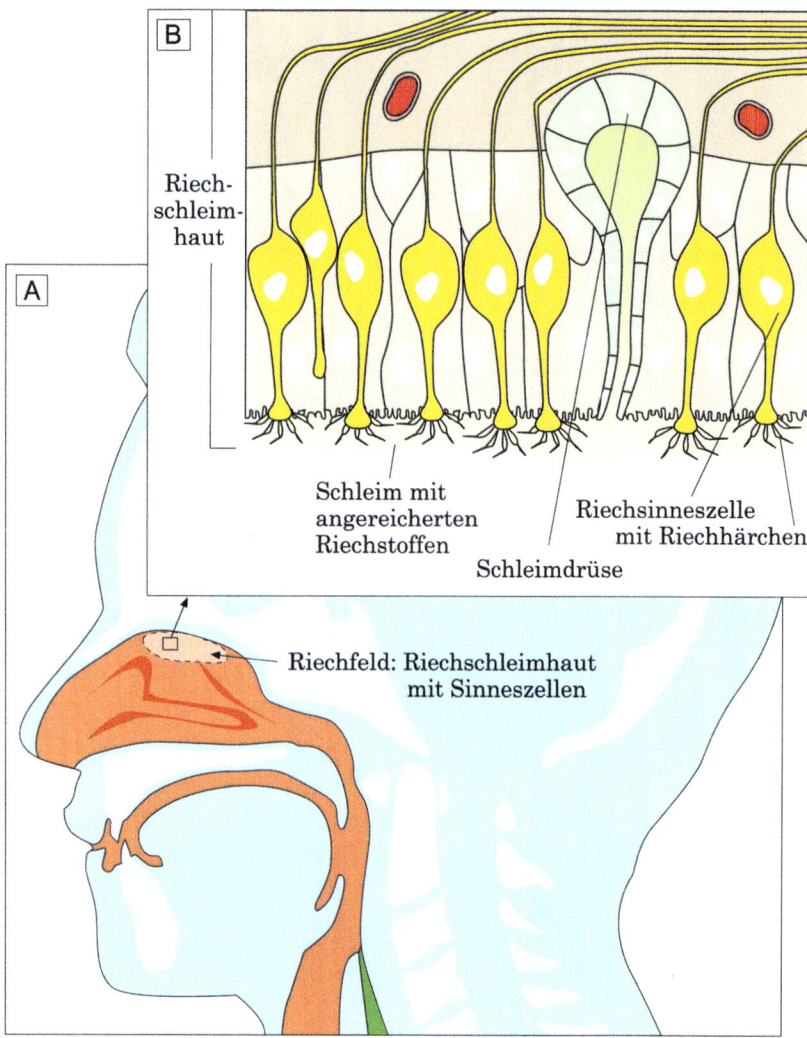

B

Riech-
schleim-
haut

A

Schleim mit
angereicherten
Riechstoffen

Riechsinneszelle
mit Riechhärchen

Schleimdrüse

Riechfeld: Riechschleimhaut
mit Sinneszellen

4 Im oberen Teil der Nasenhöhle (A) liegende Riechsinneszellen mit Sinneshärchen (B) nehmen die in der Riechschleimhaut gelösten gasförmigen Stoffe auf.

3 Durch die **Geschmacksknospen** ist es möglich, die Geschmacksreize aufzunehmen (ca. 2 200-fache Vergrößerung).

1 ▶ Unterscheide – mit zugehaltener Nase und geschlossenen Augen – allein mit dem Geschmackssinn ein Stück Apfel von einem Zwiebelstück. Notiere, was du feststellst und finde dafür eine Erklärung.

Sinnesorgane

Haut: siehe Kapitel „Die Haut als Sinnesorgan" (S. 17).

Auge: **Bau**: • weiße Augenhaut (an der Vorderseite durchsichtige Hornhaut) • Aderhaut • Regenbogenhaut (Iris) lässt das Sehloch (Pupille) frei (starker Lichteinfall – Verengung, schwacher Lichteinfall – Erweiterung) • Augenkammern mit Kammerwasser • Linse (durch Ziliarmuskel stärker oder schwächer gekrümmt für scharfes Sehen in der Nähe und Ferne) • Glaskörper • Netzhaut mit Stäbchen (Helligkeitswerte) und Zapfen (Farbwerte).

Sehvorgang: Auf der Netzhaut entsteht ein verkehrtes, verkleinertes Bild – Sinneszellen nehmen Lichtreiz auf – Sehnerv ins Gehirn – Lichtempfindung im Sehzentrum.

Ohr: **Hörvorgang**: Ohrmuschel nimmt Schallwellen auf – äußerer Gehörgang – Trommelfell – Gehörknöchelchen – ovales Fenster – Labyrinthwasser – Schnecke – Gehörnerv – Gehirn.

Gleichgewichtsorgan: Säckchen (mit Sinneshärchen und Kalkkörperchen) für die Lagebestimmung des Kopfes; Bogengänge und deren Erweiterungen (Ampullen) für Wahrnehmung von Drehbewegungen.

Geschmackssinn: Papillen (mit Geschmacksknospen) auf der Zunge nehmen Geschmacksreize auf; Papillen an der Zungenspitze für süß, am Zungengrund für bitter, an den Zungenrändern für salzig und sauer empfindlich.

Geruchssinn: Im oberen Teil der Nasenhöhle, Riechfelder aus Riechsinnes- und Stützzellen, gasförmige Stoffe in der Riechschleimhaut gelöst.

Die Hormondrüsen steuern viele Lebensvorgänge

Während unsere Nerven ein rasch arbeitendes Informationssystem bilden, gilt das Hormonsystem als das dazupassende anhaltende Boten- und Informationssystem. Hormone werden in der Blutbahn verbreitet und können auf mehrere „Zielorgane" gleichzeitig wirken. Gemeinsam ist Nerven- und Hormonsystem, dass sie „Botschaften" vermitteln und wesentliche Körperprozesse steuern. Über- oder Unterfunktion von Hormondrüsen können manchmal dramatische Folgen haben.

Die Hormondrüsen erzeugen **Hormone** (griech. hormao = ich setze in Bewegung), die im Blut zu verschiedenen Organen gelangen und auf deren Tätigkeit und Aktivität einwirken.

Hormone sind in kleinsten Mengen wirksame Stoffe. Sie steuern Wachstum, Stoffwechsel und Fortpflanzung. Die Hormone wirken nur auf bestimmte Gewebe, deren Zellen besondere Aufnahmestellen besitzen. Zwischen den Hormonen bestehen Wechselbeziehungen, die bewirken, dass die Hormonkonzentration im Gleichgewicht bleibt.

Die **Hirnanhangsdrüse** (Hypophyse) ist die wichtigste Hormondrüse unseres Körpers. Sie sondert mehrere Hormone ab, mit denen die Tätigkeit der übrigen Hormondrüsen gesteuert wird. Daneben reguliert sie das Längenwachstum, den Wasserhaushalt des Körpers und den Blutdruck. Bei der werdenden Mutter löst sie die Wehen (➜ **L**) aus und bewirkt die Milchbildung. Die Hirnanhangsdrüse selbst wird durch das Zwischenhirn zur Tätigkeit angeregt.

Das Hormon der **Zirbeldrüse** hemmt die vorzeitige Tätigkeit der Keimdrüsen und verhindert so eine geschlechtliche Frühreife.

Die **Schilddrüse** besteht aus zwei miteinander verbundenen Läppchen. Die Schilddrüsenhormone sind jodhaltig und regeln den gesamten Stoffwechsel des Körpers, besonders die Oxidationsprozesse (➜ **L**). Dazu kommen noch wachstumsfördernde Hormone.

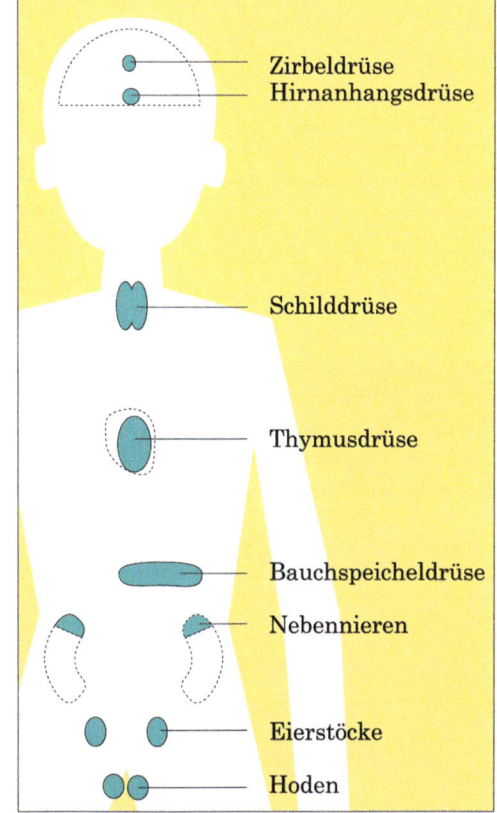

1 *Lage der Hormondrüsen*

Zirbeldrüse
Hirnanhangsdrüse
Schilddrüse
Thymusdrüse
Bauchspeicheldrüse
Nebennieren
Eierstöcke
Hoden

Hormonhältige Medikamente sollten nur unter ärztlicher Kontrolle eingenommen werden. Leider kommt es immer wieder vor, dass gerade im Sportbereich hormonhältige Präparate zur Leistungssteigerung illegal eingesetzt werden (Doping).

Drüse (Hormon)	Wirkung	+ = Folge von Überfunktion – = Folge von Unterfunktion
Hirnanhangs-drüse (Wachstums-hormon)	Knochenwachstum Eiweißbildung Ei- und Spermien-reifung	+ Riesenwuchs – Kleinwuchs
Schilddrüse (Schilddrüsen-hormon)	Anpassung des Stoffwechsels an augenblickliche Bedürfnisse	+ Abmagerung + gesteigerte Erregbarkeit – Fettsucht – Kleinwuchs
Nebennieren (Adrenalin)	Erhöhung des Blut-zuckerspiegels	+ Blutdruck-erhöhung
Bauchspeichel-drüse (Insulin + Glukagon)	Senkung des Blut-zuckerspiegels	+ Blutzucker-mangel (Krämpfe) – Erhöhter Blut-zucker (Zucker-krankheit)
Hoden (männliche Sexualhormone)	Ausbildung der männlichen Geschlechtsmerk-male	– verzögerte Pubertät + Frühreife
Eierstöcke (weibliche Sexualhormone)	Ausbildung der weiblichen Geschlechtsmerk-male	– verzögerte Pubertät + Frühreife

Eine Überfunktion der Schilddrüse führt zur Basedow'schen Krankheit. Sie äußert sich durch Angstzustände, zu hohen Blutdruck, heftige Schweißausbrüche, Abmagerung und Schlaflosigkeit. Die Unterfunktion führt zum so genannten Kretinismus, der sich in Fettleibigkeit und Schwachsinn zeigt.

Hormone der **Nebenschilddrüse** regulieren den Phosphor- und Kalziumstoffwechsel. Die Nebenschilddrüse besteht aus Körperchen in den Fortsätzen der Schilddrüse.

Die **Thymusdrüse** (Bries) liegt hinter dem Brustbein. Sie ist besonders für den jungen Organismus wichtig, da ihre Hormone die Entwicklung fördern. Sie ist an der Abwehrkraft des Körpers beteiligt (bildet bestimmte weiße Blutkörperchen). Die Drüse bildet sich während der Pubertät zurück.

Hormone der **Bauchspeicheldrüse**, Insulin (➜ L) und Glukagon entstehen in einem aus inselförmigen Zellen bestehenden Gewebe, das über das ganze Organ verstreut ist. Sie regulieren den Traubenzuckergehalt im Blut. Während das Insulin die Umwandlung von Glykogen (ein Kohlenhydrat) in Traubenzucker hemmt, fördert das Glukagon den Abbau von Glykogen und lässt den Blutzuckerspiegel (➜ L) steigen. Mangel an Insulin führt zur Zuckerkrankheit (Diabetes ➜ L).

Auf den Nieren sitzen kappenartig die **Nebennieren**. Sie bilden das Hormon **Adrenalin**. Dieses bewirkt in Erregungssituationen eine rasche Abgabe von Zucker in das Blut. Die Gefäßmuskeln ziehen sich zusammen, der Blutdruck und die Herztätigkeit steigen. Der Körper wird leistungsfähiger. Die Nebennierenrinde bildet mehrere Hormone (z. B. für den Mineralstoffwechsel, Wasserhaushalt, Zuckerstoffwechsel). Das Cortison (lat. cortex = Rinde) wurde durch seine entzündungshemmende Wirkung bekannt.

Die männlichen und weiblichen **Keimdrüsen** werden im Kapitel Geschlechtsorgane behandelt.

> 1 ▶ *Informiere dich über die Zuckerkrankheit und berichte in der Klasse darüber.*
>
> 2 ▶ *Stell dir vor, du gehst über die Straße und plötzlich bremst neben dir ein Auto mit quietschenden Reifen. Ein Riesenschreck durchfährt dich, du bekommst Herzrasen und zittrige Knie. Notiere, welches Hormon wann zu welchem Zweck ausgeschüttet wurde.*
>
> ....
>
> ....
>
> ....

> Die Hormone der Hormondrüsen steuern die Tätigkeit verschiedener Organe. Die gesamte Hormonproduktion wird von der Hirnanhangdrüse (Hypophyse) gesteuert. Zu geringe, aber auch zu starke Hormonerzeugung führen zu schweren Erkrankungen.

1 *Riesenwuchs: Bei einem Überschuss an Wachstumshormon kann sich Riesenwuchs mit einer Körpergröße von weit über 2 m entwickeln.*

1 ▶ Gehirn: Beschrifte die Abbildung und beschreibe in Schlagworten die Aufgaben.

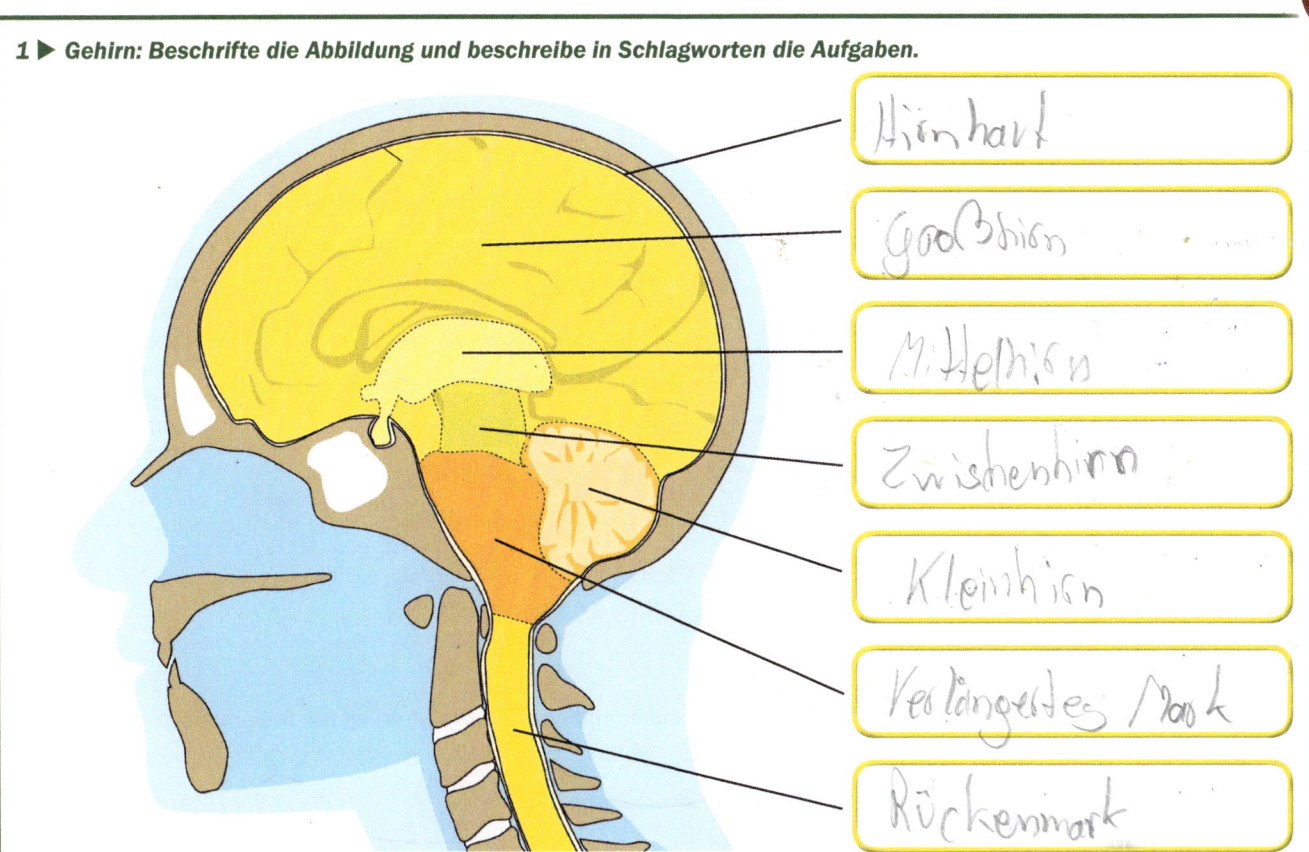

Hirnhaut

Großhirn

Mittelhirn

Zwischenhirn

Kleinhirn

Verlängertes Mark

Rückenmark

(Großhirn, Hirnhäute, Kleinhirn, Mittelhirn, Rückenmark, verlängertes Mark, Zwischenhirn)

2 ▶ Beschrifte den Bau des Auges und beschreibe in Schlagworten die Aufgaben.

Aderhaut

Ziliarmuskel

Aufhängefasern

Iris

Hornhaut

Äußere Augen-kammer

Innere Augenkammer

Lederhaut

Blinder Fleck

Sehnerv

Gelber Fleck

Netzhaut

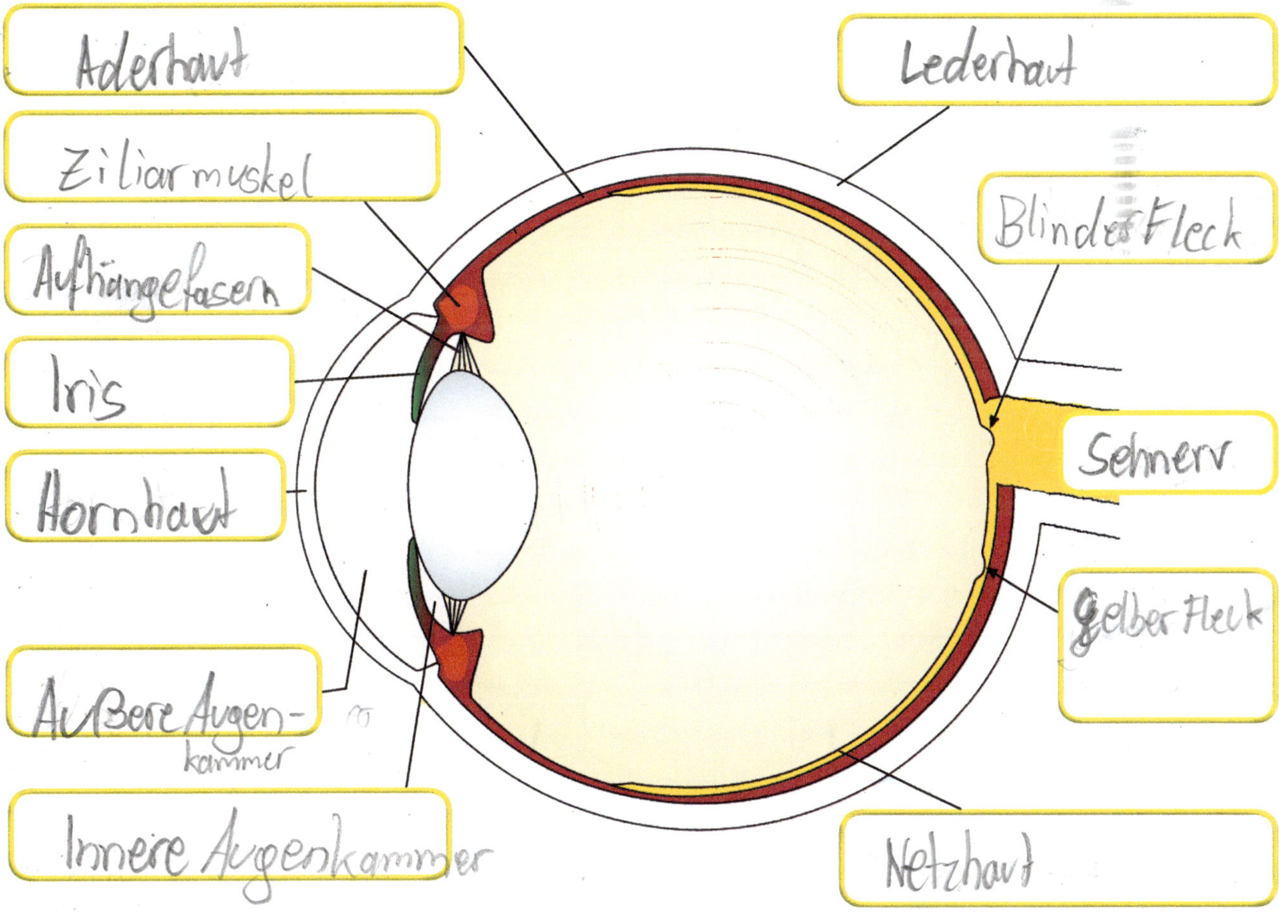

(Aderhaut, Aufhängefasern, äußere Augenkammer, blinder Fleck, gelber Fleck, Hornhaut, innere Augenkammer, Iris, Lederhaut, Netzhaut, Sehnerv, Ziliarmuskel)

1 ▶ Ohr: Beschrifte die Abbildung. Verwende dazu folgende Begriffe:

Amboss
Bogengänge
Gehörgang
Hammer
Ohrmuschel
Ohrtrompete
ovales Fenster
Paukenhöhle
rundes Fenster
Säckchen
Schnecke
Steigbügel
Trommelfell

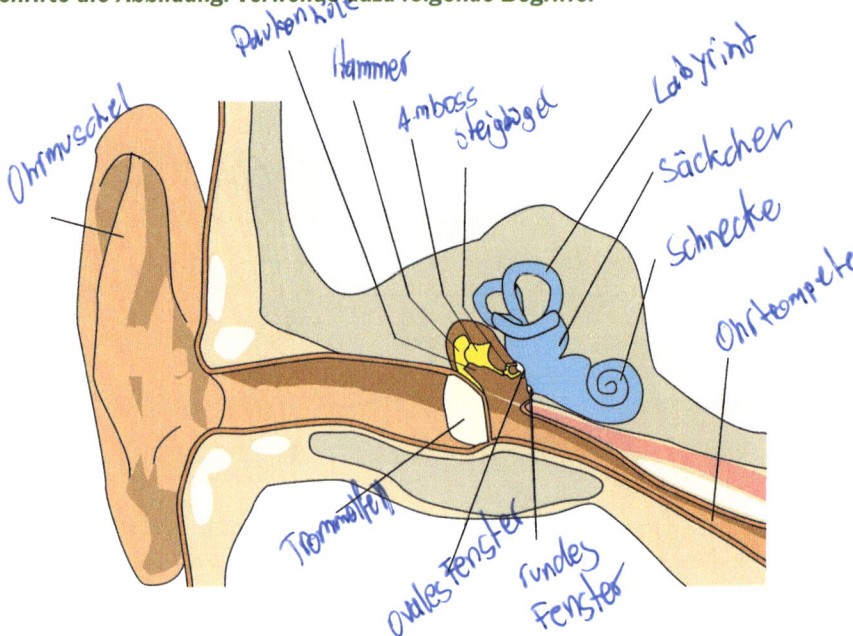

2 ▶ Kopiere die Zeichnung auf einen Karton, stanze die Löcher und bastle laut Anleitung die Gehörsknöchelchen.

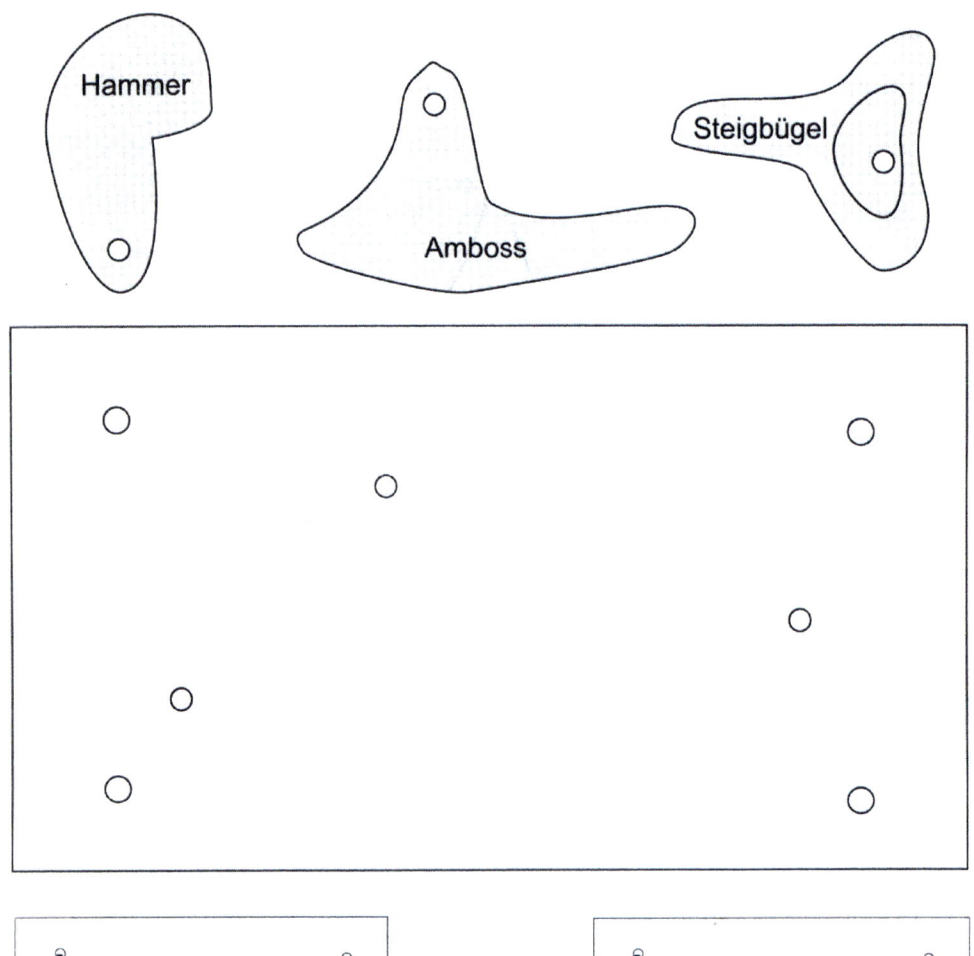

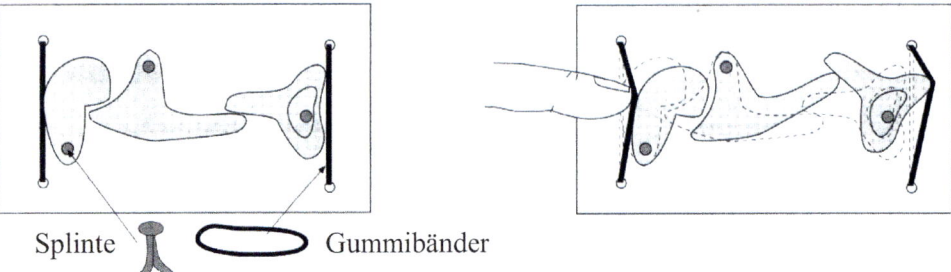

Splinte   Gummibänder

Sexualität, Geschlechtsorgane und Entwicklung des Menschen

1 ▶ Beschreibe Eigenschaften, die dir bei einer Freundin/einem Freund besonders wichtig sind und begründe, warum.

Eigenschaften   Begründung

_____   _____

_____   _____

_____   _____

_____   _____

1 *Sexuelle Reize in der Werbung – meist werden weibliche Reize „ausgenützt".*

Sexualität

Sexuelles Verhalten verschafft den Menschen nicht nur körperliche, sondern auch seelische Befriedigung. Der Geschlechtstrieb erfüllt eine biologische Funktion, die Zeugungsfunktion und die Funktion der seelischen und sexuellen Partnerbindung. Er ist mit starken Gefühlen verbunden und dafür verantwortlich, dass sich das eine Geschlecht zum anderen hingezogen fühlt. Die Fähigkeit zur Fortpflanzung besteht etwa ab dem 13. Lebensjahr. Für die Gründung einer Familie ist es mit diesem Alter zu früh, da die Verantwortung für eine Familie noch nicht übernommen werden kann. Der junge Mensch muss lernen, mit seinen Trieben und Gefühlen umzugehen. Die vielfältigen Formen der Sexualität lernst du auf ➔ S. 61 kennen.

Pubertät – Veränderungen mit der Geschlechtsreife

Die Zeit, in der sich der Körper des Kindes allmählich in den eines Erwachsenen verwandelt, nennt man Pubertät. Das Wort „pubertas" (lateinisch) bedeutet „Mannbarkeit – Geschlechtsreife". In dieser Zeit beginnen die Keimdrüsen (beim Knaben die Hoden, beim Mädchen die Eierstöcke) ihre Tätigkeit. Es kommt zum ersten, meist nächtlichen, Samenerguss (Pollution) und zur ersten Monatsblutung (Menstruation).

Hormone steuern diesen Reifungsprozess. Vor allem die Hypophyse (Hirnanhangsdrüse) ist hier für viele Steuerungsprozesse verantwortlich. Sie beeinflusst auch die Tätigkeit der Keimdrüsen. Diese produzieren ihrerseits mit dem Reifwerden eine Reihe von Hormonen, die zur Ausbildung der **sekundären Geschlechtsmerkmale** führen (➔ Abb. 2).

Die **primären Geschlechtsmerkmale** bilden sich während der Pubertät aus: beim Knaben Penis und Hodensack, beim Mädchen die Scheide (Vagina ➔ **L**). Die Schamlippen nahmen an Größe zu, und die Eierstöcke werden funktionsfähig..

Aber nicht nur der Körper verändert sich in dieser Zeit, auch das Erleben und das **soziale Verhalten** ist einem **Wandel** unterworfen. Stimmungsschwankungen, Spannungen mit Eltern und Freunden, Selbstzweifel (Werde ich ihr/ihm gefallen? Bin ich hübsch und attraktiv? usw.) wechseln mit überschießender Freude, Interesse für alles Schöne und Künstlerische ab. Rückhalt geben hier ein intaktes Familienleben und Personen, mit denen man über „alles reden" kann.

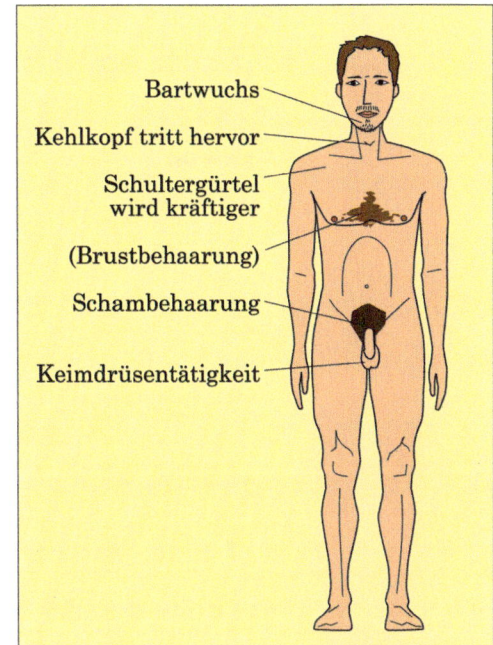

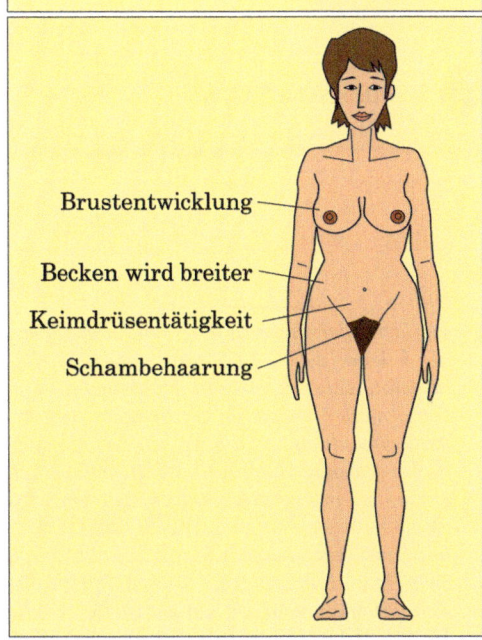

2 *Körperliche Veränderungen während der Reifezeit bei Buben und Mädchen*

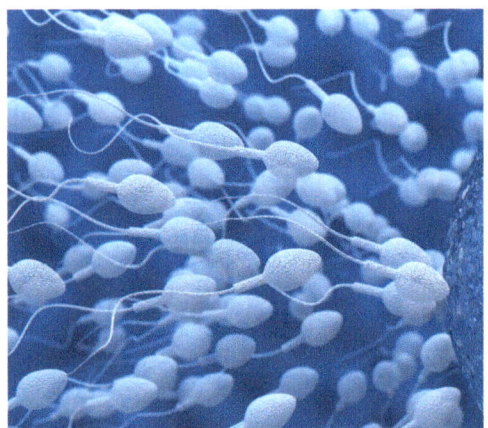

1 Die **Samenzellen** bestehen aus einem Kopf-teil, an diesen schließt sich über einen kurzen Halsteil das Zwischenstück (= Mittelstück) an. Danach folgt der Schwanzfaden. Der Kopf enthält den Zellkern mit den Chromo-somen (→ **L**). Das Zwischenstück liefert die Bewegungsenergie für die Geißel, die mit peit-schenartiger Bewegung die Zelle mit einer Geschwindigkeit von etwa 3 mm in der Minu-te vorwärts treibt.

Die männlichen Geschlechtsorgane

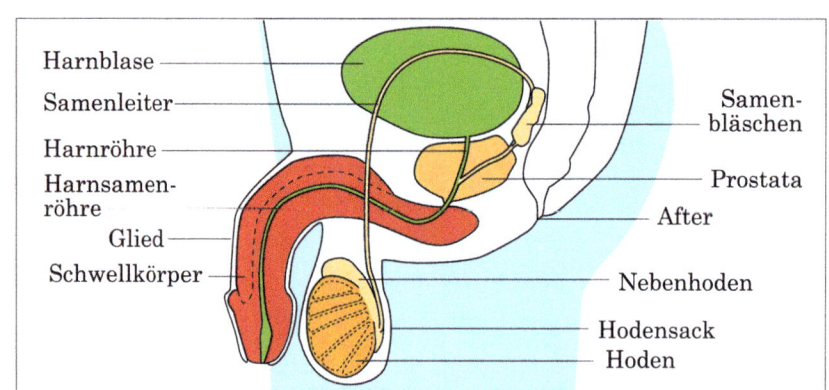

2 Die **Hoden** (= männliche Keimdrüsen) mit einer Länge von je 4 bis 5 cm und einem Durchmesser von etwa 2,5 cm liegen im **Hodensack**. Die männlichen Keimdrüsenhormone, die in den Hoden erzeugt werden, bewirken die Entwick-lung der sekundären Geschlechtsmerkmale. Im Inneren der Hoden, in feinen Ka-nälchen, werden viele Millionen **Samenzellen** (= **Spermien**) erzeugt (→ Abb. 1).

In den **Nebenhoden** reifen die Samenzellen in etwa 72 Tagen bei ca. 35 °C heran und werden dort gespeichert. Erektionen (→ **L**) tre-ten zwar schon beim Säugling auf, die Spermienproduktion beginnt aber erst in der Pubertät.

Beim Samenerguss werden etwa 300 Millionen Spermien durch den **Samenleiter** in die **Harnröhre** geschleudert. Die **Samenbläschen** und die **Prostata** (= Vorsteherdrüse) geben den Spermien ein Sekret bei, das die Samen aktiv beweglich macht. Durch die Harnröhre im Inneren des schwellbaren Gliedes (**Penis**) gelangen die Spermien nach außen.

Die Befruchtungsfähigkeit der Samenzellen hält ein bis drei Tage an. Ihre Lebensdauer hängt vor allem von der Umgebung (Säure-eigenschaft lähmt die Spermien) und von der Temperatur ab. Bei normaler Körpertemperatur nimmt die Beweglichkeit der Samenzel-len nach einigen Stunden stark ab.

Die weiblichen Geschlechtsorgane

Weibliche **Geschlechtshormone** bewirken die Reifung der Geschlechtsorgane, das Ausbilden der Brüste und Hüftrundungen sowie die Körperbehaarung.

Die beiden **Eierstöcke** liegen links und rechts im unteren Teil des Bauches. Sie sind in lockeres Bindegewebe eingelagert.

→ **Arbeitsblatt S. 68**

3 Bild →
Von den **Eierstöcken** (3 – 5 cm lang) führen die **Eileiter** zur **Gebärmutter**, einem im Be-darfsfall sehr dehnbaren Hohlmuskel. Die Gebärmutter mündet in die **Scheide** (Gebär-muttermund). Ihre Öffnung wird ring- oder halbringförmig durch das Jungfernhäutchen verengt. Beim ersten Geschlechtsverkehr wird es eingerissen, wodurch eine Blutung entste-hen kann. Nach außen wird die Scheide durch zwei Paar Hautfalten, die kleinen und großen **Schamlippen**, verdeckt. An der Stelle, wo die kleinen Schamlippen oben zusammentreffen, liegt die Clitoris, ein kleines Organ, das zahl-reiche Nervenendigungen enthält.

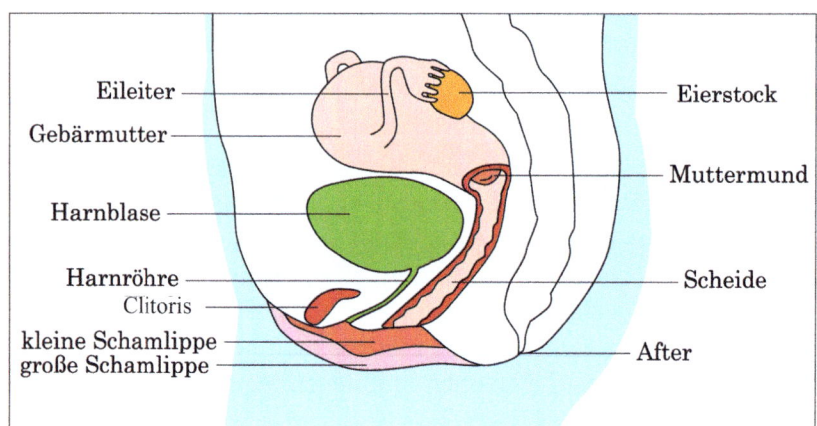

Etwa einmal im Monat reift ein Ei im Eierstock. Es reift im **Follikel** (einem flüssigkeitsgefüllten Bläschen). Das Follikelhormon bewirkt das Heranwachsen der Gebärmutterschleimhaut (von 1 mm auf etwa 8 mm). Aus den Follikelresten wird der **Gelbkörper** gebildet. Durch das Gelbkörperhormon bleibt die Verdickung der Gebärmutterschleimhaut erhalten. Der Gelbkörper bleibt nur zwei Wochen bestehen.

Erfolgt in dieser Zeit keine Befruchtung (→ **L**), bleibt die Wirkung des Gelbkörperhormons aus. Die Gebärmutterschleimhaut wird unter Blutung aus der Scheide abgestoßen. Da dieser Vorgang regelmäßig alle 25 bis 31 Tage – also monatlich – abläuft, nennt man ihn monatliche **Regel** (auch **Periode** oder **Menstruation**. Periodisch = regelmäßig wiederkommend; lat. menses Monate). Etwa in der Mitte jedes Zyklus erfolgt der Eisprung (→ Abb. 1).

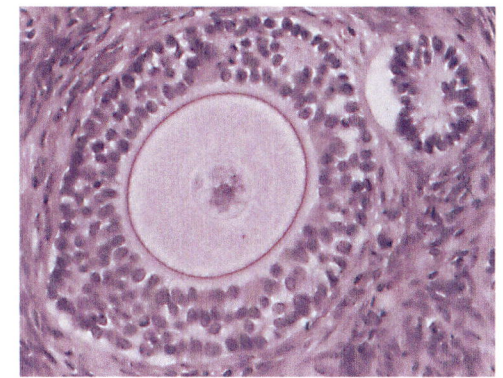

2 Follikel vor dem Follikelsprung

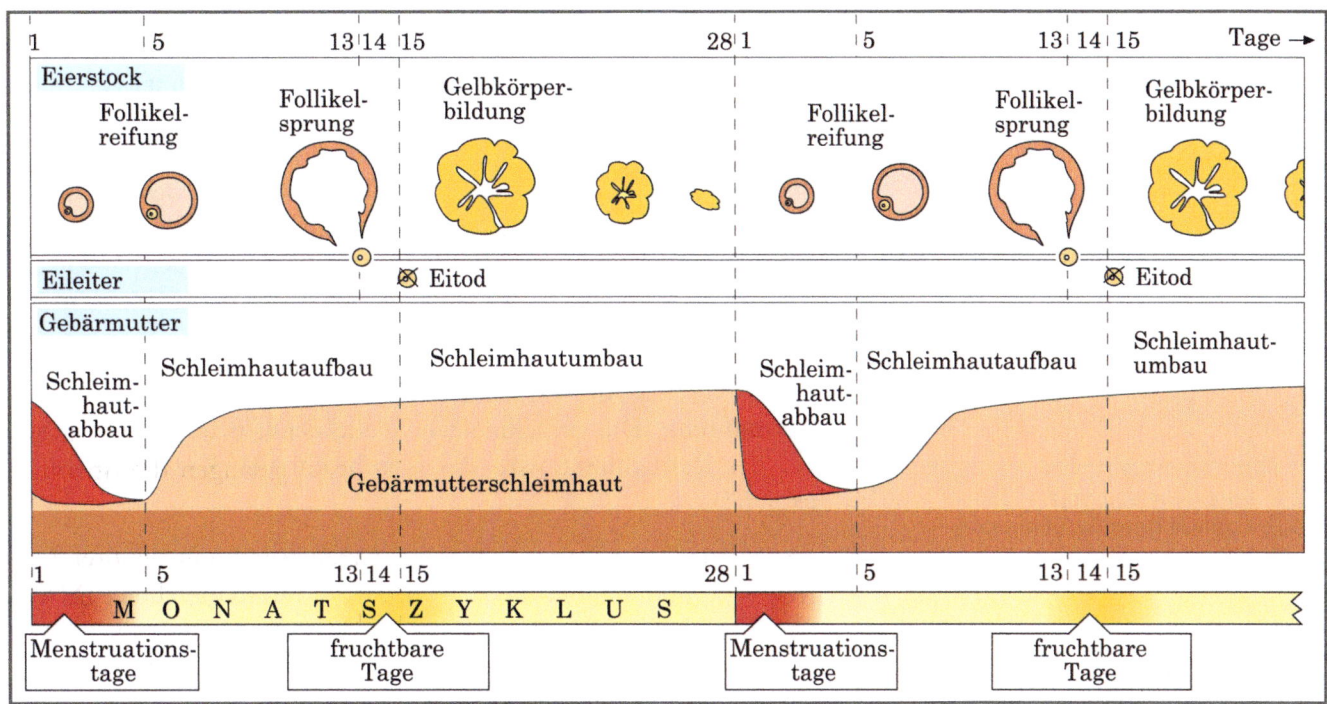

1 Schema des normalen monatlichen Zyklus

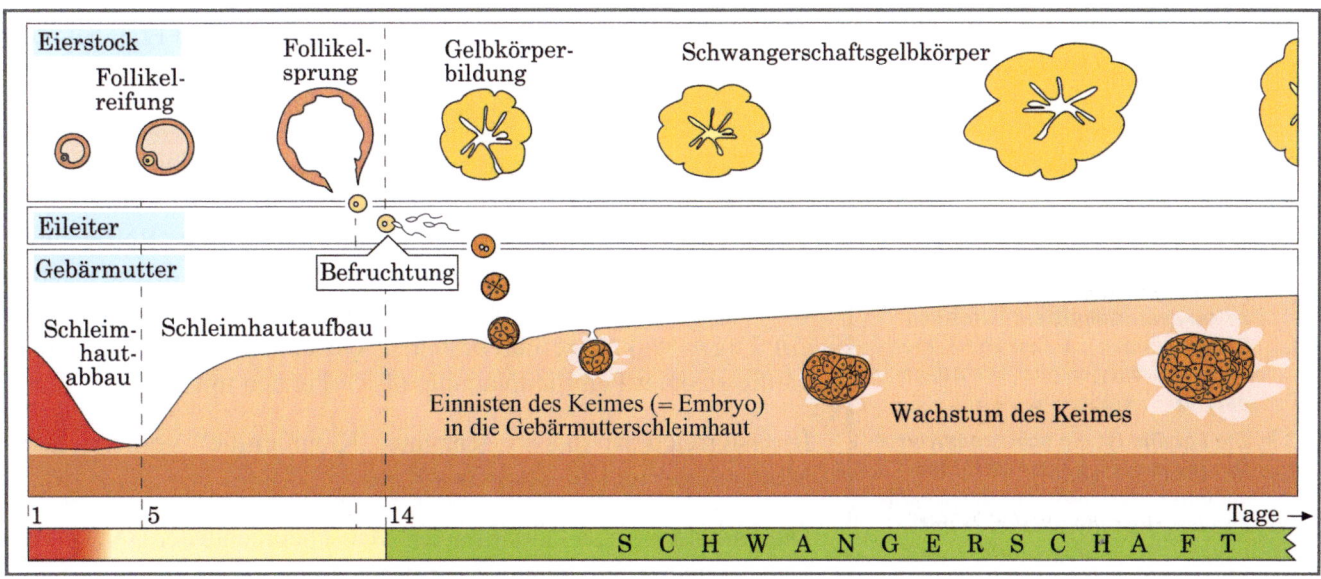

2 Schema des Zyklus bei Eintritt einer Schwangerschaft

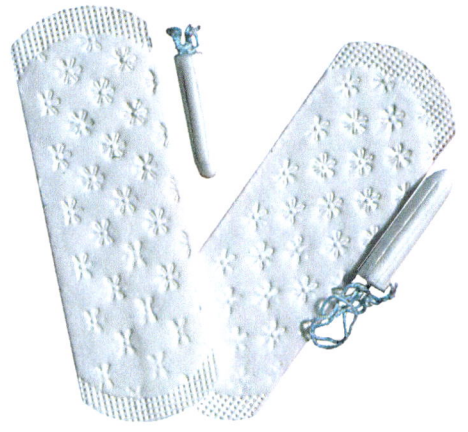

1 *Tampons und Slipeinlagen – Mittel für die Monatshygiene*

Monatshygiene

Auf die Regelblutung sollte sich eine Frau/ein Mädchen vorbereiten. Um den Überblick über die Periode zu erhalten, sollte ein Regelkalender geführt werden (wichtig auch für die Untersuchungen bei der Frauenärztin oder dem Frauenarzt). Für die Monatshygiene kann eine Monatsbinde vor den Scheideneingang gelegt bzw. ein Tampon in die Scheide eingeführt werden. Das saugfähige Material nimmt das abfließende Blut auf. Ein Tampon oder eine Einlage soll nach vier bis sechs Stunden gewechselt werden. Die äußeren Geschlechtsorgane müssen während der Regelblutung sauber gewaschen werden, um Infektionen (mit Bakterien oder Pilzen) zu verhindern.

Zeugung neuen Lebens

Damit im Körper der Frau ein Kind entstehen kann, muss eine Samenzelle mit einer Eizelle **verschmelzen**.

Bei der körperlichen Vereinigung (**Geschlechtsverkehr**) von Mann und Frau gelangen etwa 300 Millionen Samen bei einem Samenerguss (**Ejakulation**) in die Scheide der Frau. Die Samenzellen können nun durch die Bewegung ihres fadenförmigen Teiles, der Geißel, aus eigener Kraft durch die Gebärmutter in die Eileiter gelangen. Befindet sich dort eine reife Eizelle, verschmilzt der Kopf der Samenzelle mit ihr. So kommen die Erbanlagen von Vater und Mutter zusammen.

Dieser Vorgang, die Verschmelzung von Ei- und Samenzelle, heißt **Befruchtung**. Die verschmolzene Zelle nennt man Zygote. Schon bei der Befruchtung wird das Geschlecht des Kindes festgelegt (➜ S. 62).

Im Fall einer Befruchtung bleibt der Gelbkörper durch Hormone des Keims bis zum vierten Monat erhalten. Er verhindert auch eine weitere Eireifung. Von da an sorgt das Hormon des Mutterkuchens (Plazenta, ➜ **L**) für die Erhaltung der Gebärmutterschleimhaut.

Partnerschaft – Familie

Die geschlechtliche Vereinigung zwischen Mann und Frau hat nicht nur die biologische Aufgabe, neues Leben zu zeugen. Sie ist auch Ausdruck der **Liebe** und **Zuneigung** füreinander.

Wenn zwei Menschen sich zueinander hingezogen fühlen, sich lieben und eine dauerhafte Beziehung eingehen wollen, erfordert das gegenseitiges Verständnis, Achtung und nicht nur eine Befriedigung sexueller Triebe. Besteht eine **Partnerschaft**, in der offene Gespräche möglich sind, Kompromisse geschlossen werden, Harmonie und ein Zugehörigkeitsgefühl bestehen, entschließen sich die Partner häufig zu einer Familienplanung, oft verbunden mit Heirat.

In Österreich ist die so genannte „Kleinfamilie" vorherrschend: Mutter, Vater und ein oder zwei Kinder.

Die **Familie** gilt laut Erklärung der Menschenrechte der UNO als natürliche und grundlegende Zelle der menschlichen Gesellschaft und hat Anspruch auf Schutz durch Gesellschaft und Staat.

1 ▶ *Unterscheide primäre und sekundäre Geschlechtsmerkmale.*

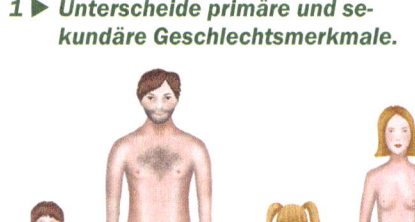

2 ▶ *Sexuelle Reize – meist die der Frauen – werden häufig in der Werbung eingesetzt. Gestaltet in Gruppen eine Kollage (mit Zeitungsausschnitten, Fotos von Plakatwänden …). Diskutiert über diese Werbungen (wer wie ausgenützt bzw. manipuliert wird).*

3 ▶ *Die Familie ist ein schützenswertes Gut (Kernaussage der UNO-Menschenrechte). Definiere den Begriff Familie. Gestalte ein Poster mit einigen der Aussagen zum Begriff „Familie".*

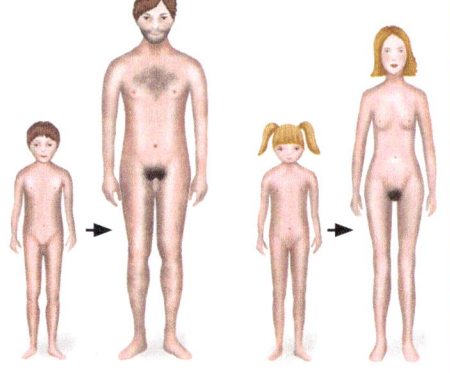

Formen der Sexualität

Im Laufe der Pubertät verspüren Jugendliche immer stärker den Wunsch, das andere Geschlecht näher kennen zu lernen. Aus diesem natürlichen Geschlechtsverlangen heraus entstehen intensive körperliche Kontakte – man nennt dies **Petting**. Es umfasst Küssen, gegenseitiges Streicheln und orales Stimulieren der erogenen Zonen einschließlich der Geschlechtsorgane – ohne dass ein Geschlechtsverkehr folgt.

Bei der **Selbstbefriedigung** (Masturbation, Onanie) versuchen Jugendliche, aber auch erwachsene Menschen, ohne Sexualpartner durch Streicheln und Berühren der Geschlechtsorgane – verbunden mit sexuellen Wunschvorstellungen – eine sexuelle Entspannung zu erreichen. Solche Handlungen kommen bei Burschen und Mädchen vor. Selbstbefriedigung ist weder körperlich noch seelisch schädlich.

In einer Partnerschaft suchen beide sowohl seelische als auch körperliche Befriedigung. Die Partnerschaft zwischen Mann und Frau heißt **heterosexuelle** Beziehung („heteros" griech. heißt verschieden). Die körperliche Vereinigung wird Koitus genannt. Als Orgasmus bezeichnet man den sexuellen Höhepunkt des Geschlechtsverkehrs.

Die Partnerschaft zwischen gleichgeschlechtlichen Partnern heißt **Homosexualität** („homos", griech., heißt gleich). Männer, die mit anderen Männern eine Beziehung eingehen, nennt man schwul, Frauen, die mit Frauen eine Beziehung eingehen, lesbisch. Nachdem die Homosexualität lange Zeit sozial nicht anerkannt war und die strafrechtliche Verfolgung die Homosexuellen an den Rand der Gesellschaft gedrängt hat, sind heute die Vorurteile über die Homosexualität weitgehend abgebaut. In vielen Ländern können gleichgeschlechtliche Paare legal heiraten (in Österreich gibt es seit 2010 die eingetragene Partnerschaft).

Haben Menschen sowohl heterosexuelle als auch homosexuelle Beziehungen, sind sie **bisexuell**.

Bei der **Prostitution** bieten Prostituierte (Frauen und Männer) für Geld Geschlechtsverkehr an. Im Gegensatz zu den „registrierten" Prostituierten sind Geheimprostituierte von Polizei und Arzt nicht kontrolliert. Nicht selten werden vor allem sozial und finanziell abhängige Mädchen zur Prostitution gezwungen (aus Oststaaten oder Entwicklungsländern). Eine besondere Form der sexuellen Prostitution nützen die so genannten „Sextouristen" aus – Männer, die in Entwicklungsländer fahren, um sich dort für die Zeit ihres Urlaubs Kinder, Jugendliche und Frauen als Sexsklaven zur Triebbefriedigung zu mieten.

Manche Menschen zeigen ein **krankhaftes** Sexualverhalten. Sie gehen nicht auf den Partner ein, sondern sehen nur die eigene Befriedigung des Sexualtriebes im Vordergrund. Sie sind **pervers** (lat. perversus = verkehrt). Sie wollen während des Sexualaktes z. B. Schmerz erleiden (Masochisten) oder Schmerz zufügen (Sadisten).

Exhibitionisten zeigen ihre Geschlechtsorgane vor Vorbeigehenden und ziehen daraus ihren Lustgewinn. **Fetischisten** werden durch Berühren von Gegenständen oder Kleidungsstücken der begehrten Person sexuell erregt.

Menschen mit **unbeherrschtem** Geschlechtstrieb zwingen manchmal andere zu sexuellen Handlungen. Sie werden **Triebverbrecher**. Es kommt zur **Vergewaltigung**, häufig von Kindern und jungen Menschen, da sich diese weniger wehren können.

Sexueller Missbrauch von Kindern kommt auch im Verwandten- und Freundeskreis der Familie vor.

Auch beim **Chatten** kann es gefährlich werden. Kindesmissbraucher geben sich oft als Jugendliche aus, um dein Vertrauen zu erlangen.

Sexueller Kindesmissbrauch ist eine häufige Form der sexuellen Perversität

> Sexueller Missbrauch stellt einen Machtmissbrauch dar.

> Du brauchst unerwünschte Berührungen nicht akzeptieren – egal von wem.

> Lass mit dir und deinem Körper nichts machen, was dir in irgendeiner Weise unangenehm ist. Z. B. wenn du dich belästigt fühlst, lehne ab und sprich sofort mit jemandem, dem du unbedingt vertrauen kannst.

> Du entscheidest selbst, was unangenehm ist. Lass dir nicht einreden, unangenehme Berührungen und Streicheln seien „gut für dich".

> Sei vorsichtig, wenn dir fremde Personen Geschenke machen oder dich zu einer Autofahrt ins Kino etc. einladen.

> Wenn du glaubst, dass dir jemand zu nahe kommt, dir unangenehme Angebote macht oder dich mitlocken möchte und damit droht, dir Gewalt anzutun, sprich mit deinen Eltern, deiner Lehrerin, deinem Lehrer oder einer anderen Vertrauensperson darüber.

> Du brauchst keine Scheu haben, frei über deine Gefühle und Erlebnisse zu sprechen.

> Wenn du dringend Hilfe brauchst, gibt es eine Reihe von Beratungsstellen, an die du dich auf jeden Fall wenden kannst. Die Beratung ist gratis.

Beratungsstellen	Tel. Nr.
Rat auf Draht	147
Kindernotruf	0800 567 567
Telefonseelsorge	142
Sorgentelefon	0800 201 440
Die Möwe	0800 80 80 88
Helpline gegen Gewalt	0800 222 555

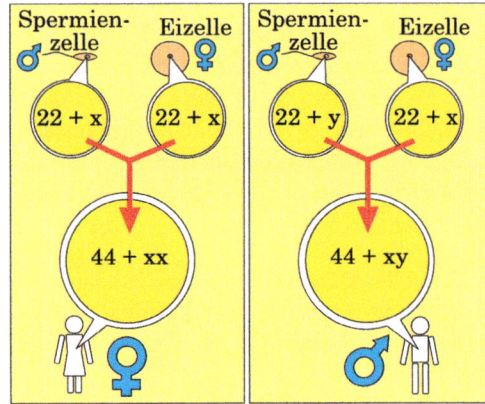

1 *Die Ei- bzw. Spermienzelle des Menschen enthalten 23 **Chromosomen** (= Träger des Erbgutes), davon ein Geschlechtschromosom. Die Geschlechtschromosomen werden (auf Grund ihrer Form) mit den Buchstaben X bzw. Y bezeichnet. Eine Samenzelle enthält entweder ein X- oder ein Y-Chromosom. Jede Eizelle des Menschen besitzt nur das X-Chromosom.*
Kommt es bei der Befruchtung zur Kombination XX, entsteht ein Mädchen, bei XY ein Bub. Die Chancen für die Geburt eines Buben oder eines Mädchens wären theoretisch 50 zu 50%. Tatsächlich ist aber das Verhältnis bei den Geburten 51,5 (Buben) zu 48,5% (Mädchen).

Schwangerschaft

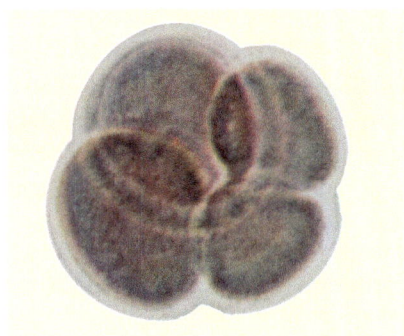

3 *Etwa 1 Tag nach der **Befruchtung** – noch während der etwa 5 Tage dauernden Wanderung des befruchteten Keimes durch den Eileiter in die Gebärmutter – beginnen die Zellteilungen. Er teilt sich in 2, 4, 8, 16 Zellen usw. (Im Bild 4-Zellen-Stadium, etwa 0,14 mm im Durchmesser).*

Während der **Wanderung im Eileiter** kann eine Samenzelle in die Eizelle eindringen. Der Keim wächst fast nicht. Für das Wachsen sind Nährstoffe erforderlich, die erst später durch das Blut der Mutter zugeführt werden, wenn sich der Keim etwa 6 Tage nach der Befruchtung in einer Vertiefung der dicken Gebärmutterschleimhaut festgesetzt hat. Da die Schleimhaut nun nicht mehr abgestoßen wird, kommt es zu keiner Regelblutung mehr.

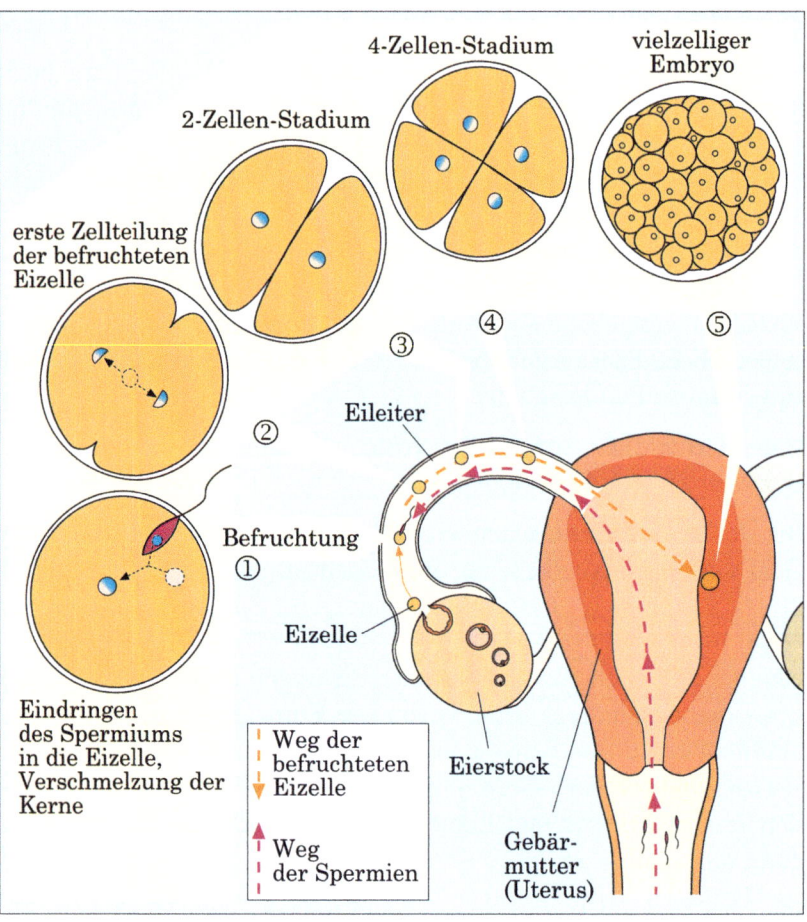

4 *Nach der **Befruchtung**, die im oberen Abschnitt des Eileiters stattfindet, setzen sofort die ersten Teilungsschritte ein. Das mehrzellige Gebilde setzt sich in der Gebärmutterwand fest.*

2 *Bei **eineiigen Zwillingen** (im Bild) schnürt sich die Eizelle bei der ersten Teilung völlig durch, und jede Hälfte wächst zu einem Kind heran. Diese haben das gleiche Geschlecht und sind auch sonst in ihren Anlagen gleich. Normalerweise wird nur ein Ei von den Eierstöcken abgegeben. Fallweise können gleichzeitig zwei Eizellen reif und befruchtet werden. In diesem Fall können **zweieiige Zwillinge** entstehen.*

➔ **Arbeitsblätter S. 68, 69**

Durch ein feines Adergeflecht und Schleimhautteile bildet sich eine breite Verbindung an der Gebärmutterwand, der **Mutterkuchen** (Plazenta). Ein kräftiger Strang mit Blutgefäßen, die **Nabelschnur**, führt vom Mutterkuchen zum heranwachsenden Embryo.

Um den Embryo hat sich eine Haut gebildet, die **Fruchtblase** (→ **L**), die mit Fruchtwasser gefüllt ist. Über Mutterkuchen und Nabelschnur nimmt der Embryo Nährstoffe und Sauerstoff aus dem mütterlichen Blut auf und gibt Abfallstoffe (z. B. CO_2) ab.

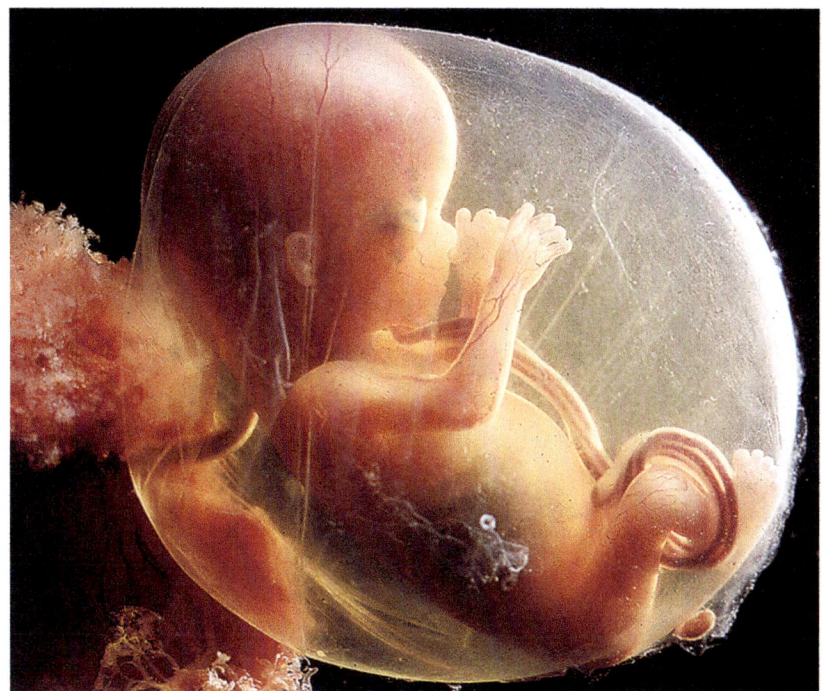

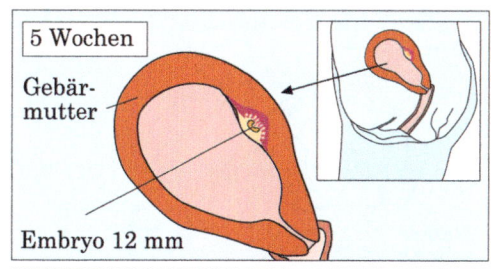

5 Wochen — Gebärmutter — Embryo 12 mm

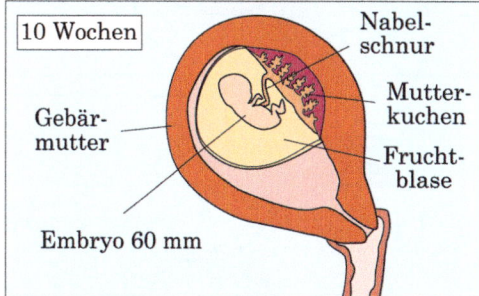

10 Wochen — Gebärmutter — Embryo 60 mm — Nabelschnur — Mutterkuchen — Fruchtblase

*1 Innerhalb der Fruchtblase ist der **Embryo** vor Stößen geschützt. Gifte (z. B. Alkohol, Nikotin) aus dem mütterlichen Blut können aber in den Embryo eindringen und diesen schädigen. Viele schwangere Frauen verzichten daher auf den Genuss von Alkohol, starkem Kaffee und hören mit dem Rauchen auf. Medikamente dürfen nur unter ärztlicher Kontrolle und genau nach Verordnung der Ärztin/ des Arztes eingenommen werden.*

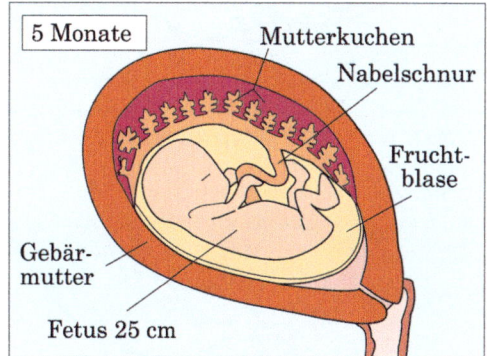

5 Monate — Mutterkuchen — Nabelschnur — Fruchtblase — Gebärmutter — Fetus 25 cm

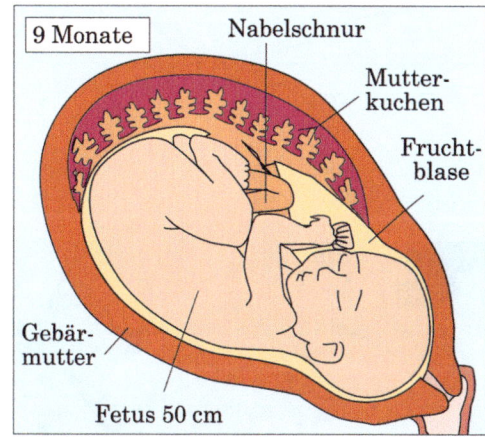

9 Monate — Nabelschnur — Mutterkuchen — Fruchtblase — Gebärmutter — Fetus 50 cm

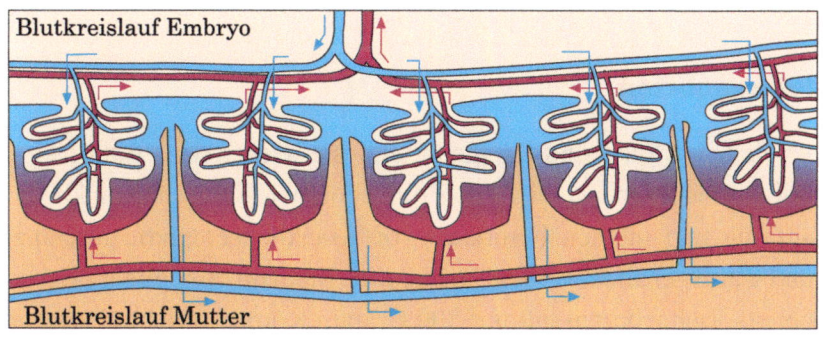

Blutkreislauf Embryo

Blutkreislauf Mutter

*2 **Stoffaustausch** zwischen Mutter und Kind – beachte: die Blutkreisläufe sind nicht miteinander verflochten. Mutter und Kind können unterschiedliche Blutgruppen haben.*

*3 **Entwicklungsstadien** während der Schwangerschaft*

Durch das ständige Wachsen des Fetus (→ **L**) muss sich auch die Gebärmutter dehnen, und der Leib der Mutter wölbt sich deutlich vor. Am Ende der Schwangerschaft – sie dauert ca. 280 Tage (= 40 Wochen) – ist der Fetus auf etwa 50 bis 55 cm Größe und ein Gewicht von ca. 3 bis 4 kg herangewachsen.

Während der Schwangerschaft gibt es eine Reihe von Untersuchungen (z. B. Bestimmung des Rhesusfaktors, Beobachtung der Kindesentwicklung), die im „Mutter-Kind-Pass" eingetragen werden. Nach der Geburt des Kindes werden Vorsorgemaßnahmen (Tests) durchgeführt und weitere Eintragungen vorgenommen (z. B. Impftermine).

1 ▶ Bring den Mutter-Kind-Pass mit, der ausgestellt wurde, als deine Mutter mit dir schwanger war. Zähle auf, welche Untersuchungen gemacht wurden.

2 ▶ Erkläre, weshalb Gesundenuntersuchungen während der Schwangerschaft besonders wichtig sind.

3 ▶ Fasse zusammen, wodurch das heranwachsende Kind im Mutterleib geschädigt werden kann, und was werdende Mütter während der Schwangerschaft vermeiden sollen.

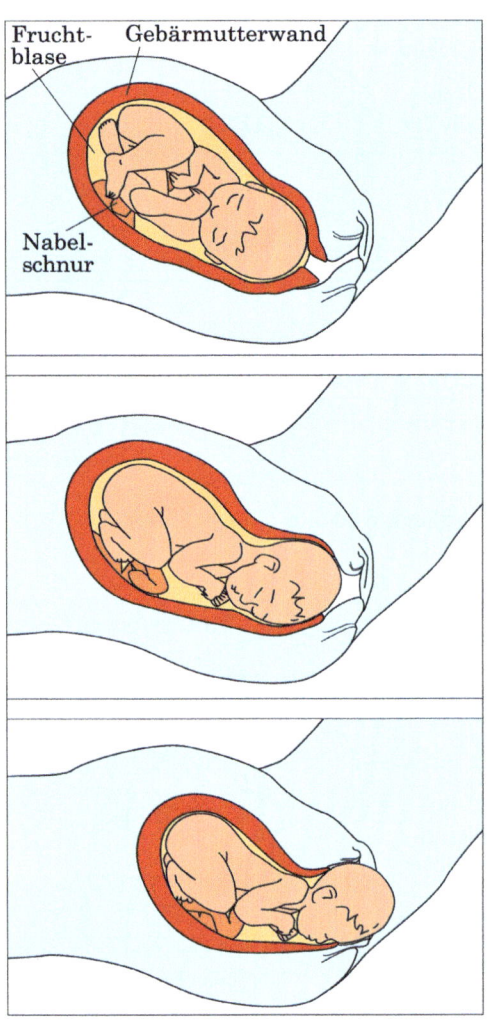

Frucht-blase Gebärmutterwand

Nabel-schnur

1 Geburtsvorgang

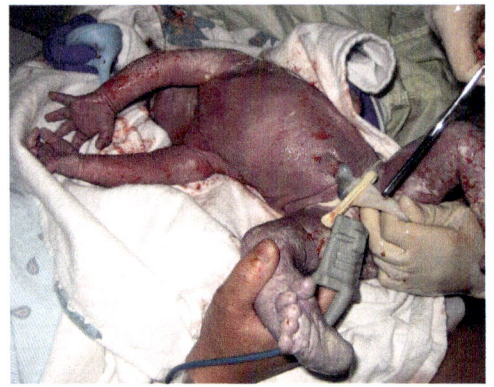

2 *Wenn das Kind den Mutterleib verlassen hat, wird die Nabelschnur, durch die es noch mit der Mutter verbunden ist, entfernt. Die Nabelschnur wird dazu zweimal abgebunden: einmal etwa 5 cm vom kindlichen Bauch entfernt und ein zweites Mal etwa 5 cm von dieser Bindestelle entfernt (der Mutter zu). Dann wird sie zwischen den Bindestellen durchgeschnitten. Jetzt ist das Kind von der Sauerstoffzufuhr durch die Mutter abgeschnitten und muss selbstständig atmen (Bild). Nach dem ersten Kontakt mit der Mutter wird es dann gewaschen, eingewickelt und der Mutter wieder in den Arm gelegt.*

Geburt

Nach neun Monaten endet die Schwangerschaft. Die Geburt beginnt durch das Einsetzen der **Geburtswehen**. Dabei ziehen sich die starken Muskeln der Gebärmutter in kürzer werdenden Abständen krampfartig zusammen und pressen das Kind heraus. Zuerst platzt die Fruchtblase, und das Fruchtwasser läuft ab. Nach weiteren Wehen (die Kontraktionen der Gebärmutterwand sind sehr schmerzhaft, daher der Begriff) wird das Kind durch die nun weit gedehnte Scheidenöffnung herausgedrückt. Zuerst erscheint der Kopf, er ist der umfangreichste Kindesteil, dann folgt der übrige Körper (→ Abb. 1).

Die Geburt erfolgt in der Regel im Spital im Beisein von Hebamme und Ärztin oder Arzt. Erleichternd für die Gebärende ist es meist, wenn der Partner die Geburt begleitet.

Nach der Geburt lösen sich Mutterkuchen, Fruchtblase und der Rest der Nabelschnur von der Gebärmutter und werden als **Nachgeburt** abgestoßen. 8 – 24 Stunden nach der Geburt kann gestillt werden.

Die **Muttermilch** ist die natürlichste Ernährung für den Säugling und enthält in idealer Zusammensetzung alles, was das Kind zum Gedeihen braucht und es wirksam gegen Krankheiten und Allergien schützt. Daher wird jede gesunde Mutter bestrebt sein, wenigstens die erste Zeit ihren Säugling zu stillen. In manchen Fällen müssen jedoch Kindernährmittel verwendet werden, die jedem Lebensalter angepasst im Handel erhältlich sind.

Frühgeburten

Ab dem 7. Monat sind Frühgeburten – sie wiegen dann rund 1 kg – selbstständig lebensfähig. Die Frühgeborenen sind sehr krankheitsanfällig und müssen besonders vor Krankheitserregern geschützt und warm gehalten werden. Die heutige Medizin ermöglicht es, dass bereits Frühgeburten mit nur 500 Gramm Körpergewicht überleben können (in so genannten Brutkästen).

Säuglingspflege

Ein Säugling braucht viel Pflege und intensive Betreuung. Er schreit, um auf sich aufmerksam zu machen, egal ob er Hunger, Angst oder Kälte empfindet.

Angeborene Verhaltensweisen (Verhalten, das er nicht lernen muss) schützen und helfen in den ersten Lebensmonaten, sich in der Umwelt zurechtzufinden: Er hat einen Saugreflex (umschließt die Brustwarze/ Saugfläschchen zum Trinken), schluckt die Nahrung, klammert sich mit seinen Händchen am Finger/Gewand der Eltern fest) usw.

Umgekehrt wirken die Signale, die von einem Säugling ausgehen (große Augen, offener Mund, Weinen, vorgewölbte Stirn) auf die Mutter bzw. die Kontaktperson. Derartige Signale werden „Schlüsselreize" genannt, weil sie beim Empfänger (Mutter/Vater) ein entsprechendes Verhalten – Hochheben des Babys, Streicheln und Trösten, Stillen etc. – auslösen.

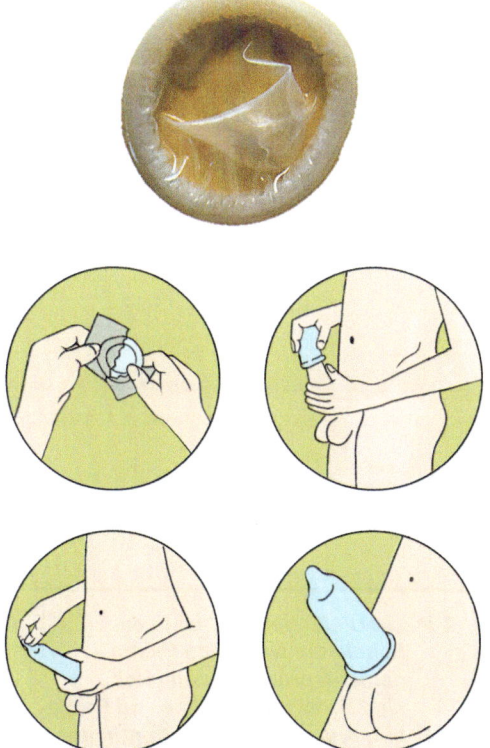

1 *Die „Pille" ist die sicherste Verhütungsmethode. Sie schützt aber nicht vor Geschlechtskrankheiten.*

Familienplanung – Verhütung

In Österreich und den meisten westeuropäischen Ländern ist die „Pille" gesetzlich erlaubt und die Nummer eins unter den Verhütungsmitteln.

Die Zeugung von Kindern soll eigentlich erwünscht sein und nicht „passieren". Ein Kind hat das Recht in eine Welt hineinzuwachsen, in der es behütet ist und sich wohl fühlt. Es soll in einer Gemeinschaft angenommen, seine Anlagen entfalten können. Grundsätzlich gilt, dass beide Geschlechtspartner für die Verhütung verantwortlich sind und vor jedem Geschlechtsverkehr abgeklärt werden sollte, wer wie verhütet. Auf keinen Fall soll die Verantwortung nur bei der Frau liegen.

Die „Pille" ist ein **Hormonpräparat**, das Follikel- und Gelbkörperhormon enthält und dadurch den Eisprung verhindert. Bei einem Mädchen, dessen körperliche Entwicklung noch nicht ganz abgeschlossen ist, könnte es zu Entwicklungsstörungen kommen. Vergleicht man alle Verhütungsmethoden, dann ist die Pille die sicherste Verhütungsmethode. Sie schützt aber nicht vor Geschlechtskrankheiten.

Die **Pille für den Mann** wird erst seit wenigen Jahren angeboten. Es handelt sich um ein Hormonpräparat, das ein Reifen der Spermien unterbindet.

Präservative (= **Kondome**, → Abb. 2) sind ganz dünne, aufgerollte Gummihüllen. Sie werden vor dem Geschlechtsverkehr über das steife Glied gerollt und verhindern, dass Samenzellen in die Scheide und später in den Eileiter gelangen. Gleichzeitig schützen sie vor einer Reihe von Geschlechtskrankheiten. Kondome sind die einzige Möglichkeit, sich vor einer HIV-Infektion (HIV → **L** = AIDS-Erreger → S. 71) beim Geschlechtsverkehr zu schützen.

Beim **unterbrochenen Geschlechtsverkehr** (Coitus interruptus) zieht der Mann vor der Ejakulation sein Glied aus der Scheide, sodass sich der Samen außerhalb der Scheide ergießt. Diese Art der Empfängnisverhütung führt zu einer Gefühlsverkrampfung beider Partner und stört so das gemeinsame harmonische Erlebnis. Außerdem kann schon vor dem Samenerguss Samen in die Scheide gelangen. Diese Methode ist sehr unsicher.

Bei der **Zeitwahl** (nach Knaus-Ogino; H. Knaus, ein österreichischer Frauenarzt, Ogino, japanischer Arzt) wird die Zeit der fruchtbaren und unfruchtbaren Tage der Frau ermittelt. Das Ei ist nur etwa einen Tag nach dem Follikelsprung befruchtungsfähig, Samenzellen höchstens drei Tage. Geschlechtsverkehr kann frühestens drei Tage

2 *Kondom, richtig benützt.*
Wichtig ist, dass beim Herausziehen des Gliedes aus der Scheide das Kondom auf dem Penis bleibt und keine Samenzellen ungewollt in die Scheide gelangen.

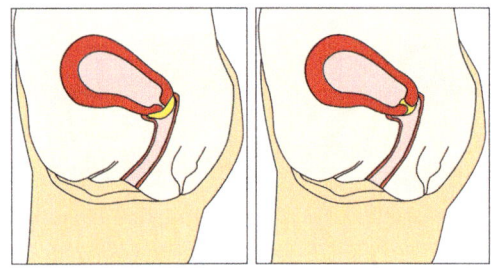

1 Scheidendiaphragma 2 Kappenpessar

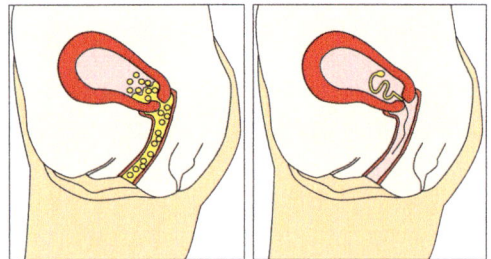

3 Chemische Mittel   4 Spirale

Methode	Zahl der Schwanger-schaften bei 100 Frauen pro Jahr	Sicherheits-grad
Coitus interruptus	29	niedrig
Spray	26	niedrig
Zeitwahlmethode	22	niedrig
Temperaturmethode	18	niedrig
Kondom	14	mittel
Scheidenpessar	12	mittel
Spirale	3	hoch
Pille	0,3	hoch
Sterilisation	0,3	hoch

5 Verhütungsmittel sind nicht gleich zuverlässig.

1 ▶ „Sexualerziehung" ist in der Schule ein wichtiges Thema – dementsprechend zahlreich sind Broschüren, Filme und Ratgeber, die zum Teil von öffentlichen Stellen geschickt, zum Teil von Firmen zur Verfügung gestellt werden. Macht in der Biologiestunde einen entsprechenden Vergleich dieser Broschüren und Ratgeber.

vor und spätestens einen Tag nach dem Follikelsprung zu einer Befruchtung führen. Um den Follikelsprung berechnen zu können, ist es nötig, über ein Jahr lang die Menstruationszeiten genau zu notieren. So können der längste und der kürzeste Zyklus ermittelt werden. Die Temperatur wird in der Scheide oder im After gemessen (gleich nach dem Erwachen, nach einer etwa 8-stündigen Nachtruhe). Vom Follikelsprung an steigt die Temperatur um 0,5 bis 1 °C. Zu bedenken gibt es, dass Krankheit, Medikamente und Erregungen zusätzliche Follikelsprünge auslösen können. Auch die Erhöhung der Temperatur, die nicht durch einen Follikelsprung, sondern durch eine Infektionskrankheit ausgelöst wurde, ist zu bedenken.

Das **Scheidendiaphragma** (➔ Abb. 1) ist eine dünne Gummihaut mit einem Metallrand und schließt die Scheide im Inneren gegen den Muttermund ab. Es verhindert so, dass Samen bis zum reifen Ei gelangen können. Das **Kappenpessar** (➔ Abb. 2) verschließt den Muttermund. Beide müssen von einer Ärztin oder einem Arzt angepasst und ihre Anwendung erklärt werden.

Chemische Mittel (➔ Abb. 3) zur Empfängnisverhütung sind Cremen, Zäpfchen und Sprays. Sie sollen die Samenzellen abtöten und durch Schaum- oder Filmbildung den Muttermund abdichten. Sie müssen etwa 15 Minuten vor dem Geschlechtsverkehr in die Scheide eingeführt werden.

Spiralen (➔ Abb. 4) sind aus Kunststoff mit Kupfer- oder Hormonbeschichtung. Sie werden von einer Ärztin oder einem Arzt in die Gebärmutterhöhle eingelegt und sollen die Einbettung des befruchteten Eies in die Gebärmutterschleimhaut verhindern.

Die so genannte „**Pille danach**" ist ein Medikament, das eine Einnistung eines befruchteten Eies verhindert. Sie ist erst seit wenigen Jahren in Österreich zugelassen und wird nur bei dringenden Fällen (Vergewaltigung, Kondomplatzer, etc.) vom Frauenarzt oder der Frauenärztin verschrieben. Auf keinen Fall gilt sie als täglich praktizierte Verhütungsmethode.

Ein operativer Eingriff ist die **Sterilisation**. Dabei werden Eileiter bzw. Samenleiter unterbunden. Die Sterilisation kann kaum rückgängig gemacht werden.

Schwangerschaftsabbruch

Ein **Schwangerschaftsabbruch** auf Verlangen der Frau und ohne medizinischen Grund ist in Österreich legal, wenn er innerhalb von 3 Monaten nach der Einnistung der befruchteten Eizelle von einer Ärztin oder einem Arzt nach vorheriger Beratung durchgeführt wird. Rund 20 000 bis 30 000 Frauen treiben pro Jahr ab – auf Grund von Pannen bei Verhütungsmethoden, aber auch auf Grund mangelnder Aufklärung, wie verhütet werden kann.

Ein Schwangerschaftsabbruch ist eine starke seelische und auch körperliche Belastung für die Frau – das Ungeborene wird schließlich dabei getötet. Entsprechende Beratungsstellen helfen den betroffenen Frauen (Paaren) bei ihrer Entscheidungsfindung. Wichtig ist vor allem, dass die betroffenen Mädchen/Frauen alleine eine Entscheidung treffen können.

Unerfüllter Kinderwunsch – Behandlungsmöglichkeiten

Louise Brown, das erste „Retortenbaby"*), wurde 1978 in England geboren – eine wissenschaftliche Sensation zur damaligen Zeit, die für viele Diskussionen sorgte und etliche Tabus gebrochen hat. Heute ist die Nachfrage nach künstlicher Befruchtung groß. Institute richten entsprechende Labors ein.

Zehntausende Paare in Österreich haben derzeit einen unerfüllten Kinderwunsch – die Zahl steigt ständig. Die Ursachen eines unerfüllten Kinderwunsches sind vielfältig und nicht restlos geklärt. U. a. gelten schlechte Samenqualität beim Mann, gestörter Hormonhaushalt bei der Frau, Verklebungen der Eileiter oder verschiedene Stressfaktoren als mögliche Ursachen.

Verschiedene Behandlungsmöglichkeiten werden empfohlen und durchgeführt. Meist werden beide Partner einer Behandlung unterzogen: Veränderung der Lebensgewohnheiten (Stressabbau, Nahrungszusammensetzung verbessern, Alkohol- und Nikotinkonsum vermeiden etc.), medikamentöse Behandlung (Hormone, Spurenelemente und Vitamingaben), operative Methoden (Öffnen verklebter Eileiter) werden eingesetzt, um den Paaren zu Kindern zu verhelfen.

Wenn diese Methoden nicht wirken, kann man durch **künstliche Befruchtung** zum Erfolg gelangen.

Werden die Spermien von einem Ejakulat – nach entsprechender Aufbereitung – in die Gebärmutter der Frau übertragen, spricht man von **Insemination**. Der Samen wird vom Arzt mittels technischer Hilfsmittel übertragen (➔ Abb. 2). Hier sollen sie selbstständig das reife Ei aufsuchen und befruchten.

Bei der **IVF (In-Vitro-Fertilisation)** werden der Frau Eizellen entnommen, und der Mann gibt Samenzellen ab. Sie werden im Labor in einer Zuchtschale zusammengeführt. Wird ein Ei von einem Spermium befruchtet, teilt sich der Keim einige Male und wird nach 2 bis 3 Tagen im 8-Zellstadium in die Gebärmutter eingesetzt (➔ Abb. 3).

Ist die Spermienqualität so schlecht, dass die Samenzellen in die Eizelle nicht eindringen können, wird im Labor mittels Saugpipette ein Spermium direkt in die Eizelle hineingeschoben, sodass beide Kerne (Ei- und Samenkern) verschmelzen können. Nach erfolgter Befruchtung wird der Keim in die Gebärmutter eingesetzt.

Meist sind diese Behandlungen sehr zeitaufwändig, teuer und führen zu körperlichen und seelischen Belastungen – vor allem der Frauen. Oft müssen Paare mehrere Male diese Behandlung über sich ergehen lassen, um ein Baby zu bekommen.

---

*) Retortenbaby ist die Bezeichnung eines Kindes, das durch künstliche Befruchtung gezeugt wurde.

1 Adam Nash, eines der ersten Retortenbabys, im Kreis seiner Familie.

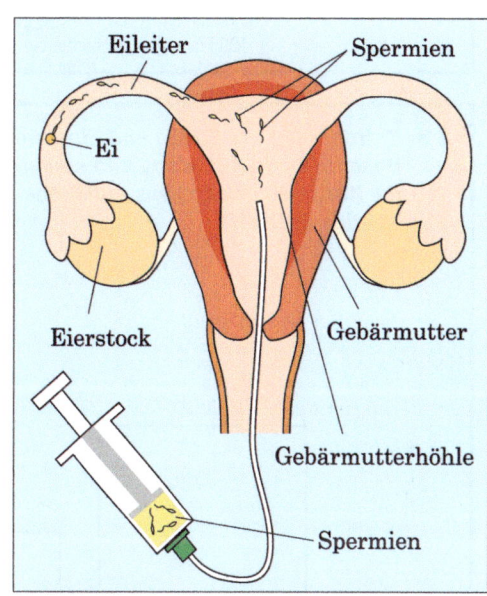

2 Insemination

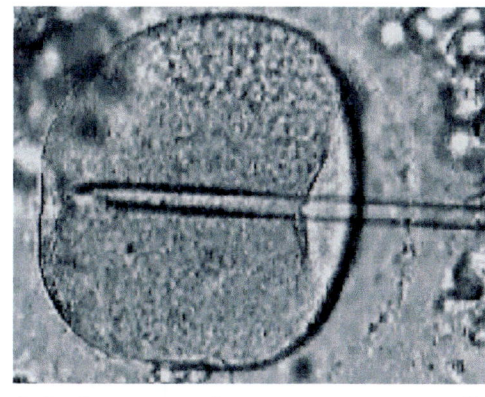

3 Injektion eines Spermiums in eine Eizelle (nat. Größe etwa 0,14 mm)

 ➔ **Arbeitsblatt S. 78**

1 ▶ Beschrifte die weiblichen und männlichen Geschlechtsorgane. Verwende dazu folgende Begriffe:

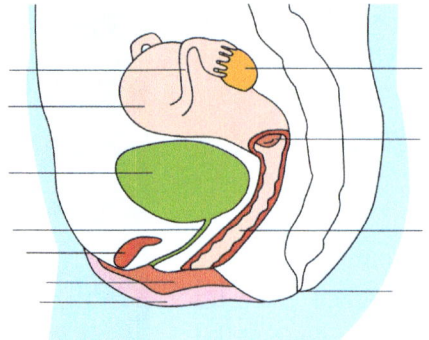

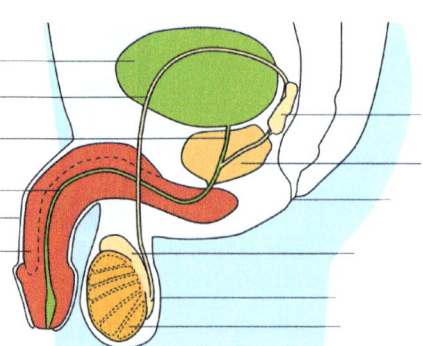

After
After
Clitoris
Eierstock
Eileiter
Gebärmutter
Glied
große Schamlippe
Harnblase
Harnblase
Harnröhre
Harnröhre
Harnsamenröhre
Hoden
Hodensack
kleine Schamlippe
Muttermund
Nebenhoden
Prostata
Samenbläschen
Samenleiter
Scheide
Schwellkörper

2 ▶ Befruchtung der Eizelle und Einnisten eines Keims. Beschrifte die Abbildung und kopiere sie. Schneide die Kärtchen (rechts) aus und klebe sie an die richtige Stelle.

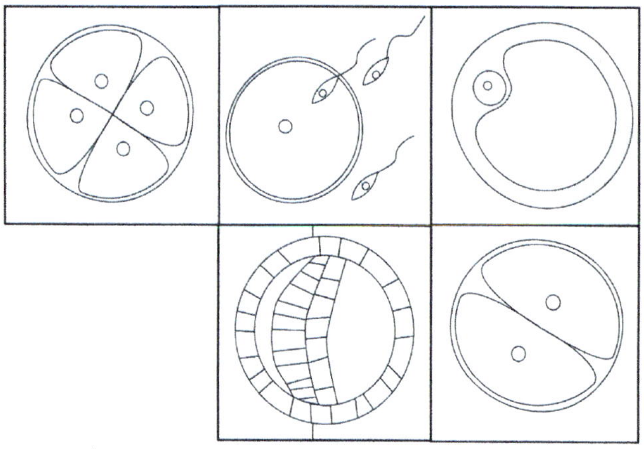

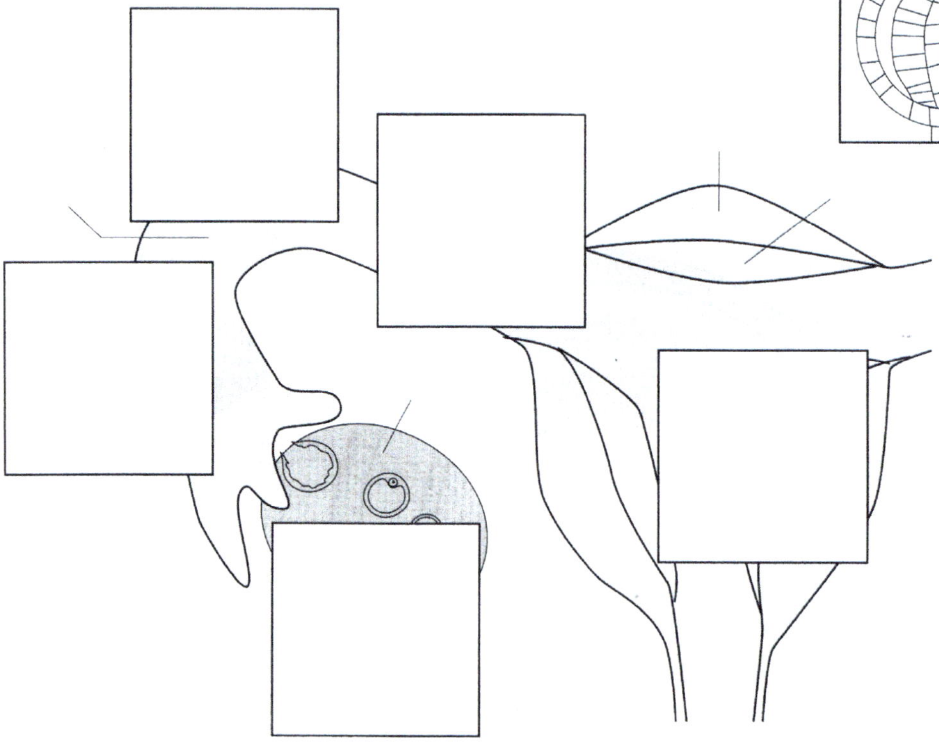

1 ▶ *Kopiere diese Seite auf einen Karton. Schneide die beiden Scheiben aus und mach dir aus diesen und einer Kuvertklammer eine so genannte Schwangerschaftsscheibe. Notiere, welche Termine leicht abgelesen werden können.*

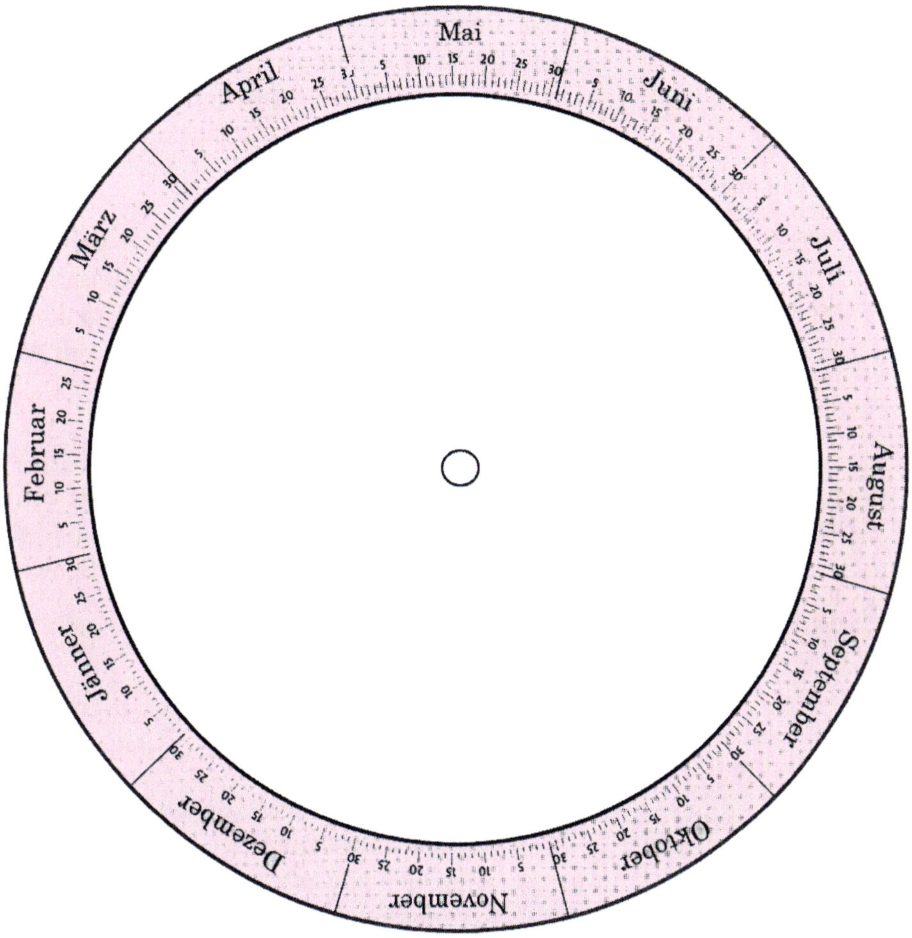

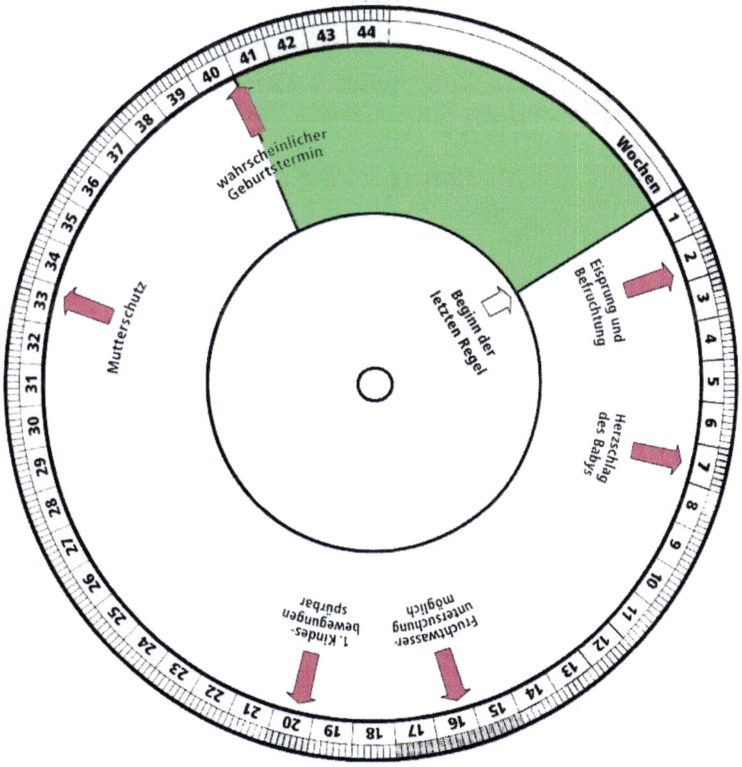

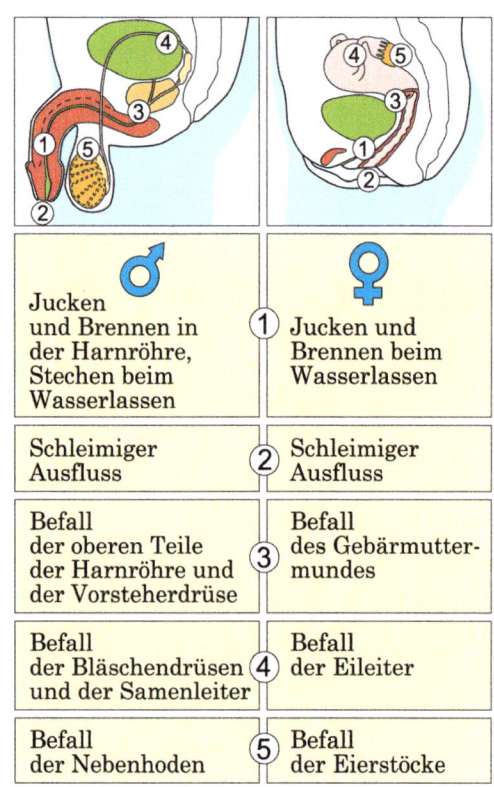

<table>
<tr><td colspan="2">♂</td><td></td><td colspan="2">♀</td></tr>
</table>

♂ Jucken und Brennen in der Harnröhre, Stechen beim Wasserlassen	①	♀ Jucken und Brennen beim Wasserlassen
Schleimiger Ausfluss	②	Schleimiger Ausfluss
Befall der oberen Teile der Harnröhre und der Vorsteherdrüse	③	Befall des Gebärmutter- mundes
Befall der Bläschendrüsen und der Samenleiter	④	Befall der Eileiter
Befall der Nebenhoden	⑤	Befall der Eierstöcke

1 Gonorrhöe (Tripper)

Wenige Wochen nach einer Infektion ent-stehen an der Eintrittstelle rötlich verfärbte Knoten. Man nennt das ein „Primärstadium". Es wird leicht übersehen. Nach zwei bis drei Monaten entstehen Hautausschläge, die (über Jahre hinweg) immer wieder auftreten und verschwinden können (Sekundärstadi-um). Spätestens jetzt muss mit Antibiotika behandelt werden. Tritt das Tertiärstadium ein, entstehen schwere Schädigungen des Nervensystems, der Gefäße und des Herzes. Leberschrumpfungen und Geschwüre am ganzen Körper treten auf bis letztlich, nach einem totalen körperlichen Verfall, der kran-ke Mensch stirbt.

2 Verlauf der Syphiliserkrankung

→ Arbeitsblatt S. 78

Geschlechtskrankheiten

Geschlechtskrankheiten sind Infektionskrankheiten. Sie werden vor allem beim Geschlechtsverkehr übertragen, seltener beim Petting, durch Küsse oder durch die Hände. Schutzmittel gegen Geschlechtskrankheiten gibt es nur bedingt. Vorsichtsmaßnahmen (Verwendung von Kondomen), über die man Bescheid wissen sollte, vermindern die Gefahr einer Ansteckung.

Tripper oder Gonorrhöe

Die Gonorrhöe (Tripper) ist die häufigste Geschlechtskrankheit. Sie wird durch Bakterien (Gonokokken) verursacht und kann bei beiden Geschlechtern auftreten (→ Abb. 1). Die Krankheit muss so früh wie möglich von einer Ärztin oder einem Arzt mit Antibiotika (→ L) be-handelt werden.

Syphilis oder Lues

Die Syphilis – ebenfalls eine durch Bakterien verursachte Krankheit – kann nicht nur durch den Geschlechtsverkehr, sondern auch durch Berührung (Küssen) erkrankter Haut- oder Schleimhautstellen erfol-gen (→ Info 2).

Andere Erkrankungen

Feigwarzen sind durch Viren verursachte Erkrankungen der Ge-schlechtsorgane, sie werden durch Geschlechtsverkehr übertragen.

HPV (humane Papillomviren) können Hautzellen oder Schleimhäu-te infizieren und meist gutartige Tumore hervorrufen. Sie bilden Warzen (z. B. Genitalwarzen). Einige HPV-Typen können auch zu bösartigen Veränderungen führen (insbesondere Gebärmutterhals-krebs bei Frauen). Die so genannte HPV-Impfung ist jetzt kostenfrei im Impfplan enthalten.

Eine Infektion mit **Chlamydien** (sehr kleine Bakterien) können Er-krankungen der Schleimhäute im Augen-, Atemwegs- und Genital-bereich bewirken.

Als **Herpes** wird eine Vireninfektion bezeichnet, die Schleimhaut-zellen des Mund-Rachen-Raumes (Typ 1) oder des Genitalbereichs (Typ 2) befällt. Es bilden sich Bläschen, die nach einer gewissen Zeit aufplatzen. Nach dem Aufplatzen entstehen kleine Geschwüre, die wieder abheilen.

Pilze können ebenfalls zu Erkrankungen der Geschlechtsorgane füh-ren. Der Scheidenpilz ist ein Beispiel. Er kann durch verschmutzte Klobrillen übertragen werden.

Meist sind beide Geschlechtspartner erkrankt, nur merkt der Mann oft nichts davon, weil die Krankheit bei ihm nicht schmerzhaft ver-läuft. Solange sich nicht auch der Mann einer Behandlung unter-zieht, kann die Frau – bei fortdauerndem Geschlechtsverkehr – nicht geheilt werden.

Alle Geschlechtskrankheiten sind ansteckend und müssen ärztlich behandelt werden. Es sollten beide Geschlechtspartner die Ärztin/ den Arzt aufsuchen und sich beraten bzw. behandeln lassen, um eine Wiederansteckung zu verhindern.

AIDS

Laut Schätzungen der Weltgesundheitsorganisation (WHO) sind weltweit über 30 Millionen Menschen direkt von HIV/Aids betroffen. Bisher sind an dieser Immunschwächekrankheit über 20 Millionen Menschen gestorben. In Österreich stecken sich täglich ein bis zwei Menschen an.

AIDS (→ L) wird durch das Virus HIV (**H**umanes **I**mmunschwäche **V**irus) hervorgerufen. Die Abkürzung wird für **A**cquired **I**mmune **D**eficiency **S**yndrome = erworbenes-Immunschwäche-Syndrom (Syndrom = Krankheitsbild) verwendet. Das Virus ist sehr empfindlich und außerhalb des menschlichen Körpers nicht lange infektiös. Damit es zu einer Infektion kommt, muss das Virus ins Blut gelangen. AIDS führt zu einer Schwächung der Abwehrkräfte des Körpers, sodass der Organismus mit sonst harmlosen Erregern nicht mehr fertig wird. Das AIDS-Virus befällt nämlich die für die Abwehr notwendigen weißen Blutkörperchen, die in den Lymphknoten produziert werden und für die Hauptabwehr von Keimen verantwortlich sind. Die Folge sind schwere, oft tödlich verlaufende Infektionskrankheiten und seltene Krebsformen.

Das erste Stadium der Erkrankung kann oft jahrelang anhalten, ohne dass die Krankheit weiter voranschreitet. Sie kann aber auch innerhalb weniger Monate ausbrechen. Ursachen dafür sind noch immer nicht gänzlich geklärt.

Es gibt derzeit noch **keine Impfungen** oder Heilmittel gegen AIDS. Ein Impfstoff ist auch deshalb so schwer zu finden, weil sich das Virus immer wieder leicht verändern kann, sodass es von den Abwehrkörpern unseres Immunsystems nicht erkannt wird bzw. ein einmal geschaffener Wirkstoff nach der Veränderung des Virus wieder unwirksam ist.

Nur ein Vorbeugen (**Prävention** ist der Fachbegriff dafür) vor einer Ansteckung kann die weitere Ausbreitung der Krankheit verhindern. Bei der alle zwei Jahre stattfindenden Welt-AIDS-Konferenz versucht man globale (= weltumfassende) Strategien gegen AIDS zu finden, um die weitere Ausbreitung zu stoppen.

Das HI-Virus wird übertragen, wenn virushältiges Blut, virushältige Samen- oder Scheidenflüssigkeit einer Person in die Blutbahn einer anderen gelangt. Das Virus kann auch durch Muttermilch einer infizierten Mutter bzw. während der Schwangerschaft auf das Kind übertragen werden. Die Übertragungswahrscheinlichkeit liegt bei 18 – 25 %.

Die Übertragung geschieht meist beim Geschlechtsverkehr, aber auch durch das gemeinsame Benützen von Injektionsnadeln, wie das Drogenabhängige manchmal praktizieren. Kleinste, oft nicht sichtbare Verletzungen der Schleimhäute (z.B. in der Mundhöhle, im Darm, in der Scheide) reichen bereits aus, um sich mit dem Virus zu infizieren.

HIV is on the rise in Toronto. Ride Safely.

1 Mit Plakaten, Anzeigen und Broschüren versuchen Gesundheitsbehörden fast aller Länder auf die Gefahren und Möglichkeiten einer Infektion mit dem Erreger aufmerksam zu machen und verweisen auf die entsprechenden Schutzmöglichkeiten. Dabei gehen die Behörden unterschiedlichste Wege – von griffigen Werbungen für Kondome (Kanada, Bild) bis zu Fünfjahresplänen der Aufklärung in China, wo den Jugendlichen das Anlegen von Kondomen beigebracht werden soll. → S. 65

Beim ungeschützten Sex sind homosexuelle und bisexuelle Männer besonders gefährdet. Ebenso sind es Drogenabhängige, Prostituierte und deren Kunden, Männer und Frauen, die häufig ihre Sexualpartner wechseln, Männer und Frauen, die Sexualkontakte in stark „verseuchten" Gebieten (Niger, Kongo, Osteuropa) und Städten haben (Sextourismus).

Durch Sozialkontakte wie Händeschütteln, Umarmen, Streicheln, Küssen, Husten oder Niesen wird die Krankheit nicht übertragen. Auch durch Benützen öffentlicher Verkehrsmittel, Bäder, Saunen, Toiletten sowie durch gemeinsamen Gebrauch von Essgeschirr, Gläsern und Besteck kommt es zu keiner Ansteckung.

Die Verwendung von Präservativen (Kondomen) beim Geschlechtsverkehr verringert die Gefahr einer Ansteckung und ist die einzige Möglichkeit eines wirkungsvollen Schutzes.

1 ▶ *Informiere dich im Internet über das Thema AIDS. Finde heraus, wo AIDS weltweit am häufigsten vorkommt und weshalb gerade dort. Besuche die österreichische Aids-Hilfe-Homepage www.aidshilfen.at und informiere dich weiter über diese Krankheit und die Situation in Österreich.*

2 ▶ *Notiere, welche Möglichkeiten man hat, sich vor AIDS zu schützen.*

3 ▶ *Diskutiert, welche globalen Maßnahmen ergriffen werden könnten, um die Ausbreitung von AIDS einzudämmen.*

 **→ Arbeitsblatt S. 78**

1 *Erhöhter Alkoholkonsum, Gruppenzwang bei Jugendtreffen*

In Österreich erkranken rund 10% der Bevölkerung im Laufe ihres Lebens an Alkoholismus – Alkohol gilt als Volksdroge Nr. 1. Dabei bedeutet Alkoholismus, dass die Lebenserwartung auf Grund der Giftigkeit des Alkohols um 10–30 Jahre sinkt. Dennoch konsumieren 40 % aller erwachsenen Österreicher Alkoholmengen, die die WHO als gesundheitsgefährdend einstuft. Beratungsstellen (z. B. Anonyme Alkoholiker) und Spezialkliniken helfen bei der Behandlung Alkoholkranker.

Blut-alkohol	Stimmung	beobachtbare Wirkungen
bis 0,5 ‰	fröhlich, von Sorgen befreit	redselig, weniger ängstlich, leichte Schläfrigkeit, entspannt
0,5 ‰ bis 1,5 ‰	mutig, zum „Bäume-Ausreißen" aufgelegt	wenig selbstkritisch, Auffassungsgabe geschwächt, leichte Gleichgewichtsstörungen, schwerfälliges Sprechen
1,5 ‰ bis 2,5 ‰	traurig, angriffs-lustig, weinerlich	unsichere Bewegungen, starkes Schwanken beim Gehen, stark verlängerte Reaktionszeit, unvollständige Sätze, Reizbarkeit
über 2,5 ‰	innerlich unruhig, stark erregt, aggressiv	Umgebung wird nicht mehr realistisch wahrgenommen, körperlich hilflos, narkoseähnlicher Tiefschlaf, überängstlich oder aggressiv

2 *Blutalkohol und Rauschstadien*

Gesundheit und Krankheit

Die Weltgesundheitsorganisation (WHO) definiert „Gesundheit" als einen Zustand körperlichen, psychischen und sozialen Wohlbefindens und „Krankheit" als Einschränkung oder Störung der normalen organischen Funktion oder der psychischen Leistung.

Alkohol und Nikotin

Alkohol (= Ethanol) entsteht durch Gärung von Kohlenhydraten (Zucker, Stärke). Er ist in Spuren (bis 0,05 ‰) im normalen menschlichen Blut enthalten.

Alkohol hat persönlichkeitsverändernde Wirkungen: Geringe Alkoholmengen wirken meist anregend. Hemmungen werden gelockert, die Selbstkontrolle lässt nach. Daher ist der Alkoholkonsum bei den Menschen um so größer, je geringer ihre Zufriedenheit mit sich und der Umwelt ist. Zudem sehen sich Menschen immer wieder auch einem Gruppenzwang ausgesetzt.

Regelmäßiger übermäßiger Alkoholkonsum ist äußerst schädlich. Menschen neigen dann zu Gewaltanwendung und sinnlosen Handlungen. Später werden sie gleichgültig, willenlos, zuletzt bewusstlos („Komasaufen").

Volltrunkenheit tritt bei etwa 3 ‰ durch die lähmende Wirkung des Alkohols ein. Dabei werden bis zu 10 000 Nervenzellen abgetötet und können nicht mehr erneuert werden. Bei 5 – 8 ‰ tritt der Tod durch Alkoholvergiftung ein.

Werden durch den übermäßigen Konsum von Alkohol Veränderungen der geistigen und/oder körperlichen Reaktionen hervorgerufen, spricht man von **Missbrauch**. Wird aus dem Missbrauch ein zwanghaftes Bedürfnis, spricht man von **Sucht** (➔ **L**). Der Begriff Sucht wurde von der WHO durch den Begriff **Abhängigkeit** ersetzt.

Der Körper eines Menschen mit einem Gewicht von 75 kg braucht 1 Stunde, um 0,1 – 0,2 ‰ Alkohol abzubauen. Durch das Trinken eines Glases Wein (¼ Liter) erhöht sich der Blutalkoholspiegel um etwa 0,4 – 0,5 ‰. Alkohol in größeren Mengen schädigt das Nervensystem, den Herzmuskel, beeinflusst den Hormonhaushalt, die Bauchspeicheldrüse und belastet vor allem die Leber, die für den Abbau verantwortlich ist.

Alkohol am Steuer endet oft mit Unfällen, da schon bei 0,5 ‰ Alkohol im Blut das Reaktionsvermögen stark herabgesetzt ist. Wer mit 0,5 ‰ oder mehr ein Kraftfahrzeug lenkt oder auch nur in Betrieb nehmen will, macht sich strafbar.

Seit Einführung des Stufenführerscheins gibt es allerdings deutlich weniger Probleme mit betrunkenen und Fahrzeuge lenkenden Jugendlichen und jungen Erwachsenen als noch vor wenigen Jahrzehnten. Hier hat die Jugend dazugelernt.

Das **Nikotin** des Tabaks ist ein starkes Gift. Es wirkt zuerst erregend und später betäubend. Durch seine Wirkung verengen sich die Blutgefäße. Hände, Füße und Haut werden schlechter durchblutet, die Zahl der Herzschläge pro Minute erhöht sich um 10 – 15 %.

Eine Zigarette mit etwa 2 g Gewicht enthält 0,02 g Nikotin. Davon werden beim Inhalieren (Lungenzug) etwa 0,002 g mit dem Rauch aufgenommen. Schon diese Menge kann genügen, dass einem Erstraucher der Schweiß ausbricht. Hände und Füße werden kalt, es stellt sich Brechreiz, Harn- und Stuhldrang ein.

Bei gewohnheitsmäßigen Rauchern ruft der ständige Durchblutungsmangel Kreislaufstörungen hervor. Diese führen zum Absterben von Zellgewebe an Fingern, Zehen und Teilen des Unterschenkels (Raucherbein), die schließlich eine Amputation nötig machen. Auch Herzinfarkt wird durch starkes Rauchen begünstigt.

Neben dem Nikotin sind noch die **Teerstoffe** (Kondensat) von Bedeutung. In diesen befinden sich neben geringen Mengen von Blausäure, Ammoniak und Kohlenmonoxid auch Kohlenwasserstoffe (0,024 g pro Zigarette), die als Krebs erregende Substanzen erkannt wurden. Der sich ablagernde Teer verklebt die für die Selbstreinigung der Atemwege wichtigen Flimmerhärchen und bringt sie zum Absterben. Durch den Reiz der Ablagerung kommt es zuerst zu Hustenanfällen, dem so genannten **Raucherhusten**. Einige Teerstoffe rufen Lungenkrebs hervor (bei Rauchern etwa zehnmal häufiger als bei Nichtrauchern) ebenso Kehlkopf-, Speiseröhren-, Blasen- und Nierenkrebs. Auch Magen und Zwölffingerdarm werden häufig geschädigt.

Wenn stillende Mütter rauchen, bringen sie über ihre Milch Nikotin in den empfindlichen Körper des Säuglings.

Herz

Verengung der Herzkranzgefäße
Herzmuskel wird nicht ausreichend mit Sauerstoff versorgt
Herzschmerzen
Erhöhung der Herzfrequenz
Herzinfarkt

Mundhöhle und Verdauungstrakt

Lippenkrebs
Zungenkrebs
Mundbodenkrebs
Speiseröhrenkrebs
Magenkrämpfe
Magengeschwüre
Mastdarmkrebs

Blutgefäße

Verengung der Blutgefäße
Verminderung der Durchblutung in den Organen und der Muskulatur
Ablagerungen an den Gefäßwänden, dadurch bleibende Gefäßverengung
Absterben von Geweben
Raucherbein

Atemwege und Lunge

Luftröhrenkrebs
Kehlkopfkrebs
Lungenkrebs
Raucherhusten
chronische Entzündung der Bronchien
ganze Lungenläppchen werden funktionsuntüchtig, als Folge davon Atembeschwerden

3 Nikotin und Teerstoffe: die möglichen Folgen

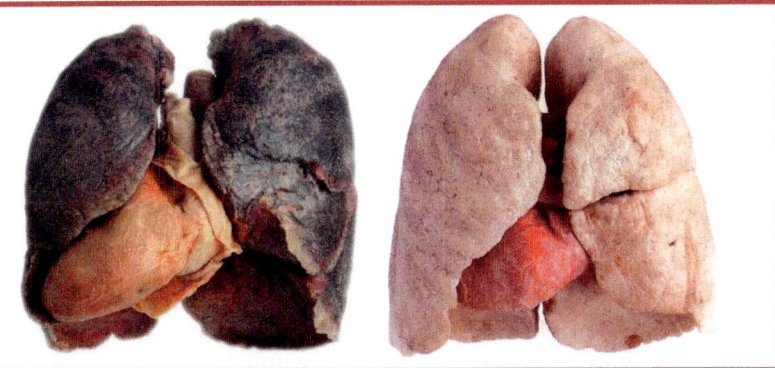

1, 2 Raucherlunge – durch Teerablagerungen schwarz gefärbt – im Gegensatz zu einer Nichtraucherlunge

Alkohol und Nikotin sind Gifte, die im menschlichen Organismus schwere Schäden verursachen. Beide Stoffe sind im Handel legal zu erwerben (allerdings nicht für Jugendliche unter 16). Auf Zigarettenpackungen sind Warnhinweise angebracht – dennoch ist der Konsum von Nikotin in Österreich sehr hoch.

1 ▶ Werbung für Tabakwaren wird immer mehr eingeschränkt. Diskutiert, ob dies positiv oder als Einschränkung zu werten ist.

2 ▶ Mach eine Umfrage in deiner Klasse und im Bekanntenkreis und suche Gründe, weshalb jemand raucht.

3 ▶ Diskutiere, ob Jugendliche geistige Reife und Stärke beweisen, wenn sie eine Zigarette bzw. Alkohol ablehnen (Oder gelten sie als Außenseiter?). Nenne Möglichkeiten, einem Gruppenzwang zu entgehen bzw. ihm entgegenzutreten.

 ➔ **Arbeitsblatt S. 78**

1 Indischer Hanf – aus ihm wird eine Reihe von Drogen gewonnen.

2 Schlafmohn

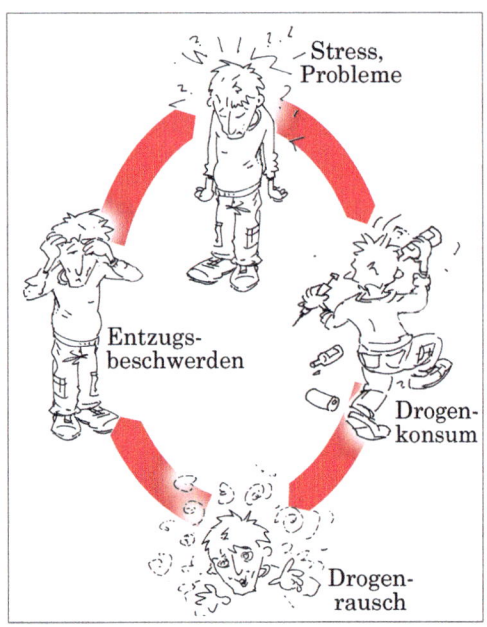

Stress, Probleme

Entzugs-beschwerden

Drogen-konsum

Drogen-rausch

3 Teufelskreis eines Drogenabhängigen

Rauschgifte

Neben Alkohol und Nikotin gibt es noch eine Reihe anderer Stoffe, die unter dem Begriff **Drogen** zusammengefasst sind und von manchen (auch jungen) Menschen konsumiert werden. Die Rauschgifte sollen Zufriedenheit, Vergessen, neue Erlebnisse bringen und Wünsche erfüllen, aber auch die Konzentration und Leistungsfähigkeit steigern. Alltagsbezeichnungen für diese Stoffe sind Schnee, Heu, Gras, Acid, Extasy, Chrystal Meth, Speed usw. Dahinter verbergen sich Stoffe, die aus verschiedenen Pflanzen gewonnen oder synthetisch hergestellt werden.

Marihuana und **Haschisch** werden aus der indischen Hanfpflanze gewonnen. Beide Stoffe werden geraucht. Halluzinationen, d. h. Sinnestäuschungen treten dabei auf, Farben, Gerüche und Geräusche werden intensiver wahrgenommen. Ebenso häufig treten aber auch Angstzustände und Depressionen auf, sodass eine erhöhte Selbstmordgefahr besteht. Die Wirkung beider Stoffe lässt sich nicht voraussagen und ist von Person zu Person verschieden.

Eine synthetisch hergestellte Droge ist **LSD** (**L**yserg**s**äure**d**iethyl-amid). Dieser Stoff wurde auf der Suche nach einem Medikament zufällig entdeckt und gilt als stark wirkendes Suchtmittel. 0,0001 g des Stoffes bewirken, dass Konsumenten bis zu acht Stunden Halluzinationen bekommen (Wahnvorstellungen, Ängste oder Heiterkeit).

Diese so genannten „weichen Drogen", die zusätzlich zu ihrer „Rauschwirkung" schädigend auf Niere, Leber und Keimzellen wirken, können **psychisch abhängig** machen. Wenn nach einer kurzen Zeit der Ausgeglichenheit und des Glücksgefühls die Wirkung des Suchtgiftes nachlässt, treten Niedergeschlagenheit oder Aggression auf, und der Süchtige verlangt erneut nach der Droge.

Die Drogenabhängigen meinen ihren Alltag besser im Griff zu haben und vor allem bestimmen zu können, wann sie mit dem Drogenkonsum wieder aufhören. Nach einer Ernüchterungsphase bzw. unter Stress greifen sie aber wieder zu Drogen, ein **Teufelskreis** entsteht.

Körperlich abhängig (physisch abhängig) werden Drogensüchtige von so genannten „harten Drogen". Zu ihnen gehören Heroin, Morphium und Opium. Sie führen nach kurzer Zeit, oft schon nach dem ersten Mal, zur Abhängigkeit. Lässt die Wirkung der Droge nach, verlangt ein Abhängiger gierig nach weiterem „Stoff".

Fehlt das Gift im Körper, kommt es zu starken Störungen im Stoffwechsel. Man spricht von **Entzugserscheinungen**. Rasende Kopfschmerzen, Schüttelfrost, Erbrechen, Schweißausbrüche, Ängste, Depressionen oder Ohnmacht können die Folge sein.

Oft ziehen sich Süchtige mit Injektionsspritzen Hepatitis, AIDS und andere Krankheiten zu. Eine Überdosis des Rauschgiftes, der „Goldene Schuss", führt zum Tod des Abhängigen. In Österreich sterben pro Jahr über 130 Menschen an den Folgen des Drogenkonsums.

Bei jungen Menschen, aber nicht nur bei diesen, spielt die **soziale Abhängigkeit** eine große Rolle. Um in der Gruppe anerkannt zu sein, machen junge Menschen – oft gegen ihren Vorsatz – mit.

Dadurch geraten sie in eine Abhängigkeit, von der sie alleine nicht mehr loskommen. Außerdem verstehen es die Rauschgifthändler (Dealer), den leichten Drogen auch schwerere beizumischen, um die AbnehmerInnen rascher abhängig zu machen. Oft sind Drogen auch „gestreckt" oder verunreinigt.

Drogen kosten sehr viel Geld. Mit den üblicherweise zur Verfügung stehenden Geldmitteln sind sie nicht zu erhalten. Daher kann es bei Abhängigen zur Beschaffungskriminalität (Diebstahl, Raub, Rauschgifthandel) und zur Rauschgiftprostitution kommen.

Die Chancen der **Entwöhnung** sind äußerst gering. Die Statistik zeigt eine sehr hohe Rückfallhäufigkeit (über 75 %).

Medikamentenmissbrauch

Medikamente, die von einer Ärztin oder einem Arzt verordnet wurden, müssen genau nach dem Therapieplan eingesetzt und dürfen nicht nach eigener Wahl eingenommen werden. Besonders bei antibiotischen Medikamenten ist dies zu beachten.

Viele Menschen versetzt die Hektik des täglichen Lebens – sei es im Beruf, durch Probleme zu Hause u. a. – in Stresssituationen. Hilfe wird durch Selbstdiagnose und Einnahme von **Medikamenten** erwartet: **Beruhigungsmittel** werden genommen, um die Nervosität abzubauen. Manche glauben auch, ohne Schlafmittel nicht einschlafen zu können.

Körperliche und seelische **Abhängigkeit** sind die Folgen des dauernden Gebrauchs von Medikamenten.

Einerseits sind es Beruhigungs- und Schlafmittel, mit denen ein beträchtlicher Missbrauch getrieben wird, andererseits **Aufputschmittel**, von denen sich viele Menschen erhoffen, die letzten Reserven aus ihrem Körper herausholen zu können. Dauernder Gebrauch von Aufputschmitteln überlastet den Körper.

Die regelmäßige Einnahme dieser Medikamente kann Übelkeitsgefühl hervorrufen und sogar zu Nieren- und Blutschäden führen. Man soll daher die Ursachen, die zum regelmäßigen Einnehmen von Medikamenten führen, behandeln.

Verschiedene Gründe führen zum Suchtmittelkonsum:

> Persönliche Schwierigkeiten (Willensschwäche, innere Untätigkeit oder Leere, Nervosität, Verlegenheit),

> geselliges Beisammensein (Imponierverhalten – *„Ich trau mich das – die anderen nicht"*),

> Nachahmung der Erwachsenen oder Reklameleitbilder oder

> das Bedürfnis zur Entspannung nach anstrengender körperlicher oder geistiger Arbeit.

In jedem Fall sind Suchtmittel und Medikamente Stoffe, die schon in geringen Mengen starke Wirkungen in unserem Körper hervorrufen und Abhängigkeit (Sucht) und schwere Schäden bewirken können.

Droge	Wirkung	Folgeschäden
Haschisch	sehr unterschiedlich; intensivere Sinneseindrücke, Kontakt fördernd	seelische Abhängigkeit, Kreislaufstörungen, Schlafstörungen, verminderte Leistungsfähigkeit
Opiate	schmerzstillend, betäubend, verlangsamte Reaktionen, beruhigend	körperliche und seelische Abhängigkeit, Magen- und Darmstörungen, Zeugungsunfähigkeit, Ausbleiben der Regelblutung, körperlicher Verfall, Selbstzerstörung
Kokain	Befreiung von Hemmungen, betäubend, Sinnestäuschungen	seelische Abhängigkeit, Appetitlosigkeit, Niedergeschlagenheit, Angstzustände
LSD	Sinnestäuschungen, übersteigerte Empfindungen	seelische Abhängigkeit, starke Angstgefühle, Veränderung der Erbsubstanz, Realitätsverlust
Ecstasy	verstärkt positive Gefühle, „aufputschend"	Gehirn- und Gedächtnisstörungen, Herz-Kreislauf-Störungen

1 *Wirkungen einiger Drogen*

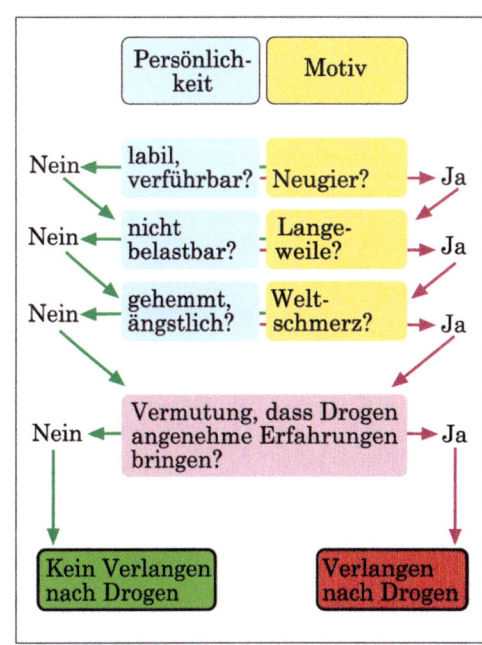

2 *Die Sucht beginnt in Abhängigkeit von der Persönlichkeit, Gelegenheit und Motivation*

 **→ Arbeitsblatt S. 78**

1 *Viele Faktoren im täglichen Leben fördern den Stress. Konkurrenz, Auseinandersetzungen, Entscheidungszwang und Verantwortung bewirken eine ständige Anspannung und damit eine erhöhte Adrenalinausschüttung. Alkohol, Nikotin oder Drogen sind keine Mittel zur Bewältigung von Stress. Übermäßiger Lärm wiederum schädigt die Sinnesorgane direkt.*

Psychosomatische Krankheiten

Redewendungen wie „Mir ist etwas über die Leber gelaufen" oder „Da geht mir die Galle hoch" verweisen auf einen Zusammenhang zwischen seelischen Ursachen und körperlichen Leiden.

Verhaltensforscher machten zur Abklärung der Frage, wie psychische Anspannungen auf die Körperfunktionen wirken, folgenden Versuch: Sie setzten eine Maus in einen Käfig und daneben, nur durch eine Glasplatte abgetrennt, eine Katze. Wenige Stunden später war die Maus bloß auf Grund des Anblickes der Katze tot. Sie war an „Stress" gestorben.

Studien haben gezeigt, dass die Maus in einer bedrohlichen Situation ein Hormon (Adrenalin) produziert, um den Kreislauf zu beschleunigen und die Abwehrkräfte des Körpers zu steigern. Den dabei entstehenden „Spitzenzustand" über längere Zeit hinweg konnte die Versuchsmaus nicht aushalten. Das Herz und der Kreislauf versagten, die Maus starb.

Zusammenhänge zwischen psychischen Belastungen und körperlichen Leiden oder Erkrankungen kennen auch wir Menschen. Du selbst hast vielleicht schon Prüfungsangst oder Aufregung verspürt, bei der du feuchte Hände, vielleicht sogar Knieschlottern, manchmal auch Durchfall bekommen hast.

Jeder von uns ist im täglichen Leben einer Reihe von Faktoren aus gesetzt, die Anspannungen – **„Stress"** – verursacht und die bei schlechter Bewältigung oder Nichtbeachtung der körperlichen Warnsignale (wie eben das Schwitzen) zu Krankheiten führen kann. Es gibt zwei Arten von Stress: positiver Stress (Stress + Erfolg) führt zu Entspannung, negativer Stress (Stress + oftmaliger Misserfolg) führt zu Dauerspannung

Wir schütten dabei eine erhöhte Menge an Adrenalin aus, steigern den Blutdruck und die Herzschlagrate. Der Körper zeigt erhöhte Leistungsbereitschaft und reagiert so auf Stress. Krankheiten, die auf Grund psychischer Belastungen entstehen, nennt man **psychosomatische Erkrankungen**.

Häufige körperliche Folgeerkrankungen sind Magengeschwüre, Bluthochdruck, Hirnblutungen, Herzinfarkte und beschleunigter Krankheitsverlauf bei Multipler Sklerose.

Aber auch Einsamkeit, Misserfolge, mangelnde Liebe und mangelndes Selbstwertgefühl können körperliche Leiden wie Asthma, Herzleiden und Ekzeme hervorrufen.

Eine besonders kritische Phase für psychosomatische Erkrankungen ist die Pubertät. Während dieser Zeit sind junge Menschen besonders empfindsam und haben unter Umständen Probleme.

Oft werden die Ursachen psychosomatischer Erkrankungen nicht erkannt, was die Problematik noch verstärkt. Notwendig sind daher Aufklärung über den Zusammenhang zwischen Körper und Seele und die eigene Bereitschaft, auf Warnsignale des Organismus rechtzeitig zu hören und sie richtig zu deuten.

1 ▶ *Beschreibe an Hand der Abb. 1, welche Faktoren bei dir/deinen Eltern Stress verursachen.*

2 ▶ *Notiere, wie du auf psychische Belastungen reagierst.*

3 ▶ *Zähle auf, welche Entspannungsmöglichkeiten dir einfallen, wenn du an schulischen Stress denkst.*

Infektionskrankheiten

Wir kennen Viren, Bakterien (Kokken, Bazillen, Spirillen), Pilze und tierische Lebewesen als Erreger von Infektionskrankheiten.

Erreger	Wirkungsweise	Krankheiten
Viren	Viren dringen in Zellen (Wirtszellen) ein und verändern deren Stoffwechsel. Es werden in den Zellen neue Viren gebildet. Beim Zerfall der Zellen werden die Viren frei und gelangen in weitere Zellen.	Kinderlähmung, Masern, Grippe, Mumps, Pocken, Feuchtblattern, Röteln, Tollwut
Bakterien	Stören den Stoffwechsel, vergiften durch Absonderungen, zerstören Gewebe.	Lungenentzündung, Tuberkulose, Wundstarrkrampf, Diphtherie, Wundinfektionen, Geschlechtskrankheiten (z. B. Tripper), Typhus, Scharlach
Pilze	Die krankheitserregenden Pilze leben parasitisch und siedeln sich im Körpergewebe an, vor allem in der Haut.	Hautkrankheiten
Einzeller	Einzeller, die Darm, Blut und andere Gewebe bewohnen und durch ihren Stoffwechsel oder ihre Fortpflanzungsvorgänge Schädigungen verursachen.	Amöbenruhr, Malaria (Abb. 2), Schlafkrankheit
Würmer	Verursachen Krankheiten durch ihren Stoffwechsel, ausgeschiedene Giftstoffe und ihre Fortpflanzung.	Madenwurm-, Bandwurm- (Abb. 3), Spulwurm- und Trichinenbefall

1 Krankheitserreger

Die **Übertragung** von Krankheiten kann unmittelbar durch Kontakt mit einem Kranken oder mittelbar auf dem Umweg über Kleidungsstücke, Wasser, Nahrung, Insekten u. Ä. erfolgen.

Zwischen der Ansteckung und dem Ausbruch der Krankheit vergehen häufig Tage oder Wochen. Diese Zeit nennt man **Inkubationszeit** (→ L, lat. incubare = in etwas liegen, brüten).

Heute ist die Medizin so weit fortgeschritten, dass die meisten Infektionskrankheiten wieder ausgeheilt werden können. Zudem werden in Österreich zahlreiche Vorsorgemaßnahmen getroffen (z. B. die tierärztliche Fleischbeschau). Die Bekämpfung der Krankheiten erfolgt auf verschiedene Arten. Eine Möglichkeit ist die Impfung (siehe Immunsystem → S. 39). Eine andere Möglichkeit besteht darin, die Ursachen für die Verbreitung einer Krankheit zu erforschen und eventuell die tierischen Überträger zu vernichten. Dies geschieht z. B. mit der Anophelesmücke (Fiebermücke) in Afrika, die den Malariaerreger überträgt (→ Abb. 2).

Hauskrankenpflege – Hausapotheke

Bei leichteren Erkrankungen ist es Aufgabe der Familienmitglieder, den Kranken nach Anweisung der Ärztin oder des Arztes zu betreuen.

Die Hausapotheke soll (für Kleinkinder unerreichbar) unter Verschluss aufbewahrt werden. Über den Inhalt einer Hausapotheke geben Ärzte oder Apotheker gerne Auskunft. Wichtig ist vor allem, dass die Hausapotheke mindestens einmal jährlich kontrolliert wird, da alte Medikamente als Sondermüll entsorgt werden müssen.

1 ▶ *Berichte, welche Infektionskrankheiten du schon hattest.*

2 ▶ *Informiere dich im Internet oder in einem Lexikon über die Lebensweise des Hundebandwurmes. Nenne andere Bandwürmer, die für den Menschen noch gefährlich sind.*

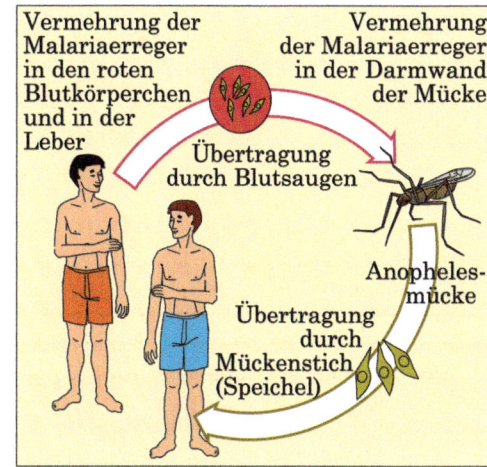

2 *Die Erreger der **Malaria** sind **Sporentierchen**. Es handelt sich um einzellige Lebewesen. Sie dringen in die roten Blutkörperchen des Menschen ein, vermehren sich dort und lassen sie platzen. Fieberschübe sind die Folge. Heute nimmt man bereits vorsorglich (prophylaktisch) Medikamente, wenn man in Gebiete reist (Tropen), wo die Malariakrankheit vorkommt.*

3 *Parasiten des Menschen wie der Hundebandwurm müssen oft komplizierte Entwicklungsvorgänge durchmachen. Deshalb erzeugen sie Unmengen von Eiern, damit sich einige davon tatsächlich weiterentwickeln können.*

1 ▶ *Lass dir zu Hause den Inhalt eurer Hausapotheke zeigen. Berichte, was du alles vorfindest.*

2 ▶ *Beschreibe den Inhalt des Erste-Hilfe-Koffers in eurem Auto.*

3 ▶ *Informiere dich über „Erste-Hilfe-Maßnahmen".*

1 ▶ Nenne Behandlungsmöglichkeiten für einen unerfüllter Kinderwunsch und erkläre in Stichworten die Methoden.

_____

_____

_____

_____

2 ▶ Beschreibe in kurzen Sätzen zwei Geschlechtskrankheiten.

_____

_____

_____

3 ▶ Infektion mit HI-Viren. Notiere, wobei man sich nicht infizieren kann und wie man sich infizieren kann.

NICHT infizieren	INFIZIEREN

4 ▶ Ich rauche nicht, weil

_____

_____

Ich trinke keinen Alkohol, weil

_____

_____

5 ▶ Zähle einige Drogen und deren Auswirkung auf den Menschen auf.

_____

_____

_____

Die Vererbung

Vererbung

Bestimmte Merkmale wie Augen- und Haarfarbe oder Gesichtszüge werden von den Eltern den Kindern weitergegeben, also vererbt. Die Erbanlagen liegen in den Keimzellen (→ L, Geschlechtszellen) als Gene (→ L) verschlüsselt auf den Chromosomen. Weshalb manche Kinder ihren Eltern mehr, andere fast gar nicht ähneln, hängt mit den Gesetzmäßigkeiten der Vererbung zusammen. Diese Erbgesetze wurden an Erbsen von Gregor Mendel, einem Altösterreicher, vor rund 150 Jahren entdeckt.

Vererbung ist die **Weitergabe von Anlagen** für Merkmale und Eigenschaften der Eltern auf deren Nachkommen. Es gibt bestimmte Gesetzmäßigkeiten in der Vererbung der Merkmale.

Bei der geschlechtlichen Fortpflanzung entsteht neues Leben dadurch, dass **Eizelle und Samenzelle miteinander verschmelzen**. Damit entsteht die erste Zelle des neuen Lebens. Durch viele Zellteilungen wächst und reift der Organismus. Zellteilung bedeutet, dass die im Zellkern enthaltenen Erbinformationen in ihrer Anzahl und Qualität unverändert von einer Mutterzelle auf die beiden Tochterzellen weitergegeben werden.

In jeder einzelnen Zelle ist somit die gesamte Information für die Ausbildung aller Organe und für die spätere Gestalt vorhanden, jedoch stammt eben die **Hälfte aller Erbinformationen** von den Keimzellen des **Vaters** und die andere Hälfte von den Keimzellen der **Mutter** (→ Abb. 62.1). Dadurch wird verständlich, dass in jedem Nachkommen die Erbinformationen seiner Eltern in neuartiger **Kombination** vorliegen.

Schon bald nach der ersten Zellteilung kommt es dazu, dass in bestimmten Zellen viele **Erbanlagen** (**Gene**) abgeschaltet werden. So stehen dann nur mehr bestimmte Informationen zur Verfügung. Träger der Erbanlagen sind die **Chromosomen** (→ L). Gene sind für die Ausbildung von Merkmalen und Eigenschaften verantwortlich.

Manchmal kommt es zu einer **sprunghaften Veränderung** des Erbguts. Die Nachkommen zeigen dann plötzlich neue Eigenschaften, die sich weitervererben können. Diese sprunghaften Veränderungen nennt man **Mutationen** (→ L). Mutationen bringen meist nachteilige Eigenschaften für die Art. Einige wenige Mutationen haben aber im Lauf der Erdgeschichte die Entwicklung der Tier- und Pflanzenarten vorangetrieben.

In der Natur regelt sich dies jedoch von selbst, weil jene Lebewesen mit den neuen, aber für das Überleben in der Natur ungünstigen Merkmalen kaum zur Fortpflanzung gelangen. Sie können ihre neuen Merkmale nicht weitervererben. Lebewesen, die Nachteile gegenüber den Artverwandten haben, gehen zugrunde oder sind nicht fortpflanzungsfähig.

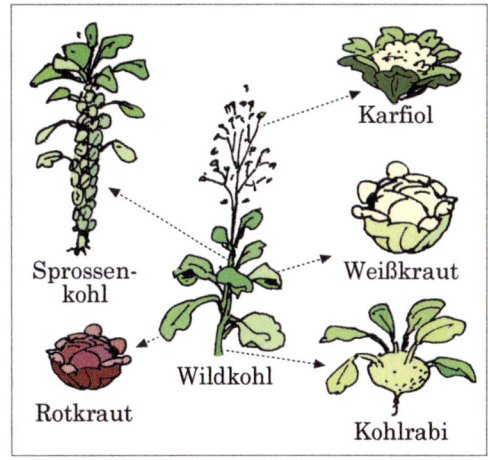

1 Züchtungen des Kohls – Auswahl durch den Menschen

2 Rotbuchen

*3 Die Blutbuche ist durch **Mutation** aus der Rotbuche entstanden. Wegen der dunklen Färbung ihrer Blätter wurde sie von Gärtnern weitergezüchtet.*

1 Die Erbregeln wurden erstmals von Pater Gregor Mendel (1865) auf Grund seiner Versuche mit Erbsen aufgestellt. Sie gelten für Pflanzen, Tiere und Menschen.

2 Der Österreicher Erich Tschermak-Seysenegg ist einer der Wiederentdecker der Mendel'schen Regeln.

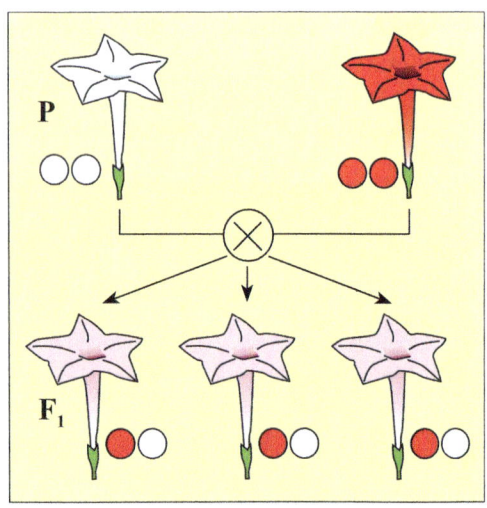

3 Zwei reinerbige Wunderblumen (weiß und rot) ergeben bei gleich starken Anlagen in der ersten Tochtergeneration lauter gleiche, rosarote Blütenfarben.

4 Die Erbregeln gelten auch bei Tieren: Kreuzt man etwa ein schwarz gefiedertes Huhn mit einem weiß gefiederten, so sind alle Nachkommen gleich: Ihr Gefieder ist schwarzweiß gescheckt. Dieses Merkmal, das Erscheinungsbild, liegt in der Mitte zwischen schwarz und weiß (der P-Generation). Einen solchen Erbgang nennt man **intermediär** (➔ **L**, lat. inter in, inmitten, lat. medium die Mitte).

Einige **wenige Mutationen** bringen der Art **bessere Eigenschaften** und bilden manchmal neue Rassen. Die Entwicklung der Tier- und Pflanzenarten im Lauf der Erdgeschichte ist großteils auf Mutationen zurückzuführen. Leicht nachzuweisen ist dieser Vorgang bei vielen Hunderassen, die alle auf den Wolf zurückgehen. Bei den Pflanzen zeigen die verschiedenen Kohlsorten (alle vom Wildkohl ausgehend) denselben Prozess. Bei der Entstehung der Haustiere und Kulturpflanzen trat allerdings der Mensch an die Stelle der natürlichen Auslese durch die Umwelt. Er züchtete diejenigen Pflanzen und Tiere weiter, die für ihn besondere Vorteile brachten: mehr Fleisch beim Schwein, mehr Getreideertrag, besondere Schnelligkeit bei Pferden usw.

Die Mendel'schen Regeln

Gregor Mendel bemerkte bei seinen Gartenerbsen, dass es bei der Vererbung offensichtlich bestimmte Gesetzmäßigkeiten gibt. Er stellte eine Reihe von Versuchen an, bei denen er Pflanzen mit typischen Merkmalen als Ausgangspunkt für einen Vererbungsversuch hernahm.

Ein Pflanzenpärchen (z. B. eine rot blühende und eine weiß blühende Wunderblume, ➔ Abb. 3) nennt man die **Elterngeneration**. Seine Merkmale sollen nun der nächsten Generation weitergeben werden. Hat diese nächste Pflanzengeneration (man nennt sie **Tochtergeneration**) nun weiße, rote oder rosa Blüten? Welche Farbe taucht wieder auf? Welche Kombinationen treten auf?

Die **Elterngeneration** wird in einem solchen „Kreuzungsexperiment" mit **P** (= Parentalgeneration, lat. parentes = die Eltern) bezeichnet, die **erste Nachkommengeneration** mit F_1 (= Filialgeneration, lat. filia = die Tochter), die zweite Nachkommengeneration mit F_2 und so fort.

Für die Ausbildung eines Merkmals (z. B. der Blütenfarbe rot) sind zwei Erbanlagen notwendig. Eine aus der Eizelle und eine aus der Samenzelle. Enthalten Eizelle und Samenzelle die gleichen Anlagen (z. B. für rote Blütenfarbe oder für schwarze Gefiederfarbe), nennt man das daraus hervorgehende Lebewesen in Bezug auf dieses Merkmal **reinerbig** (➔ **L**). Sind diese Anlagen in den Keimzellen verschieden, nennt man das Lebewesen **mischerbig**. Die Nachkommen eines Elternpaares haben für ein Merkmal wieder zwei Erbanlagen.

1. Die Gleichheitsregel (= Uniformitätsregel)

Kreuzt man zwei reinerbige Rassen, die sich in einem Merkmal unterscheiden, so sind alle Nachkommen (F_1) gleich. In jedem Fall ist die F_1-Generation gleich aussehend = uniform (➔ **L**, lat. uniformis = einförmig). Dies gilt sowohl für den intermediären (➔ Abb. 3, 4) als auch für den dominanten (➔ Abb. 81.1) Erbgang.

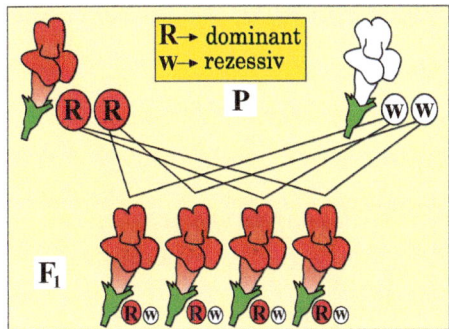
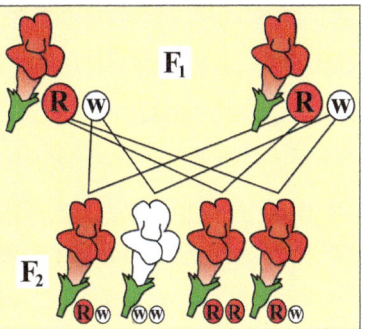

*1, 2 Wenn ein Erbmerkmal das andere überdeckt (z. B. die rote Blütenfarbe über-
deckt die weiße), nennt man den Erbgang **dominant** (lat. dominare = beherr-
schen). Weiß ist in diesem Fall **rezessiv** (→ **L**, zurückweichend, lat. recedere =
zurückweichen). Um bei der Aufzeichnung eines Kreuzungsexperimentes Bescheid über „dominant" und „rezessiv" zu bekommen, verwendet die Biologin
oder der Biologe für das dominante Merkmal Großbuchstaben, für das rezes-
sive Kleinbuchstaben. Dadurch ist es auch sofort erkennbar, ob und welches
Merkmal das andere in der kommenden Generation überdeckt. Beim dominanten Erbgang ergibt sich in F_2 ein Verhältnis von 3 (rot) : 1 (weiß). Erbbild und
Erscheinungsbild sind dabei allerdings verschieden.*

2. Die Spaltungsregel

Kreuzt man Individuen der gleich aussehenden (uniformen) F_1-
Generation untereinander weiter, treten bei deren Nachkommen
(F_2-Generation) die Merkmale der P-Generation (Elterngeneration)
wieder auf. Man sagt: Die F_1-Generation spaltet auf. Die → Abb. 3
und 4 zeigen die Spaltungsregel beim intermediären Erbgang, die
→ Abb. 2 beim dominanten Erbgang,.

*3 Bei größerer Nachkommenzahl (über hun-
dert) ergibt sich beim intermediären Erbgang
annähernd ein Verhältnis von 1 (schwarz) : 2
(gescheckt) : 1 (weiß)*

Pflanzen und Tiere sind aber nicht bloß durch ein Merkmal gekenn-
zeichnet, sondern besitzen sehr viele: bei Pflanzen z. B. rote Blütenfarbe, fleischige Blätter, gelbe Samen, eckige Samen usw. oder bei
Tieren schwarze Haarfarbe, gewelltes Haar, einheitlich gefärbtes
oder geflecktes Fell. Mendel konnte beweisen, dass diese Merkmale unterschiedlich kombiniert werden können und auch dafür eine
Gesetzmäßigkeit vorliegt. Je mehr Merkmale allerdings bei einem
Kreuzungsexperiment beobachtet werden sollen, umso schwieriger
sind diese Kombinationen wieder zu finden.

*4 Interme-
diärer
Erbgang
(Wicke)*

3. Die Unabhängigkeitsregel

Kreuzt man Rassen, die sich in **zwei oder mehreren Merkmalen**
voneinander unterscheiden, so können die Erbanlagen **unabhängig**
voneinander kombiniert werden: Es können neue Rassen entstehen.
Am Beispiel des Erbversuches von Gregor Mendel wird die Unabhängigkeitsregel erläutert (→ Abb. 5 und → Abb. 82.1, 2). Die untersuchten Erbmerkmale der Erbsen sind Farbe (gelb oder grün) und
Form (rund oder runzelig).

Außer in Österreich und einigen anderen europäischen Staaten spielt
bei der Zucht von Nutzpflanzen und Nutztieren die Kreuzung verschiedener Rassen keine große Rolle mehr. Diese Aufgabe übernimmt vielfach die **Gentechnologie** (→ S. 87). In **Österreich** darf die
Aussaat gentechnologisch veränderter Pflanzen nur zu Versuchs-
zwecken – mit Erlaubnis des Bundesministeriums für Gesundheit
– durchgeführt werden (→ S. 89, **3**).

→ **Arbeitsblätter S. 82, 83, 89**

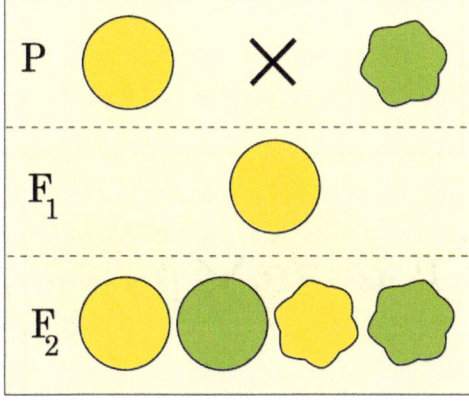

*5 Erbversuch mit Erbsen (Unabhängigkeitsregel).
Die runde Form und gelbe Farbe der Elterngeneration sind dominant. Diese Merkmale
dominieren daher auch in der 1. Folgege-
neration. Unter den Enkeln findet man die
Merkmalkombination der Großeltern wieder.
Die in der Mitte abgebildeten Formen weisen
die Merkmale jedoch in neuer Kombination
auf (siehe auch 82.1, 2).*

1 ▶ Die drei Mendel´schen Regeln heißen

1. _____ 2. _____

3. _____

2 ▶ Zwei reinerbige Wunderblumen (rot und weiß) er-geben bei gleich starken Erbanlagen in der ersten Tochtergeneration _____

_____ .

Ergänze das Kreuzungsbeispiel (1. Mendel´sche Regel) und färbe es mit Buntstiften an.

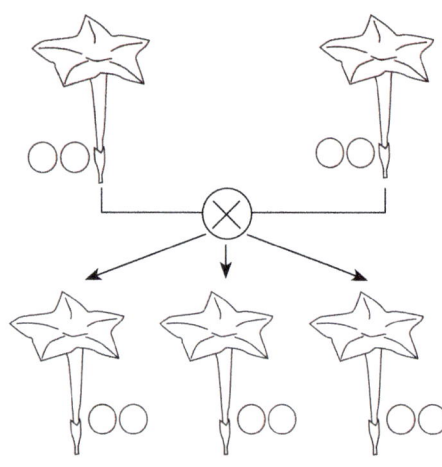

3 ▶ Wenn ein Erbmerkmal das andere überdeckt, nennt man das einen _____ **Erbgang.**

Ergänze das Kreuzungsbeispiel (1. Mendel´sche Regel) und färbe es mit Buntstiften an (nimm ROT für dominant).

$$P \rightarrow F_1$$

R = dominant
w = rezessiv

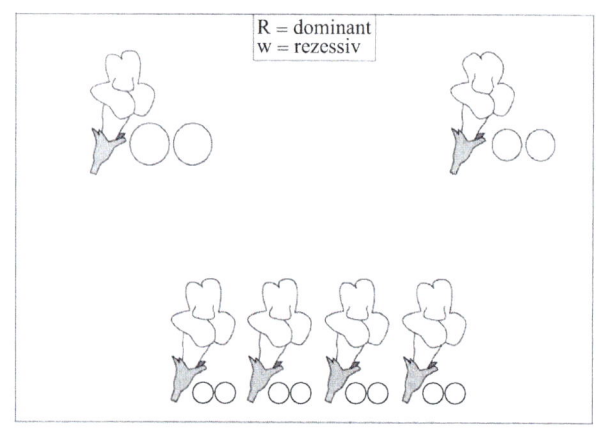

4 ▶ Ergänze das Kreuzungsbeispiel (2. Mendel´sche Regel) und färbe es mit Buntstiften an.

$$F_1 \rightarrow F_2$$

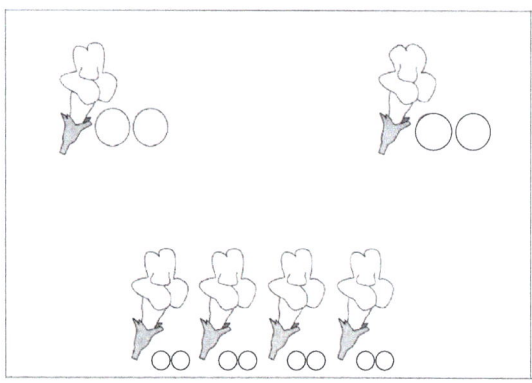

5 ▶ Bestäube Blüten, indem du Pollenstaub mit einem feuchten Pinsel auf die Narbe einer anderen Blüte derselben Art bringst.
Beobachte, ob damit garantiert ist, dass eine Neu-kombination entsteht. Beschreibe deine Beobach-tungen.

_____

_____

_____

_____

6 ▶ Interpretiere das Ergebnis des Kreuzungsexperi-ments von Abb. 1.

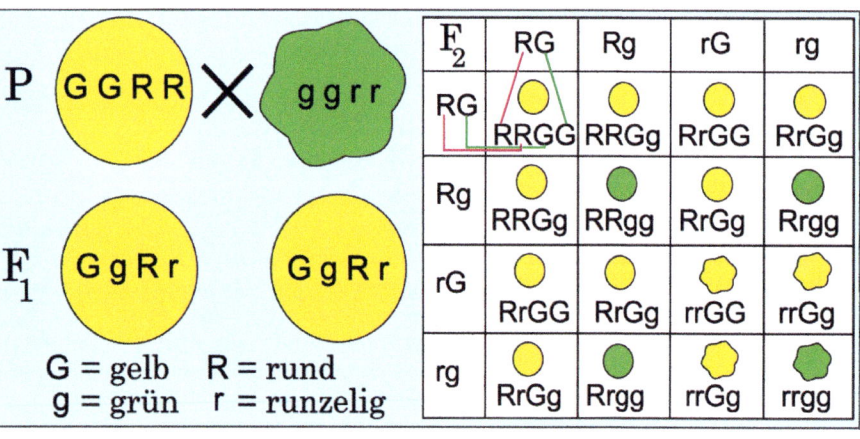

F_2	RG	Rg	rG	rg
RG	RRGG	RRGg	RrGG	RrGg
Rg	RRGg	RRgg	RrGg	Rrgg
rG	RrGG	RrGg	rrGG	rrGg
rg	RrGg	Rrgg	rrGg	rrgg

P GGRR X ggrr

F₁ GgRr GgRr

G = gelb R = rund
g = grün r = runzelig

Die Erbmerk-male sind Farbe (GELB, dominiert grün) und Form (RUND, dominiert runzelig).

Kombinationen (🔴—🟢) der Erb-merkmale aus der F₁-Generation (z. B. RG mit RG) sind wie in der Tabelle links möglich.

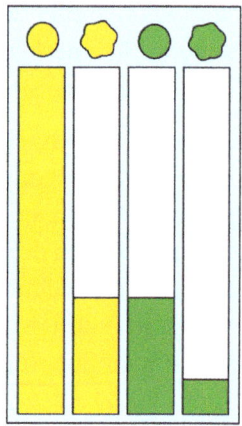

1 Kreuzungsexperiment – 3. Mendel´sche Regel – bei Erbsen.

2 Ungefähre Anzahl der Nachkommen

1 ▶ *Wende das Kreuzungsexperiment bei der Erbse (S. 82) auf folgende Züchtung an: ein schwarzer kurzhaariger Hund wird mit einer braunen langhaarigen Hündin gekreuzt.*

SCHWARZ (S) = dominant, braun (b) = rezessiv; LANGHAARIG (L) = dominant, kurzhaarig (k) = rezessiv.
Fülle die Buchstaben im Kreuzungsschema aus und male die Hundesymbole entsprechend an.

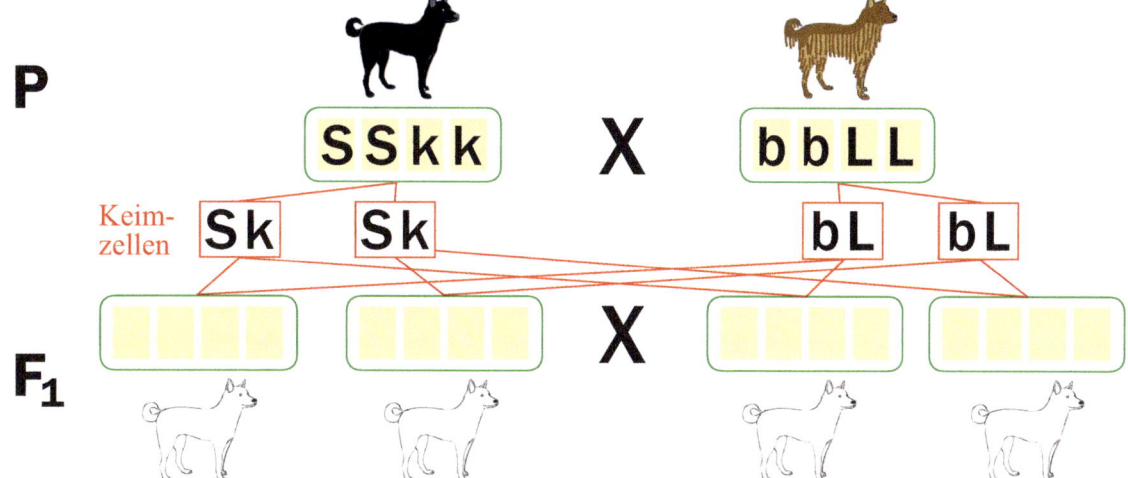

P

| SSkk | X | bbLL |

Keim-
zellen   Sk   Sk   bL   bL

F₁   ▢▢▢▢   ▢▢▢▢   X   ▢▢▢▢   ▢▢▢▢

F₂

Keim-zellen	SL	bL	Sk	bk
SL	▢▢▢▢	▢▢▢▢	▢▢▢▢	▢▢▢▢
bL	▢▢▢▢	▢▢▢▢	▢▢▢▢	▢▢▢▢
Sk	▢▢▢▢	▢▢▢▢	▢▢▢▢	▢▢▢▢
bk	▢▢▢▢	▢▢▢▢	▢▢▢▢	▢▢▢▢

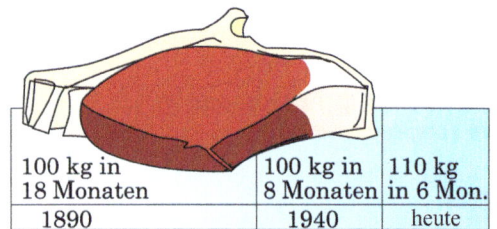

100 kg in 18 Monaten	100 kg in 8 Monaten	110 kg in 6 Mon.
1890	1940	heute

1 Bei der Schweinezucht achtet man auf Schnellwüchsigkeit und raschen Fleischansatz. Die meisten Rassen werden dazu in klimatisierten engen Boxen gehalten und sind im Freien nicht mehr lebensfähig. Der Fleischansatz (in kg) wurde deutlich gesteigert, die schnellwüchsigen Sorten werden dabei bevorzugt, weil Schweinezüchterinnen und -züchter dadurch rascher die Ställe wieder für die nächste Generation nützen können.

Liter/Jahr

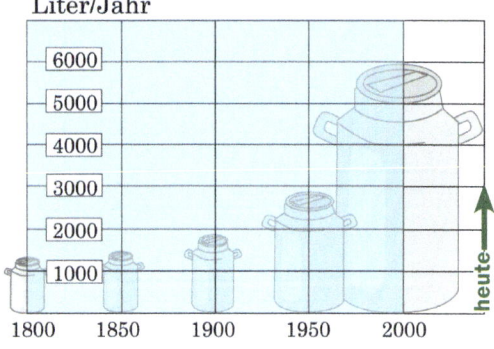

2 Bei Rindern wird auf eine Milchleistung von über 7 000 l pro Jahr, einen hohen Milchfettgehalt und auf eine gute Fleischleistung hingearbeitet.

3 Defektzucht

Die Bedeutung der Vererbung

Notiere im Heft, wie viel verschiedene Hunderassen du kennst. Wie sind sie entstanden? Finde heraus, was man unter einem „reinrassigen Hund" im Gegensatz zu einem „Bastard" (Mischling) versteht.

Tier- und Pflanzenzüchtung dienen der Verbesserung der Kulturrassen und der Leistungssteigerung. Es werden nur Tiere und Pflanzen mit erwünschten Eigenschaften zur Zucht verwendet. Dabei stehen (fast) ausschließlich die Interessen der Züchterinnen und Züchter bzw. Verbraucherwünsche im Vordergrund.

4 Das dem Wildschwein ähnliche Mangalica-Schwein ist heute bei uns fast ausgestorben, weil es nicht mehr gezüchtet wird – es bringt weniger Ertrag als andere schnellwüchsige Schweine.

So konnte durch konsequente Kreuzungsexperimente die Milchleistung der Kühe des Holstein-Rinds von 500 auf über 7 000 kg/Jahr gesteigert werden (➜ Abb. 2). Ähnliche Steigerungen gibt es bei der Zucht der Legehühner bzw. bei der Fleischproduktion des Hausschweins.

Einige weitere Beispiele aus der Tierzucht

Pferde, die als Zugtiere nur noch wenig im Einsatz sind, werden für den Sport als Reit- und Springpferde herangezüchtet.

Beim **Haushuhn** kann eine Legeleistung bis zu 300 Eiern im Jahr erzielt werden.

Bei der **Schafzucht** wird auf dünne, lange Wollhaare und bei der **Ziegenzucht** auf Milch mit hohem Fettgehalt Wert gelegt.

Abgesehen von diesen rein auf gesteigerten Ertrag abzielenden Zuchten, kommen noch Zuchten von Tieren vor, die auf die Nachfrage und Bedürfnisse der „Konsumenten" abgestimmt werden.

Beispielsweise gibt es eine Reihe von verschiedenen Hunderassen wie Terrier, Schäfer. Es gibt völlig „zweckentbundene" Hunderassen, die bloß auf die jeweilige Mode abgestimmte Hunde wie Mops, Pekinese, Zwergpekinese oder Shar-Peis (ihre Haut hat besonders viele Falten, ➜ Abb. 3) hervorbringen. Biologen sprechen von so genannten **Defektzuchten** oder Qualzuchten, weil einige dieser Rassen ohne ständige menschliche Betreuung in der Natur überhaupt nicht überleben könnten: In den Falten der Shar-Peis schmarotzen z. B. eine Reihe von Parasiten, gegen die sich der Hund überhaupt nicht wehren kann. Der Mops hat eigentlich ein defektes Gebiss.

Ziele der Pflanzenzucht anhand einiger Beispiele

Zierpflanzen: Sortenvielfalt, leichte Pflege und Vermehrbarkeit, Schönheit

4 Die europäische Wildtulpe ist in Südosteuropa verbreitet. In Mitteleuropa ist sie fast ausgerottet, sie kommt nur noch an wenigen Stellen vor.

1 Die vielen Arten der Gartentulpen sind durch gärtnerische Züchtung aus Wildformen hervorgegangen. Fast jedes Jahr kommen neue Varianten auf den Markt.

Kartoffel: reichliche Knollenbildung, Unempfindlichkeit gegen Kartoffelkäfer, Fäulnis und Viren, gute Lagerfähigkeit, kurze Ausläufer

Zuckerrübe: hoher Zuckergehalt

Erbsen, Bohnen: guter Geschmack, größere Früchte, hoher Stärkegehalt, hoher Eiweißgehalt

Obst: Größe, Geschmack, Aussehen, Lagerfähigkeit, Ertrag

Durch gezielte Züchtung aus Wildgräsern und Auswahl der **Getreidearten** wurden Sorten mit großen Ähren und vielen großen Körnern entwickelt. Gleichzeitig wurde eine immer breitere Ausdehnung des Getreideanbaus in Gebieten mit unterschiedlichen klimatischen Bedingungen angestrebt (➜ Abb. 2, 3).

5 Die kleinasiatische Wildtulpe findet man vereinzelt in Südeuropa.

2 Verschiedene Wildgräser sind die Ahnen unserer Getreidearten.

3 Die Heimat des Weizens ist Afghanistan. Die Stammformen sind u. a. Emmer und Einkorn, deren Früchte noch heute als Suppeneinlage („Graupen") verwendet werden.

1 *Apfelsorten (Bilder links): Mittlerweile gibt es über 200 verschiedene Sorten durch Neukombinationen – im „Gegenzug" verschwinden viele alte, nicht besonders ertragreiche Sorten. Dadurch kommt es aber insgesamt zu einer „Verarmung des Genpools". Mit diesem englischen Begriff ist gemeint, dass es in der Gesamtheit aller Apfelsorten zu einer Verminderung und Vereinheitlichung der Erbmerkmale kommt. Konkret kann das bedeuten, dass besonders entscheidende Erbmerkmale (z. B. Widerstandsfähigkeit gegen einen Parasiten) verschwinden und bei Bedarf nicht mehr zur Verfügung stehen. Tatsächlich ist es Forschern schon gelungen, durch so genannte Rückkreuzungen mit Stammformen, also Kreuzung einer gängigen Getreidesorte mit einer Wildform, wieder besonders wünschenswerte Erbmerkmale bei den Nachkommen hervorzubringen. In Österreich bemüht sich deshalb u. a. der Verein „Arche Noah" um den Erhalt „alter" Gemüse- und Getreidesorten.*

Elstar

Kronprinz Rudolf

Gala

Rubinette

Golden Delicious

Jonagold

Die Pflanzen- und Nutztierzucht spielt eine wichtige Rolle bei der Lösung der **Welternährungsprobleme**. Vordringlich ist heute die Erhaltung und züchterische Verbesserung von Kulturpflanzensorten, die an die Klima- und Standortbedingungen der Hungergebiete angepasst sind. Denn die in den letzten Jahrzehnten erfolgte Vereinheitlichung der Sorten nach europäisch-nordamerikanischen Gesichtspunkten bewirkte eine bedenkliche Verarmung des Erbgutes, die eine weitere Züchtung erschwert.

Dank der großen Erfolge der Pflanzenzüchtung könnten heute weltweit genügend Lebensmittel für eine ausreichende Ernährung aller Menschen produziert werden. Dennoch herrschen in vielen Entwicklungsländern nach wie vor Hungersnöte: Die Verteilung der Lebensmittel ist eben kein naturwissenschaftliches, sondern ein politisch-soziales Problem.

Eines von vielen Problemen für die Hungersnöte in der Sahelzone (Savannengürtel südlich der Sahara) und in Teilen Südamerikas ist der Verzicht auf den Anbau von traditionellen, ökologisch angepassten Pflanzen. Sie wurden durch empfindliche, in den gemäßigten Breiten der Industrieländer gezüchtete Hochleistungssorten ersetzt, die jedoch in anderen Klimazonen der Erde oft versagen.

1 ▶ *Informiere dich, aus welchen Wildformen bekannte Nutzpflanzen (z. B. Getreidearten, Obst) hervorgegangen sind und notiere sie in dein Heft.*

2 ▶ *Erkunde, aus welchen Wildformen die bekannten Nutz- und Haustiere hervorgegangen sind. Notiere.*

3 ▶ *Recherchiere einige Birnensorten und finde heraus, woher sie stammen.*

4 ▶ *Äpfel und Birnen werden bei uns ungeschlechtlich vermehrt – sie werden „veredelt". Wiederhole aus der vorangegangenen Klasse diese Methode. Informiere dich und notiere dann, weshalb man nicht einfach Apfelkerne setzt, um die Bäume zu vermehren.*

Gentechnik

Dieser Wissenschaftszweig bedient sich oft sehr komplizierter und aufwändiger Methoden, bei denen bestimmte Gene mit erwünschten Erbinformationen in Zellkulturen eingebracht werden. Aus diesen Zellen wachsen dann durch Zellteilung unter geeigneten Bedingungen Pflanzen oder Tiere mit den gewünschten Eigenschaften heran. Lebewesen mit fremden Genen bezeichnet man als **transgene Organismen**. Mais, Sojabohnen und Kartoffel wurden schon (v. a. in den USA) gentechnologisch verändert. In Österreich und anderen EU-Ländern ist bei der Zulassung gentechnisch veränderter Organismen ein nationales Verbot erlaubt.

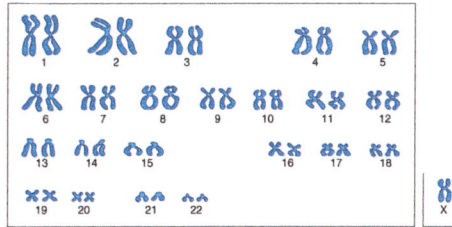

1 Der Mensch besitzt 23 Chromosomenpaare (22 Paare sind bei Mann und Frau gleich, das 23. nennt man Geschlechtschromosom – siehe S. 62.1).

Gentechnik beim Menschen

Zur Behandlung der Zuckerkrankheit (Diabetes) kann durch gentechnisch veränderte Bakterien das Medikament Insulin hergestellt werden.

Durch gentechnische Verfahren können Erbkrankheiten, die durch mutierte Gene ausgelöst wurden, nachgewiesen werden (z. B. bei der Untersuchung des Fruchtwassers während der Schwangerschaft).

Manche Krankheiten sollen in Zukunft mit Hilfe von Gentherapien geheilt oder gelindert werden können.

Klonen

In der Biologie versteht man unter **Klon** (➔ **L**) alle Nachkommen, die genetisch – also in den Erbanlagen – identisch (= gleich) wie Mutter oder Vater sind. Während man bei den Pflanzen nicht weiter darüber nachdenkt, dass man von einem Blumenstock ein Stück abbricht, in ein Glas Wasser oder in feuchte Erde steckt und dadurch eine neue Pflanze bekommt, die gleich wie die „Spenderpflanze" aussieht, scheut man solche Experimente bei Säugetieren.

Die Errungenschaften der Medizin machten es aber möglich. 1996 wurde in Schottland das erste geklonte Säugetier geboren, das aus einem „erwachsenen Kern" entstanden ist. Dabei haben Wissenschafter einen Zellkern vom Euter eines Schafes entnommen, einer Eizelle, der man den Zellkern entfernt hatte, wieder eingesetzt und den nun sich teilenden Keim wieder einem Schaf eingesetzt. Das so gezeugte Schaf ist damit in seinen Erbanlagen völlig gleich wie das Spenderschaf (➔ Abb. 2).

In Österreich und fast allen europäischen Ländern sind **Klonierungsversuche am Menschen nicht erlaubt**. Derartige Experimente können aber in den USA und in Israel durchgeführt werden.

Dabei wird von einem Spender eine Körperzelle entnommen, der Zellkern herausgelöst und in eine Eizelle, der zuvor ihr eigener Zellkern entfernt wurde, wieder eingesetzt (➔ Abb. 88.1). Neues Leben ist dann geschaffen, wenn sich diese Zelle zu teilen beginnt. Noch bevor diese meist nur 8 Zellen in die Gebärmutter eingesetzt werden, wird eine Zelle entnommen und ihre Erbanlagen auf Krankheiten überprüft. So sollen Erbleiden erkannt und gegebenenfalls ausgeschaltet werden.

2 Schottisches Klon-Schaf Dolly mit seiner Mutter: 277 Versuche waren nötig, bis es klappte.

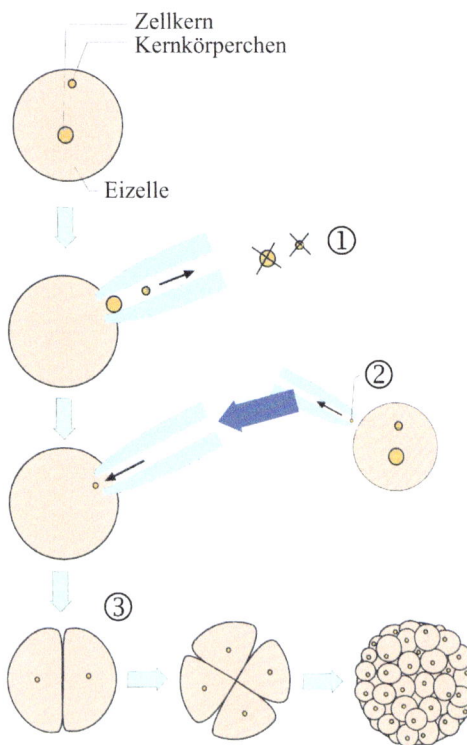

Zellkern
Kernkörperchen

Eizelle

① ② ③

1 *Aus der Zelle werden Zellkern und Kernkör-*
perchen entnommen (①) und durch die einer
anderen Zelle ersetzt (②). Diese Zelle beginnt
sich zu teilen (③).

Der italienische Arzt Dr. Severino An-
tinori beantwortete Journalistenfragen
zum Thema Klonen von Menschen so:
„Ich bin kein Monster. Ich bin ein se-
riöser Wissenschafter [...]. In einem
Jahr wird es die Welt akzeptiert haben.
Nachdem das erste (geklonte) Kind ge-
boren ist, wird es wunderschön sein.“

---

1 ▶ Diskutiert diese Aussage. Klonen
von Menschen wird ein wichtiges
Thema deiner Generation sein.
Das spricht dafür:

_____

_____

_____

_____

_____

Das spricht dagegen:

_____

_____

_____

_____

_____

Ein fünf bis sechs Tage alter Embryo wird der Leihmutter eingesetzt und wie bei einer „normalen" Schwangerschaft ausgetragen. Der Fötus enthält aber nur die Erbmerkmale des Spenders. Eine Durchmischung der Erbanlagen von Vater und Mutter findet bei dieser „Neuschöpfung" nicht statt. Theoretisch können somit beliebig viele exakt gleiche Kopien eines Menschen hergestellt werden.

Viele Wissenschafterinnen und Wissenschafter warnen vor derartigen Experimenten. Abgesehen von den moralischen und ethischen Bedenken, ist nicht klar, wie sich menschliche Klone tatsächlich biologisch verhalten. In Österreich kümmert sich die Bioethikkommission um solche Probleme. Immerhin entstanden Klone aus einer (Spender-)Zelle, die bereits ein bestimmtes Alter hat, eventuell Krankheiten durchgemacht (z. B. mit Viren befallen war) und etliche Tausende Teilungen hinter sich gebracht hat. Eine weitere Gefahr sehen Gegner darin, dass der Mensch nach Maß, nur mit gewünschten Eigenschaften „gezüchtet" werden könnte und jene mit unerwünschten / unerlaubten Erbmerkmalen nicht zur Fortpflanzung kommen würden.

Für weiteren Diskussionsstoff sorgen die so genannten **Stammzellen**, die jeder – egal wie gezeugte – Embryo aufweist. Aus diesen noch wenig ausgereiften Zellen lassen sich fast alle Gewebe des Menschen (rund 200 verschiedene) im Labor züchten. Somit können erkrankte Gewebeteile (Herz, Nerven z. B. bei Alzheimer) durch frisch gezüchtetes Gewebe ersetzt werden. Gerade die klonierten Embryonen würden damit (ausschließlich) als „Ersatzteillager" verwendet, wobei an den Genen zusätzlich noch Manipulationen vorgenommen werden könnten.

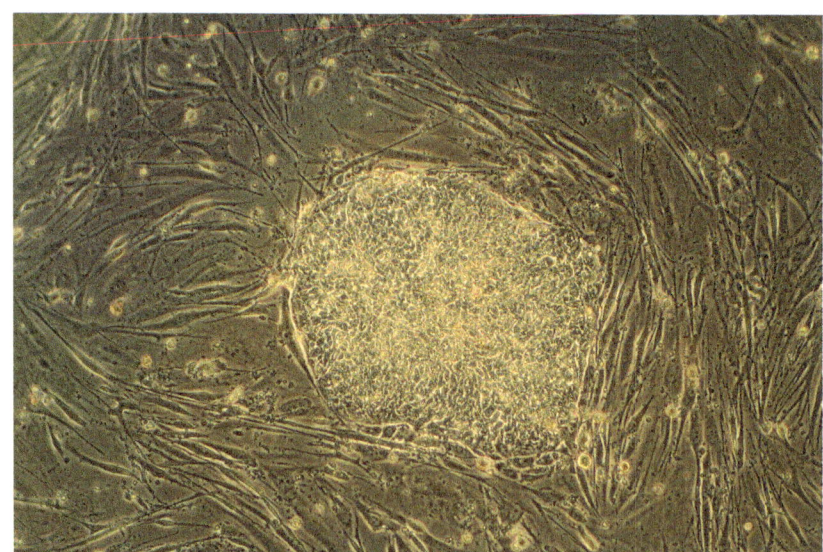

2 *Stammzellen befinden sich gehäuft in der Nabelschnur der Neugeborenen und*
werden derzeit mit der Nabelschnur als „Spitalsmüll" entsorgt. Neue Konser-
vierungstechniken erlauben es, die Stammzellen auf Jahrzehnte tief zu frieren,
um aus ihnen bei Bedarf entsprechende gesunde und unverbrauchte Gewebe zu
gewinnen.

---

2 ▶ Finde heraus, was man sich von der Stammzellenforschung
erwartet.

3 ▶ Informiere dich im Internet über die österreichische Bioethikkom-
mission und notiere wichtige Aufgaben in dein Heft.

2 ▶ Ergänze den Text.

Vererbung ist die _____ ____ _____ für Merkmale und
Eigenschaften der Eltern auf deren Nachkommen. Bei der geschlechtlichen Fortpflanzung entsteht neues Leben dadurch, dass _____ und
_____ miteinander verschmelzen. In jeder einzelnen Zelle stammt
die _____ aller Erbinformationen vom _____ und die andere von
der _____. In jedem Nachkommen liegen die Erbinformationen seiner
Eltern in neuartiger _____ vor. Träger der Erbanlagen (_____)
sind die _____. Manchmal kommt es zu einer sprunghaften
Veränderung des Erbguts. Die Nachkommen zeigen dann plötzlich neue
_____, die sich weitervererben können. Diese sprunghaften
Veränderungen nennt man _____.   *Lesetraining*

(Chromosomen, Eigenschaften, Eizelle, Gene, Hälfte, Kombination, Mutationen, Mutter, Samenzelle, Vater, Weitergabe von Anlagen)

3 ▶ Gentechnik in Österreich:

Österreichs Felder auch künftig ohne Gentechnik

Bei Zulassung von manipuliertem Saatgut kann nun jedes Land ein nationales Verbot durchsetzen.

Mit großer Mehrheit hat das EU-Parlament für eine Regelung gestimmt, die jedem Land ein natio-nales Verbot bei der Zulassung gentechnisch veränderter Organismen (GVO) erlaubt. Österreichs Landwirtschaftsminister: „Auf unseren Feldern werden auch in Zukunft keine GVO angebaut."

(Zeitungsartikel, Jänner 2015)

Informiere dich über gentechnisch veränderte Organismen in anderen Ländern. Diskutiert die Vor- und Nachteile der Gentechnik (z. B. gentechnische Herstellung von Arzneimitteln, Herstellung von herbizidresistenten Pflanzen, gezielte „Züchtung" von Menschen, Krankheiten können von transgenen (gentechnisch veränderten) Tieren auf den Menschen übertragen werden).

Notiere Argumente FÜR und GEGEN Gentechnik:

FÜR	GEGEN

Ökosystem Meer

1 Felsküste

2 Sandküste

Das Meer, der größte Lebensraum der Erde

Vielleicht warst du schon einmal am Meer und bist am Strand entlangspaziert. Mit ein bisschen Glück hast du dabei eine Reihe von Muschelschalen, Krabbenpanzer oder Seetang gefunden – angespült durch das Wasser. Beim ständigen Wechsel zwischen Ebbe und Flut bleibt so manches aus dem Meer am Strand liegen. Erzähle, was du alles gefunden hast und wie die Küsten aussehen – ob es sich eher um Sandküsten oder um Felsküsten handelt (vergleiche die zwei Abbildungen auf dieser Seite). Einige Meeresbewohner und ihre Beziehungen untereinander werden dir in diesem Kapitel näher vorgestellt.

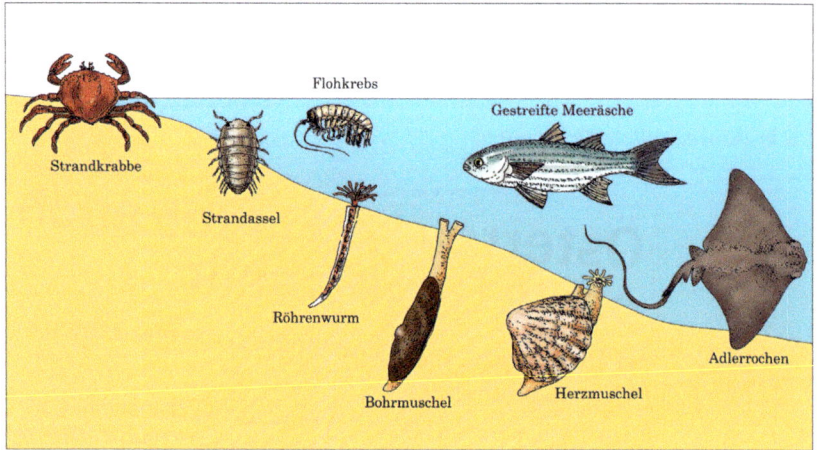

3 Einige tierische Bewohner der Sandküste

Mehr als zwei Drittel der Erdoberfläche werden vom Meer bedeckt. Dieser riesige Lebensraum ist an manchen Stellen über 11 000 m tief – im Vergleich dazu: Der höchste Berg der Welt, der Mount Everest, ist 8 848m hoch.

Die meisten Lebewesen befinden sich allerdings in einer Zone bis etwa 400 m Tiefe. Bis hierher kann das Sonnenlicht noch vordringen. Algen, die **Produzenten**, können das Licht bis zu etwa 200 m Tiefe ausnützen und kommen daher nur in diesem schmalen Bereich vor.

Wie auf dem Land ist auch im Meer alles Leben (Konsumenten) von der Fotosynthese der grünen Pflanzen und Algen abhängig. Das Meer ist ein riesengroßes Ökosystem. Dabei gilt wie bei den Wäldern am Festland, dass es ganz unterschiedliche Lebensgemeinschaften (**Biozönosen**) beherbergen kann, je nachdem, um welchen Meeresbereich es sich handelt. Bodenverhältnisse, geografische Lage, Klimabedingungen, Salzgehalt usw. entscheiden darüber, welche Pflanzen und Tiere dort leben.

Meeresbiologinnen und -biologen gliedern das Meer in einzelne Lebensräume: Bodenzone, Freie Wasserzone, Lichtdurchflossene

→ **Arbeitsblätter S. 97, 98**

Zone usw. sind einzelne Begriffe, die die Beschreibung des Meeres erleichtern. In dem vom Licht stärker durchfluteten Bereich lebt pflanzliches und tierisches **Plankton** (→ L, Schwebeorganismen, z. B. Grün- und Kieselalgen, Krebschen, Larven). Von diesem ernähren sich größere Krebsarten (→ L, Krillkrebschen) und Jungfische. Sie dienen in ihrer Masse wieder größeren Fischen und Meeressäugetieren als Nahrung – eine **Nahrungskette** (→ L) ist gebildet (→ Abb. 3).

Pflanzliches Plankton macht in einigen Meeresabschnitten bis zu 90 % der gesamten Pflanzenmasse des Meeres aus. Abgesehen davon, dass es am Beginn jeder Nahrungskette steht, produziert es Sauerstoff und ergänzt damit den Sauerstoffvorrat der Erde.

3 Nahrungskette

Algen sind die Produzenten der Meere

Am Beginn einer Nahrungskette stehen immer die Produzenten. Sie bilden die Grundlage für jedes Ökosystem. In den Gewässern leben verschiedene Algen. Einen Teil davon hast du bereits in den vergangenen Jahren kennen gelernt. Welche Algen kannst du aufzählen? Wo leben sie? Wie sehen sie aus?

In Tümpelgewässern kann man sehr leicht einzellige Algen entdecken. Sie bestehen – wie der Name sagt – aus einer einzigen Zelle und besitzen einen Zellkern. Kennzeichnend ist, dass sie Chloroplasten besitzen. Sie können Fotosynthese betreiben und produzieren Stärke als Reservestoffe. Ihre Zellwand besteht aus Zellulose.

4 Meerkette, eine Grünalge

Algen – nicht nur die im Tümpel lebenden einzelligen Formen – sind **Protisten** (Gruppe nicht näher verwandter mikroskopischer Lebewesen).

Nach den Farbstoffen teilt man die Algen in Grünalgen, Rotalgen und Braunalgen ein. Rot- und Braunalgen enthalten neben dem Chlorophyll noch andere Farbstoffe.

Neben diesen Gruppen gibt es auch Kieselalgen und Geißelalgen. Letztere besitzen eine Geißel und können sich damit im Wasser fortbewegen. Die Kieselalgen verdanken ihren Namen der Kieselsäure, die sie in ihren Wänden eingelagert haben.

5 Verschiedene andere Grünalgen

1 Rotalge

2 Braunalge

6 Seetang, eine größere Braunalge

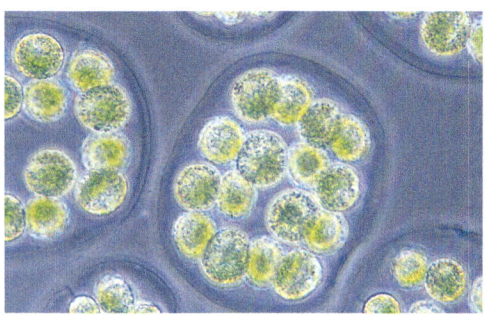

1 Plankton-Grünalge

Grünalgen bestehen meist nur aus einer Zelle und schweben frei im Wasser. Sie bilden einen Hauptteil des pflanzlichen Planktons (Phytoplankton). Da sie das Licht für die Fotosynthese benötigen, kommen sie hauptsächlich in den obersten Wasserschichten vor. Um möglichst lange in der Nähe der Oberfläche bleiben und schweben zu können, haben sie in ihren Zellen Öl eingelagert.

Neben den einzelligen Grünalgen gibt es eine Reihe von Kolonie bildenden Algen, aber auch echte mehrzellige Formen. Dazu gehören zum Beispiel die **Schlauchalgen**, die am Boden festgewachsen sind. Sie leben in Ufernähe in den lichtdurchfluteten Schichten.

Die zweithäufigste Gruppe im Meeresplankton wird von den **Kieselalgen** gebildet. Sie besitzen neben dem Blattgrün einen braunen Farbstoff. Als Reservestoffe bilden sie Öl. Ihr Körper sieht wie eine Schachtel aus. Die Schale besteht aus **Kieselsäure**. Bei der ungeschlechtlichen Fortpflanzung weichen die Teile auseinander, und die fehlende Hälfte wird wieder ergänzt (→ Abb. 3). Es gibt kreisrunde Formen (hauptsächlich im Meer lebend), aber auch schachtelförmige Arten. Wie bei den Grünalgen gibt es auch bei den Kieselalgen einzellige und in Kolonie lebende Formen.

2 Schlauchalgen des Meeres erreichen etwa 10 cm Größe.

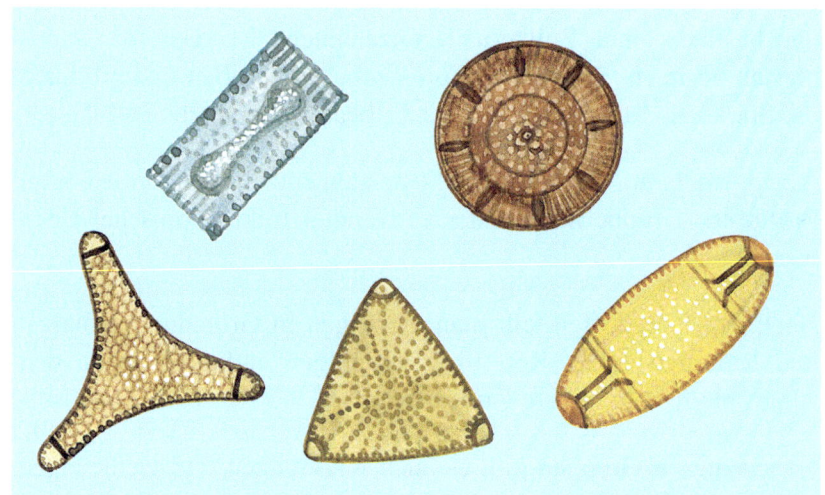

4 Kieselalgen (nat. Größe 5 – 50 µm)

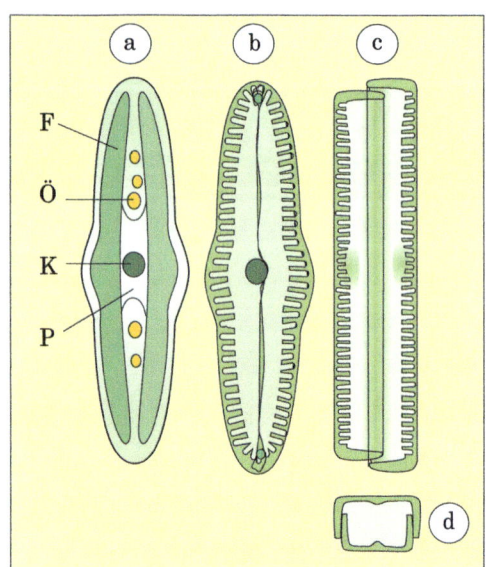

3 Kieselalge. a) Zellbestandteile: F Farbstoffträger, K Kern, P Zellplasma, Ö Öltröpfchen. b) Schalenansicht (Unterseite). c) Gürtelbandansicht (Schalen von der Seite). d) Schalenquerschnitt.

Rotalgen kommen überwiegend im Meer vor und besitzen neben dem Blattgrün einen roten, seltener einen blauen Farbstoff. Sie wachsen zu gabelig verzweigten Lagern heran und kommen in der Küstenzone wärmerer Meere, zum Teil in tieferen Meeresregionen vor. Dort können sie – im Gegensatz zu den Grünalgen – das schwache Licht ausnützen. Sie besetzen somit eine ökologische Nische, die von anderen Algen nicht mehr genützt werden kann. In Asien werden Rotalgen für Nahrungszwecke kultiviert.

Einige Rotalgen können in ihre Zellwände Kalk einlagern. Bekannt sind diejenigen, die im Tertiärmeer des Wiener Beckens den so genannten Leithakalk ablagerten. Er wird seit der Römerzeit als Baumaterial verwendet. Einige Ringstraßenbauten in Wien sind zum Teil aus diesem Leithakalk aufgebaut.

1 Eine Braunalge, die 100 m Länge erreichen kann (Riesentang Macrocystis).

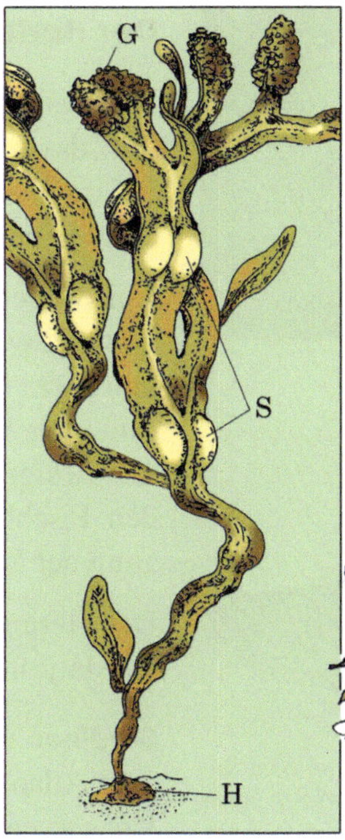

2 Blasentang. G Lagerenden mit Geschlechtsorganen, H Haftscheibe, S Schwimmblasen

3 Beerentang. S = gestielte Schwimmblasen

Braunalgen sind fast ausnahmslos Meeresbewohner und kommen in den gemäßigten und kälteren Teilen der Ozeane vor. Festgewachsen auf Felsen in Ufernähe betreiben sie mit Chlorophyll die Fotosynthese, wobei der braune Farbstoff das Chlorophyll umhüllt. Ihre Lager sind vielzellig und oft sehr groß, manchmal bis zu mehreren Metern. Die größeren werden als Tang bezeichnet (➔ Abb. 91,6).

Ein bekannter Vertreter ist der in der Nordsee und im Atlantik schwimmende Blasentang (➔ Abb. 2). Er enthält in seinen gabeligen „Blattverzweigungen" gasgefüllte Schwimmblätter, wodurch er gut an der Oberfläche treiben kann.

In der Antarktis gibt es Tange, die bis zu 100 m lang werden können (➔ Abb. 1). Im Atlantischen Ozean bildet der Beerentang (Sargassum, ➔ Abb. 3) riesengroße Tanginseln. Diese Inseln werden als Sargassosee bezeichnet. Der Name leitet sich vom portugiesischen Wort „sargasso" ab – es bedeutet „Seegras".

Nahrungsbeziehungen im Ökosystem Meer

Am Ende einer Nahrungskette des Meeres befindet sich – neben Hai, Thunfisch und Meeressäugetieren – der Mensch, der mit seinen Fischereiflotten dem Meer riesige Nahrungsmengen entnimmt. Durch den Wind und durch die unterschiedliche Wassertemperatur entstehen Meeresströmungen (z. B. der Golfstrom entlang der amerikanischen Atlantikküste). Die Erddrehung verändert noch zusätzlich die Richtung der Strömung. Diesen Strömungen folgen auch die Planktonorganismen und die Lebewesen der Nahrungskette. Ein Beispiel dafür sind die riesigen Fischschwärme auf ihren Laichwanderungen (➔ S. 94 f.).

1 ▶ *Nenne die drei großen Ozeane der Erde (verwende den Atlas).*

2 ▶ *Arbeite drei Beispiele für Nahrungsbeziehungen im Ökosystem Meer heraus (als Anregung dient die Abb.).*

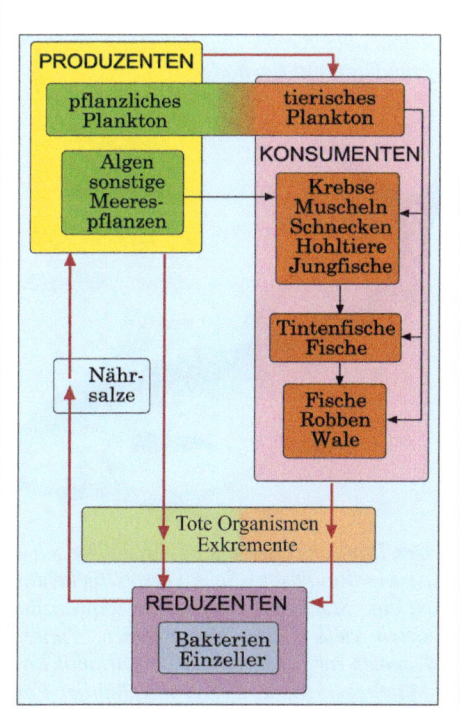

1 Fischschwarm

2 Der Hering wird bis zu 35 cm lang. Sein Rücken ist mit blaugrünen, Bauch und Seiten mit silberglänzenden Schuppen bedeckt – Schutzfarbe (die Wasserfläche erscheint von oben dunkel, von unten silbrig).

3 Der Kabeljau (bis 150 cm und bis 50 kg) nimmt auch Krebse und Würmer vom Meeresgrund auf (ein Bartfaden).

4 Der Tunfisch (bis 4 m lang, bis 300 kg schwer) ist ein Raubfisch. Seine erste Rückenflosse ist eine Stachelflosse. Vor der Schwanzflosse sitzen viele kleine Nebenflossen. Tunfische kommen zur Laichzeit aus dem Atlantik an die Mittelmeerküsten. Der größte Teil der Fänge wird zu Konservennahrung verarbeitet.

Meeresfische mit wirtschaftlichem Nutzen

Für die Wirtschaft sind Fischschwärme von großer Bedeutung. Sie liefern dem Menschen wertvolle Nahrungsmittel und geben Fischern, Händlern und Beschäftigten in Konservenfabriken Arbeit.

Der Hering

Heringsschwärme durchziehen auf der Suche nach Nahrung (Plankton) das Meer von der Atlantikküste Frankreichs bis ins nördliche Polargebiet. Zum Ablaichen suchen Heringe in kilometerlangen Schwärmen seichte, sandige Meeresteile in Küstennähe auf.

Ein Weibchen kann bis zu 30 000 Eier ablegen. Diese sinken zu Boden und werden dort von den Männchen besamt. Die große Anzahl von Eiern ist für den Fortbestand der Art sehr wichtig. Große Fischereiflotten, die mit Flugzeugen und Radar die Schwärme suchen und mit riesigen Saugrohren (Staubsaugerprinzip) einholen, gefährden den Fischbestand ebenso wie die gebietsweise starke Verschmutzung der Meere.

Der Hering zählt zu den wichtigsten Speisefischen – er wird u. a. zu Matjeshering, Bückling, Rollmops oder Heringssalat verarbeitet.

Sardinen aus dem Atlantik und **Sardellen** aus dem Mittelmeer und dem Atlantik sind Verwandte des Herings. Sie werden vor allem zu Konservennahrung verarbeitet.

Der Kabeljau (= Dorsch)

Der Kabeljau ist nach dem Hering der wichtigste Speisefisch. Sein Verbreitungsgebiet ist dem des Herings sehr ähnlich, da dieser seine Hauptnahrung ist.

Ein Rogner bringt bis zu 5 Millionen Eier in einer Laichperiode hervor. Diese und die Jungfische entwickeln sich schwebend.

Der Kabeljau wird tiefgekühlt als Filet (entgrätet) verkauft. In Nordeuropa wird er getrocknet als Stockfisch, gesalzen als Klippfisch angeboten. Aus seiner Leber gewinnt man Lebertran. Das Fischmehl aus den Abfällen wird z. B. an Hühner oder Schweine verfüttert.

5 Tunfischschwarm

Die Scholle – ein Plattfisch

Die Scholle wird auch Goldbutt genannt. Ihre weißliche linke Seite (Blindseite) liegt auf dem Boden. Schollen leben in Küstennähe des europäischen Atlantiks. Sie ernähren sich von Würmern, Muscheln und Krebsen. Ihr Laichgebiet ist die Hochsee, da sie dazu einen bestimmten Salzgehalt des Wassers brauchen.

Schollen sind wie ihre Verwandten, der Weiße Heilbutt, Steinbutt, die Seezunge und die Flunder begehrte Speisefische.

4 Die bis zu 70 cm lange Scholle liegt flach auf dem Meeresboden. Der Umgebung gut angepasst, ist sie häufig bis zu den kugelförmigen Augen in den Boden eingewühlt. Rücken- und Bauchflossen reichen saumartig vom Kopf bis zur Schwanzflosse. Beide Augen liegen auf der rechten Seite (ebenso Nasenlöcher und Maulspalte).

←

1 Entwicklung der Scholle: Die eben geschlüpften Jungen sind symmetrisch, aber schon nach wenigen Tagen verschieben sich durch Wachstum Augen und Nasenlöcher nach rechts, und das Tier wird asymmetrisch und abgeplattet: Plattfisch.

→ Arbeitsblatt S. 98

Der Lachs

2 Der Lachs wird bis zu 0,75 m lang und 6 bis 8 kg schwer.

Der Lachs lebt hauptsächlich im Meer. Nur zum Laichen wandert er in die Quellgebiete klarer Bäche. Das bedeutet, dass er seinen Körper sowohl an den Salzgehalt der Meere als auch dem Süßwasser der Flüsse anpassen kann.

3 Trotz 2 – 3 m hoher Sprünge ist es bei Staumauern für Lachse nicht möglich, flussaufwärts zu kommen. Man hilft den Lachsen (z. B. in Norwegen, Kanada) durch Anlegen von „Lachsleitern" (in kleinen Stufen angelegte Becken).

In den flachen Grund der Quellgebiete der Bäche schlägt das Weibchen mit seinem Schwanz eine Laichgrube von 1 bis 2 m Durchmesser und etwa 50 cm Tiefe. Nach dem Ablaichen bedeckt das Weibchen die erbsengroßen Eier mit Sand und Kies. Sofort nach dem Ablaichen kehren die Lachse erschöpft ins Meer zurück, falls sie nicht durch Erkrankung infolge starker Gewässerverschmutzung verenden oder ein Opfer ihrer Feinde (z. B. Bären) werden. Die Jungen schlüpfen in wärmerem Wasser schon nach 70 Tagen, in kalten Gewässern nach etwa 200 Tagen. Anfangs leben die Jungen noch vom Inhalt ihres Dottersackes, dann von Insektenlarven und Krebschen, später von Jungfischen.

Im Alter von 2 bis 3 Jahren wandern die etwa 25 cm langen jungen Lachse stromabwärts ins Meer. Die Junglachse bleiben einige Zeit im Brackwasser der Flussmündungen. So gewöhnen sie sich langsam an den Salzgehalt des Meeres. Erst dann schwimmen sie in die Hochsee hinaus.

1–4 Jahre vergehen, ehe sie fortpflanzungsfähig werden. Die dann etwa 75 cm langen und sehr fetten Lachse (rosa Fleisch!) wandern zu den heimatlichen Küsten zurück, versammeln sich zu großen Schwärmen in den Flussmündungen und steigen dann zu den Laichplätzen auf. Dabei haben sie oft große Hindernisse zu überwinden.

1 Flussaal

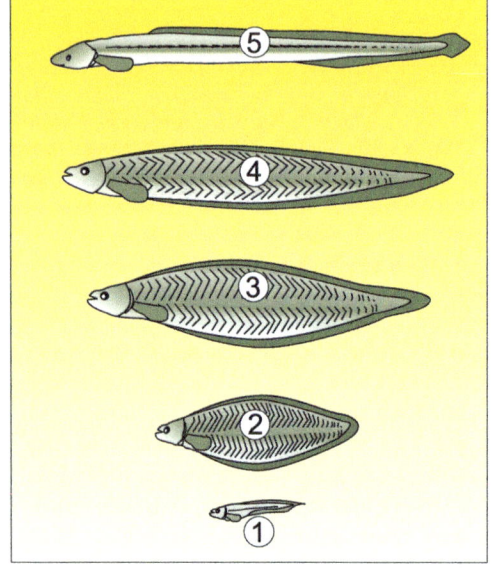

2 Im Heranwachsen nimmt die Aallarve eine weidenblattähnliche Gestalt an (Weidenblattlarve). Nun wandern sie, vom Golfstrom mitgeführt, quer über den Atlantik bis zu den europäischen Küsten. Dabei wachsen sie etwa auf die zehnfache Länge heran. Im Alter von 1½ Jahren sind sie rund 75 mm lang. Dann wird ihr Körper wieder schmäler und kürzer. Nach drei Jahren haben sie sich in die durchsichtigen Glasaale umgewandelt, die nur 65 mm lang sind.

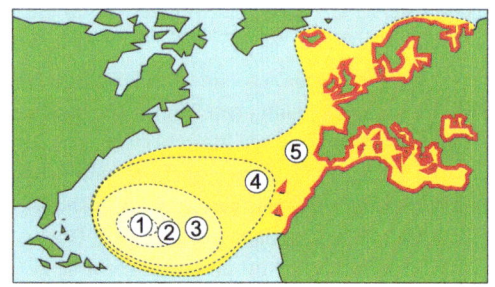

3 Aalwanderwege

Der Flussaal

Der Flussaal wandert wie der Lachs zwischen Fluss und Meer, allerdings laicht dieser Fisch im Meer und lebt als erwachsenes Tier in den Flüssen. Das natürliche Verbreitungsgebiet der Flussaale sind die Flüsse und Seen Europas, die mit dem Atlantik in Verbindung stehen.

Der Flussaal ist fast schwarz, schlangenartig, mit spitz zulaufendem Kopf und kleinen Kiemenspalten. Seine Brustflossen sind klein, Bauchflossen fehlen, und an der Stelle von Rücken-, Schwanz- und Afterflosse verläuft ein Flossensaum. Der „aalglatte" Körper ist von einer schleimigen Haut bedeckt, in der winzige Schuppen liegen.

> Wenn die etwa zehn Jahre alten Weibchen erwachsen sind – man nennt sie auf Grund ihrer hellen gelblichen Färbung Gelbaale – erfasst sie ein Wandertrieb. Bis dahin ernähren sie sich von Würmern, Klein- und Weichtieren und von Fischen, die sie meist nachts erbeuten. Nun nehmen sie keine Nahrung mehr auf, ihr Darm bildet sich zurück. Die Fortpflanzungsorgane entwickeln sich, die Augen werden größer. Der Rücken färbt sich fast schwarz, der Bauch silbrig. Jetzt nennt man sie Blankaale. Sie wandern nun flussabwärts.
>
> Sechs bis sieben Jahre alte Männchen im Unterlauf der Flüsse beginnen ebenfalls mit der Geschlechtsreife ihre Wanderung. Sie erreichen in einer etwa einjährigen, 4 000 km langen Wanderung das Gebiet der Sargassosee südöstlich der Bermudainseln. Dort werden die Eier von den Männchen besamt, und die Weibchen laichen, sterben und sinken in die Tiefe.

In den riesigen schwimmenden Tangwiesen (Braunalgen) der Sargassosee trifft man von März bis April die jüngsten **Aallarven** an. Sie sind nur 5 – 7 mm lang und schweben in etwa 300 m Tiefe im Atlantischen Ozean. Ihr Körper ist lang gestreckt und durchscheinend. Nach etwa 3 Jahren wandern sie in das Brackwasser der Flussmündungen, und schließlich steigt ein Teil von ihnen nachts flussaufwärts. Da sie nur kleine Kiemenspalten haben, die sie vor Austrocknung des Kiemenraumes schützen, können sie bei nassem Wetter auch an Land kurze Strecken zurücklegen.

Nach reichlicher Nahrungsaufnahme im Sommer haben sie sich zu den **Steigaalen** entwickelt. Tief in ihrer Haut liegend haben sich winzige Schuppen gebildet. Während der weiteren Entwicklungszeit bis zum Beginn einer neuen Wanderung sind sie wieder **Gelbaale**. In der kalten Jahreszeit überwintern sie in frostfreien Schlammgruben am Flussbett.

In Österreich (z. B. im Attersee oder in der Donau) wurden vor einigen Jahrzehnten jährlich Zehntausende Glasaale ausgesetzt. Heute geht der Aalbestand zurück, weil nicht mehr ausgesetzt wird.

> **1 ▶** Du hast einige bemerkenswerte Meeresfische kennen gelernt. Nenne Meeresfische, die du schon im Fischhandel gesehen hast. Erkundige dich, aus welchem Meer sie stammen und welchen Preis sie haben. Vergleiche mit einheimischen Fischen.
>
> **2 ▶** Wiederhole den Begriff „Plankton" – du kennst ihn aus dem Kapitel „See und Teich" in „Welt des Lebens 2". Vergleiche dieses Plankton mit dem Meeresplankton.
>
> **3 ▶** Wiederhole, welcher Meeresfisch auch in Flüssen vorkommt. Beschreibe das Besondere daran.
>
> **4 ▶** Ein Meeresfisch kommt auch in österreichischen Gewässern vor. Finde heraus, welche Nahrung er hier findet. Notiere.

Fischarten mit besonderem Verhalten und Anpassung an den Lebensraum

1 Der etwa 25 cm lange **Schwalbenfisch** aus der Familie der Fliegenden Fische lebt in kleinen Schwärmen (Mittelmeer und tropische Meere). Mit Hilfe seiner breiten Brustflossen schnellt er – wenn er verfolgt wird – aus dem Wasser und kann bis zu 200 m durch die Luft segeln. Räuber verlieren ihn dadurch aus den Augen. Durch eine besonders große Schwimmblase bekommt sein Körper starken Auftrieb.

2 Beim **Schwertfisch**, einer bis zu 5 m langen Art, ist der Oberkiefer zu einer schwertförmigen Spitze verlängert. Er lebt in der offenen See, ist schuppenlos und bewohnt die tropischen und gemäßigten Meere (Mittelmeer). Mit seinem Schwert schlägt er um sich und tötet dabei seine Beute (Fische). Er selbst liefert gutes Fleisch und wird daher häufig gefangen.

3 Eine seltsame Form hat das bis zu 16 cm lange **Seepferdchen**, dessen Kopf dem eines Pferdes ähnlich ist. Es schwimmt an den Küsten der Meere, Kopf oben, Schwanz unten, und kann sich mit diesem an Meerespflanzen festhalten. Mit seiner rohrförmigen, zahnlosen Schnauze saugt es kleine Krebse und Fischbrut auf. Das Männchen übernimmt vom Weibchen die Eier und trägt sie in seiner Brusttasche bis die Jungen schlüpfen. Eines der wenigen Beispiele im Tierreich, wo das Männchen die Brutpflege alleine übernimmt.

1 ▶ **Überprüfe, welche Aussagen richtig und welche falsch sind. Kennzeichne den Buchstaben bei richtig oder falsch. Stelle falsche Aussagen richtig. Die gekennzeichneten Buchstaben ergeben als Lösung Schwebeorganismen.**

Aussage	richtig/falsch		richtige Aussage
Die Hälfte der Erdoberfläche ist vom Meer bedeckt.	N	P	
Das Meer ist an manchen Stellen über 11 000 m tief.	L	O	
Algen können das Licht bis zu 50 m Tiefe ausnützen.	R	A	
Produzenten sind von der Fotosynthese der Algen abhängig.	D	N	
Das Meer beherbergt ganz unterschiedliche Biozönosen.	K	P	
Am Beginn einer Nahrungskette stehen immer die Produzenten.	T	O	
Die Fische stehen am Beginn jeder Nahrungskette im Meer.	L	O	
Die Zellwand der Alge besteht aus Zellplasma.	M	N	

Lösung: __ __ __ __ __ __ __ __

1 ▶ Beschrifte die Zeichnung und ergänze sie mit Lebewesen, die du vielleicht selbst schon an einem Sandstrand beobachten konntest.

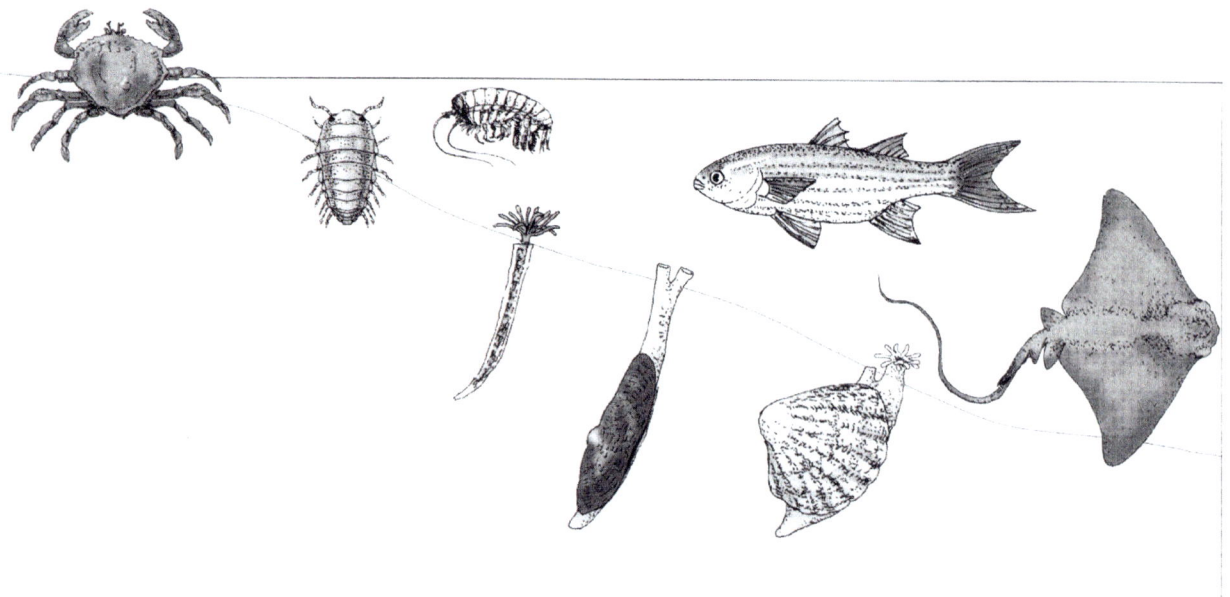

2 ▶ Erkläre, was eine Nahrungskette ist. Benenne die abgebildete Nahrungskette.

_____

_____

_____

_____

_____

_____

_____

3 ▶ Finde 6 Meeresfische von wirtschaftlichem Nutzen (waagrecht, senkrecht, diagonal, vorwärts, rückwärts).

```
N F M G N I R E H K K L O
H Z L U I E N I D R A S P
X S A U W C D E V F B R B
Z H C N S C H O L L E T G
M J H U L S O P R C L G N
N K S J Z G A E D C J G Z
B V X A S D F A G H A K L
K L P O I U Z T L R U E W
H G F D S A W E R T Z U N
```

_____

_____

_____

_____

_____

_____

Knorpelfische

Ausschließlich im Meer leben die Vertreter der Knorpelfische – Haie und Rochen. Ihr Skelett wird nur aus knorpeligem Material aufgebaut, dennoch erreichen die größten einige Tonnen Gewicht und enorme Ausmaße.

Finde heraus, welche Haie und Rochen es gibt, mache eine Tabelle und notiere Längenmaß, Gewichtsangaben und Vorkommen der Tiere.

1 Blauhai

Haie sind mit wenigen Ausnahmen Hochseefische. Der **Blauhai** kommt in den Meeren der warmen und gemäßigten Zonen vor. Er jagt Schwarmfische wie Makrelen, greift auch Dorsche und Tintenfische an. Der Körper des Blauhais ist lang gestreckt und stromlinienförmig, maximal 4 m lang. Der Schwanz hat eine **asymmetrische Schwanzflosse**. Bei Haien sind die **Brustflossen** dreieckig (feste Tragflächen). Die **Bauchflossen** sind etwas zugespitzt und nach hinten ausgezogen. Haie haben zwei **Rückenflossen** – die zweite steht weit hinten am Körper.

Da Haie **keine Schwimmblase** haben, müssen sie ständig schwimmen, um nicht abzusinken. Rasten sie, legen sie sich so auf den Boden, dass sie in einer Wasserströmung zu liegen kommen, weil sie nur auf diese Weise genügend Wasser durch das Maul zu den Kiemen bringen. Zwischen Maul und Brustflosse sind die fünf **Kiemenspalten** zu erkennen.

Die **Haut** fühlt sich wie derbes Sandpapier an. Vor den Augen liegen die Nasenöffnungen. Mit seinem empfindlichen Geruchssinn spürt der Hai das Blut von verletzten Tieren über viele Kilometer hinweg auf. Sein Seitenlinienorgan nimmt die Druckwellen der unregelmäßigen Bewegungen von kranken Tieren wahr. Bei der **Fortbewegung** arbeitet die ganze Körpermuskulatur und treibt den Hai schnell vorwärts. Die Wirbelsäule ist besonders biegsam.

Der Blauhai legt – im Gegensatz zu anderen Haiarten – keine Eier ab. Die Jungen wachsen im Mutterleib heran und sind bei der Geburt etwa 50 – 60 cm lang. Ein Weibchen bringt 25 – 50 fertig entwickelte Junge zur Welt.

2 **Gebiss** des Blauhais. Sein Quermaul liegt auf der Kopfunterseite. In das Fleisch des Ober- und Unterkiefers sind spitze, dreieckige, seitlich gesägte Zähne eingebettet. Sie werden ständig durch dahinter neugebildete ersetzt.

Als 1975 „Der Weiße Hai" in die Kinos kam, trauten sich die Menschen nicht mehr ins Wasser, die Tourismuseinnahmen der Landschaften am Meer gingen zurück – weil alle Angst hatten, dass der Weiße Hai von unten kommen und sie packen würde, dass sie strampeln und langsam sterben würden, dass sich das Wasser rot färbt.
Der Film war ein Rufmord an dem Weißen Hai, einer verhältnismäßig harmlosen Spezies. Der Autor der Romanvorlage zum Film verbrachte den Rest seines Lebens damit, in Talkshows Haie zu verteidigen.

3 *Ausschnitt aus einem Zeitungsartikel über den Weißen Hai*

4 *Zu den größeren Haien zählen der Herings-hai und der **Hammerhai** (Bild), der seinen Namen von der hammerähnlichen Form seines Kopfes hat.*

1 *Zitterrochen*

2 *Der bis zu 2 m lange **Stachelrochen** ist an den Stacheln auf der Rückenseite zu erkennen. Mit diesen kann er auch Menschen lebensgefährliche Verletzungen zufügen.*

---

1 ▶ Finde heraus, welche Haie und Rochen dem Menschen gefährlich werden können. Nenne Gründe dafür.

_____

_____

_____

_____

_____

_____

_____

_____

Bei den **Rochen** ist der weiche, schuppenlose Körper von oben nach unten abgeplattet. Die Brustflossen sind stark verbreitert und als beweglicher Saum mit dem Kopf und den Körperseiten verwachsen. Sie bilden den Rand der Körperscheibe. Der Schwanz setzt sich scharf vom Körper ab. Er trägt die Rückenflossen und die Schwanzflosse. Eine Afterflosse fehlt, Bauchflossen sind vorhanden.

Hinter den Augen sitzen die Spritzlöcher. Durch sie wird Atemwasser eingesogen. Sie haben Verschlusskappen, die die Wasserzufuhr regeln. Auf diese Weise wird vermieden, dass Schlamm und sonstiger Schmutz in die Kiementaschen kommt und die dünnhäutigen Kiemenblättchen verklebt. Wie die Haie haben Rochen ein Knorpelskelett und keine Schwimmblase.

Der **Zitterrochen** bringt fertig entwickelte Junge zur Welt. Er liegt oft im Sand am Meeresgrund verborgen. Er kann mit einem elektrischen Organ Stromstöße bis zu 200 Volt abgeben und damit Beutetiere lähmen (Fische, Krabben, Krebse). Dieses Organ liegt zu beiden Seiten des Kopfes im Bereich der Flossen.

Außer dieser „Elektrofischerei" kann er auch Feinde abschrecken oder durch leichte Stromstöße eine Unterwasserpeilung vornehmen und sich so orientieren.

Viele Rochen schwimmen im freien Wasser. Dabei bewegen sie ihre breiten Brustflossen wie Flügel.

3 *Der **Teufelsrochen (Manta)**, einer der größten Fische, erreicht eine Spannweite von 7 m und wird bis 500 kg schwer. Er ernährt sich von kleinen Meereslebewesen. Das Weibchen bringt lebende Junge zur Welt.*

---

2 ▶ Der Österreicher Hans Hass ist durch seine Unterwasserfilme mit Haien bekannt geworden. Informiere dich über ihn.

3 ▶ Notiere die wesentlichen Aussagen von Hans Hass über Haie.

Die Tiefsee – ein besonderer Lebensraum

Drücke in einem Kübel Wasser einen aufgeblasenen Luftballon langsam bis zum Kübelboden. Du merkst, dass er auf Grund des Auftriebes nach oben gepresst wird: Der Wasserdruck nimmt mit zunehmender Tiefe immer stärker zu und drückt auf jeden Körper. In der Tiefsee (ab 2 000 m) lebende Tiere müssen daher entsprechend angepasst sein. Wiederhole deine Kenntnisse aus dem Physikunterricht: Was versteht man unter Auftrieb, und wie nimmt der Wasserdruck mit zunehmender Tiefe zu?

Außergewöhnliche Anpassungen an das Leben in der Tiefsee sind erforderlich. In der ständigen Finsternis nützen Augen sehr wenig. Die Fische sind daher meist **blind**, schmecken, riechen und tasten mit langen Fühlern, oder sie haben **Leuchtorgane** zur Anlockung von Beutetieren oder der Geschlechtspartner. Manche Formen haben besonders große Augen, damit sie noch Spuren von Licht aufnehmen können.

Dem großen Druck in der Tiefsee (in 10 000 m Tiefe ist es eine Tonne je cm²) sind die Fische durch ihre mit Flüssigkeit durchsetzten Körper gut angepasst. Ihre Schwimmblasen sind häufig rückgebildet oder mit Fett gefüllt (Fett lässt sich nicht zusammendrücken). Manche Fische können mit der Schwimmblase Laute erzeugen. Dadurch finden sich die Geschlechtspartner.

Alle Tiefseefische leben räuberisch, da in der Finsternis kein Pflanzenleben vorkommt. Da es zudem wenige Beutetiere gibt, haben Fische oft lange, spitze Zähne, mit denen sie ihre Beute festhalten können (ein Biss muss genügen), und sie haben enorm dehnbare Mägen. Der abgebildete **Tiefseeangler** z. B. hat einen derart dehnbaren Magen, dass er damit Beutetiere verschlingen kann, die so groß sind wie er selbst.

3 Das **Silberbeil** (8 cm) lebt in Tiefen um 500 m und besitzt eigenes Leuchtvermögen. Bei diesem Tiefseeleuchten wird so genanntes „Kaltes Licht" mit Hilfe von Enzymen – oft auch in Symbiose mit Bakterien (Lebensgemeinschaft mit beiderseitigem Vorteil) erzeugt. Seine Feinde sind Tunfische, die auch noch in 500 m Tiefe jagen können.

4 Seeteufel (in Norwegen gefangen)

1, 2 Der **Tiefseeangler** (7 cm) bewohnt Meeresgebiete zwischen 300 und 4 000 m Tiefe. Er trägt über dem Maul eine etwa 2 cm lange „Angel", deren Spitze mit Hilfe von Leuchtbakterien leuchtet und damit Beute ködert.

Der **Seeteufel** (bis 2 m groß, ➡ Abb. 4) laicht in Tiefen zwischen 400 und 2 000 m. Er ist mit dem Tiefseeangler verwandt, ist aber eigentlich kein Tiefseefisch, denn er lebt in Küstennähe. Wegen seines schmackhaften Fleisches wird er gerne gefangen.

Aber nicht nur Fische, auch Tintenfische und Quallen (siehe nächste Kapitel) bewohnen die Tiefsee.

5 Der **Pottwal** ist ein Zahnwal. Er frisst – im Gegesatz zu den Bartenwalen, die sich von Krill ernähren – Kopffüßer aus der Tiefsee. Er ist der Rekordhalter unter den Säugetieren im Tieftauchen (bis 3 000 m). Die Jagd eines Pottwales kann über zwei Stunden dauern. Es werden dabei mit dem Beutetier Kämpfe ausgetragen. Kreisrunde, durch Saugnäpfe zugefügte Wunden von bis zu 22 m langen Tiefseetintenfischen auf der Haut bestätigen dies.

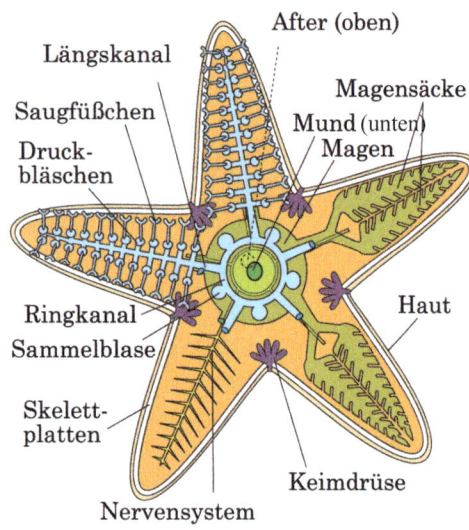

1 **Seesterne** sind meist 5-strahlig symmetrisch gebaut. Die Körperachse steht senkrecht, der zahnlose Mund sitzt unten. After, Geschlechtsgänge und Siebplatte (Ausfuhrgang eines komplizierten Wasserleitungssystems), öffnen sich nach oben. Der Körper ist flach und seitlich in die Arme ausgezogen.

2 Will ein Seestern eine Muschel fressen, saugt er sich mit den Saugfüßchen verschiedener Arme an den beiden Schalenhälften fest. Öffnet sich die Muschel, zerrt der Seestern die Schalen auseinander. Er stülpt seinen Magen nach außen über die Muschel oder zwängt ihn zwischen die Schalen. Scharfe Magensäfte ergießen sich in die Muschel und zersetzen ihr Fleisch (**Außenverdauung**). Dann saugt der Seestern den Nahrungsbrei ein.

 ➜ **Arbeitsblatt S. 107**

1 ▶ **Erkläre, bei welchem Tier du bereits die Außenverdauung kennen gelernt hast.**

2 ▶ **Skizziere ein Nahrungsnetz im Meer (die Namen der Lebewesen), das nur auf den Küstenbereich beschränkt ist. Ordne Seeigel in diese Nahrungskette ein.**

Stachelhäuter

Die Gruppe der Stachelhäuter ist aus einem Grund besonders bemerkenswert: Sie sind nicht zweiseitig symmetrisch (also linke und rechte Körperhälfte spiegelbildlich), sondern radiärsymmetrisch (Der Körper ist aus mehreren gleichen Teilen aufgebaut.). Stachelhäuter leben ausschließlich im Meer, und ihr Körper trägt mehr oder weniger große Stacheln in der Haut. Einen Seestern oder Seeigel hast du vielleicht schon einmal an einem Strand gefunden. Es gehören aber auch Seegurken und Seelilien zu dieser Gruppe.

Der **Rote Seestern** ist im Mittelmeer, der **Gewöhnliche Seestern** in der Nordsee häufig zu finden.

Die Hautoberfläche der Seesterne ist von rauen Stacheln, Stielchen oder Körnern bedeckt. Das Hautskelett besteht aus Kalkplättchen, die gegeneinander beweglich sind. So können Seesterne ihre Arme etwas biegen.

Die **Saugfüßchen** treten bei Seesternen nur an der Unterseite der Arme durch zwei Längsfurchen aus. Am Ende jedes Armes sitzt ein dehnbarer **Fühler**, der an seiner Spitze ein einfaches **Auge** trägt. Damit vermögen die Seesterne hell und dunkel zu unterscheiden. Mit den Fühlern tasten und wittern sie. Zwischen Stacheln, Drüsen und Greifzangen gibt es noch zarthäutige **Kiemen**.

3 Der Verlust von einem oder mehreren Armen macht nur wenig aus, weil Seesterne sehr **regenerationsfähig** (erneuerungsfähig) sind. Selbst wenn nur die Körperscheibe übrig bleibt, wachsen alle Arme wieder nach (Bild links). Auch ein abgetrennter Arm kann von sich aus eine neue, allerdings kleinere Körperscheibe mit den dazugehörigen Armen bilden – und dies, obwohl er keine Nahrung aufnehmen kann, solange die Körperscheibe nachwächst (Bild rechts).

An den felsigen Küstenteilen der Adria lebt der **Steinseeigel**.

4 Steinseeigel

5 (Bild rechts): Das **Skelett** des Seeigels setzt sich aus vielen einzelnen Kalkplatten zusammen, die fünfstrahlig angeordnet sind. Die Platten sind fest miteinander verwachsen. Dadurch wird der Panzer starr. Auf der Panzeraußenseite gibt es viele Höcker (Gelenkköpfe für die Stacheln).

Die Spitzen der schwarzvioletten Stacheln dringen leicht in die Haut ein und brechen sofort ab, was zu eitrigen Entzündungen, mitunter sogar zu Muskelkrämpfen führen kann. Daher verwenden viele Menschen an felsigen Stränden Badeschuhe.

Der Panzer und die Stacheln sind mit einer drüsenreichen Oberhaut überzogen. Die Oberhaut ist mit Tast- und Geschmackszellen ausgestattet.

Der Seeigel führt kein ausschließlich räuberisches Leben. Außer Krebschen und Kleintieren nimmt er auch Algen auf. Er besitzt eine Kaueinrichtung aus fünf gebogenen Zähnen, die von einer Knochenspange zusammengehalten sind („Laterne des Aristoteles").

3 Die feingliedrigen Schlangensterne bewegen sich von allen Stachelhäutern am schnellsten fort. Manche Schlangensterne haben Leuchtvermögen, andere besitzen Giftstacheln. Ihre Nahrung besteht vorwiegend aus Plankton.

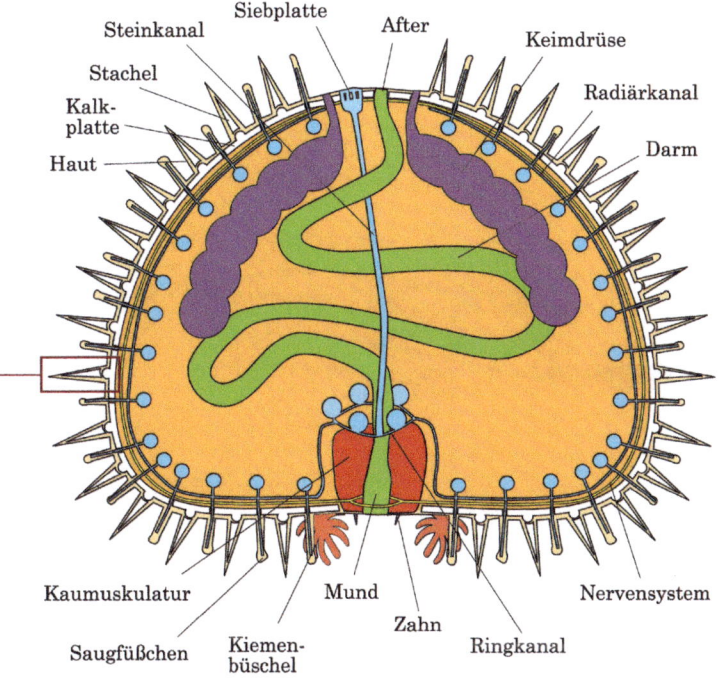

1 Wie der Seestern hat auch der Seeigel ein Wassergefäßsystem mit Saugfüßchen.

4 Seewalzen (Seegurken) leben in flachen Küstengewässern (Sand, Schlamm). Ihre Körperachse ist in die Länge gestreckt. Ein Hautskelett fehlt (in der Haut liegen nur kleine Kalkstückchen). Saugfüßchen sind über den Körper verteilt. 10–30 zurückziehbare Fühler liegen um die Mundöffnung. Seewalzen können bei Gefahr ihre Eingeweide ausstoßen, diese werden wieder regeneriert.

→ Arbeitsblatt S. 108

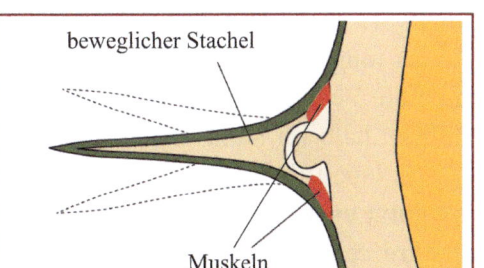

2 Die Höcker sind beim lebenden Tier die Gelenkköpfe für die Stacheln, die von zahlreichen Hautmuskeln bewegt werden.

5 Haarsterne oder Seelilien bewohnen alle Ozeane und kommen bis in 5 000 m Tiefe vor. Diese Stachelhäuter gab es in großer Vielfalt schon vor vielen Millionen Jahren. Sie sind als Versteinerungen erhalten.
Einige von ihnen sind „fest sitzend", d. h. sobald sich die frei schwimmende Larve am Boden festgesetzt hat, bleibt sie ein Leben lang an dieser Stelle. Die Seelilie ist somit eines der wenigen Tiere, das sich nicht vom Platz bewegen kann. Auch der Name deutet auf die Sesshaftigkeit hin. Die ersten Taucher, die diese Lebewesen sahen, hielten sie nämlich für Pflanzen und gaben ihnen entsprechende Namen.

1 *Tintenfisch. Sein eiförmiger, platter Körper ist deutlich in Kopf und Rumpf gegliedert. Vom Kopf – mit den zwei großen Augen – gehen nach vorne zehn Fangarme ab, von denen zwei besonders lang sind. Alle Fangarme sind mit Saugnäpfen besetzt.*

2 *Im Rücken befindet sich ein flach-ovales poröses Kalkstück, der Schulp, der dem knochenlosen Weichtier Stütze bietet. In Zoohandlungen werden sie als Wetzstein für Kanarienvogelschnäbel verkauft.*

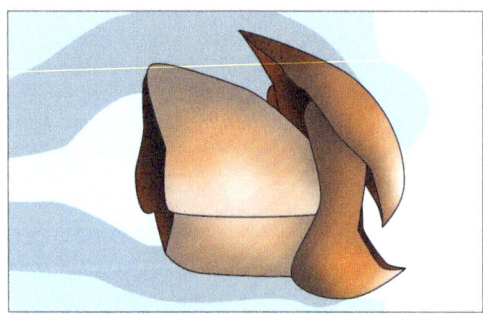

3 *Der Papageischnabel zerkleinert die Nahrung in grobe Stücke.*

→ **Arbeitsblatt S. 108**

1 ▶ *Besorge dir – wenn möglich – vom Fischmarkt einen nicht ausgenommenen/geputzten Tintenfisch (Fischhändler haben auch gefrorene Ware) und seziere ihn in der Biologiestunde. Finde mit Hilfe der Zeichnung die wesentlichen Organe heraus.*

Der Gewöhnliche Tintenfisch – ein Kopffüßer

Der Gewöhnliche Tintenfisch gehört zur Gruppe der Weichtiere (wie Schnecken und Muscheln) und ist in den europäischen Meeren weit verbreitet. Er lebt meist in tieferem Wasser.

Hat der Tintenfisch ein Beutetier erspäht, schnellen seine beiden langen **Fangarme** vor und ergreifen es. Zusammen mit den acht kürzeren Armen zieht er nun das Tier – einen Krebs oder kleineren Fisch – zum Mund, wo es zwei kräftige, wie Vogelschnäbel aussehende Kiefer (Papageischnabel, → Abb. 3) zerteilen. Danach wird die Nahrung von einer Reibplatte weiter zerkleinert.

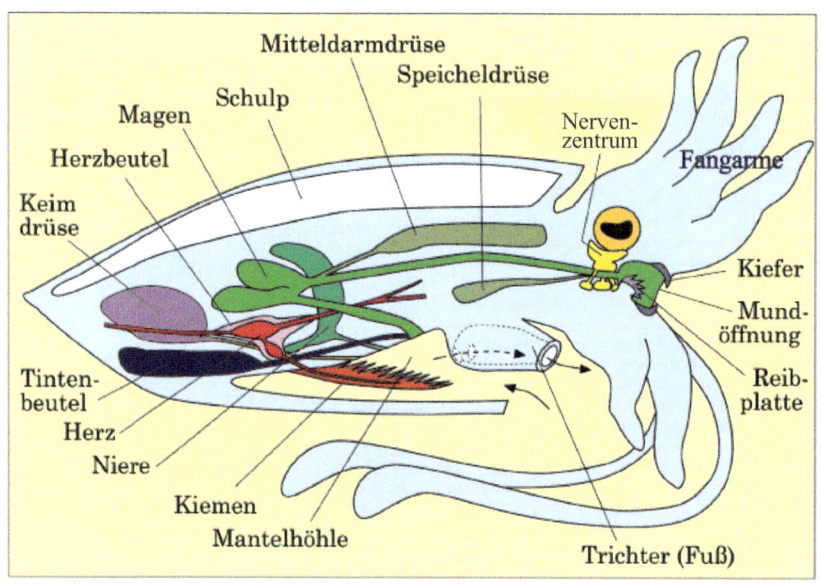

4 *Als Besonderheit besitzt der Tintenfisch einen Tintenbeutel. Er mündet wie der Enddarm und die Geschlechtsdrüsen in die Mantelhöhle, in die auch zwei gefiederte Kiemen ragen. Durch die quer verlaufende Mantelspalte nimmt der Tintenfisch das Atemwasser auf und gibt es durch den Trichter (umgewandelter Fuß) wieder ab.*

Am Kopf liegen Organe zum Riechen und Schmecken und für das Gleichgewicht (auch die Saugnäpfe registrieren Geruch und Geschmack). Den Rumpf umgibt der muskulöse **Mantel**. Seinen Rand bildet ein **Flossensaum**. Um an die Beutetiere besser heranzukommen, vergräbt sich der Tintenfisch halb im Sand, wo er durch die veränderliche Färbung gut getarnt lauert. Er ist aber auch ein guter Schwimmer. Nach vorne schwimmt er durch die Wellenbewegung seiner beiden Flossensäume. Wird er jedoch von Feinden – meist größeren Raubfischen – angegriffen, schwimmt er rückwärts. Dabei stößt er mit großem Druck das Atemwasser aus der Mantelhöhle durch den Trichter nach vorne aus und erhält dadurch einen **Rückstoß**. Dabei tarnt er seine Flucht noch zusätzlich, indem er aus dem **Tintenbeutel** eine schwarze Flüssigkeit mit dem Wasser ausstößt, die ihn in eine Wolke einhüllt und dem Angreifer die Sicht nimmt.

Das Weibchen des Tintenfisches legt seine **Eier**, die von einer schwarzen Kapsel umgeben sind, in flachen Laichgebieten an Korallenstöcken oder Meerespflanzen ab.

Verwandte Kopffüßer

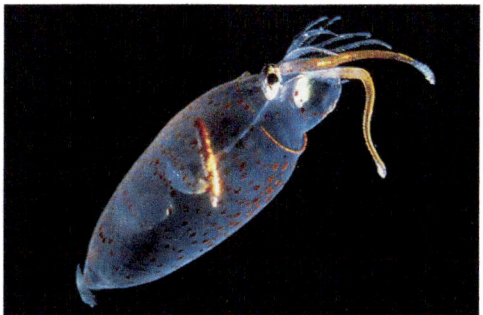

*3 **Kalmare** haben wie der Tintenfisch 10 Arme. Sie werden bis zu 20 cm groß. Sie kommen im Mittelmeer und im Atlantik vor.*

*4 Das **Perlboot** (Nautilus) besitzt ein schnecken-artiges Gehäuse und anstatt der Fangarme bis zu 90 zurückziehbare Fangfäden ohne Saugnäp-fe. Ausgestorbene Verwandte, die Ammoniten, sind in vielen Versteinerungen erhalten.*

*1 Der **Krake** lebt meist auf dem Meeresgrund. Seine 8 Arme werden bis zu 90 cm lang. Zwischen den Armen hat er Schwimmhäute. Er kommt in allen Meeren vor.*

Viele Krebstiere leben im Meer

Bau und Lebensweise der Süßwasserkrebse hast du bereits kennen gelernt. Im Meer und am Strand leben viele „Verwandte": Mikro-skopisch kleine Planktonkrebse, Garnelen, Krabben und Hummer spielen eine entscheidende Rolle im Nahrungsnetz der Meere. Eini-ge stehen auch auf unserem Speisezettel – welche sind dir bekannt?

*2 Es gibt kleine Meereskrebschen (nur wenige mm bis zu 7 cm lang), die in unge-heuren Massen nahe der Wasseroberfläche schweben, der **Krill**. Sie leben von winzigen grünen Algen. Die Krillkrebschen und ihre Verwandten im Meer bilden mit den grünen Algen, von denen sie leben, eine sehr wichtige Nahrungsquelle für viele Wirbeltiere (z. B. Fische und Wale).*

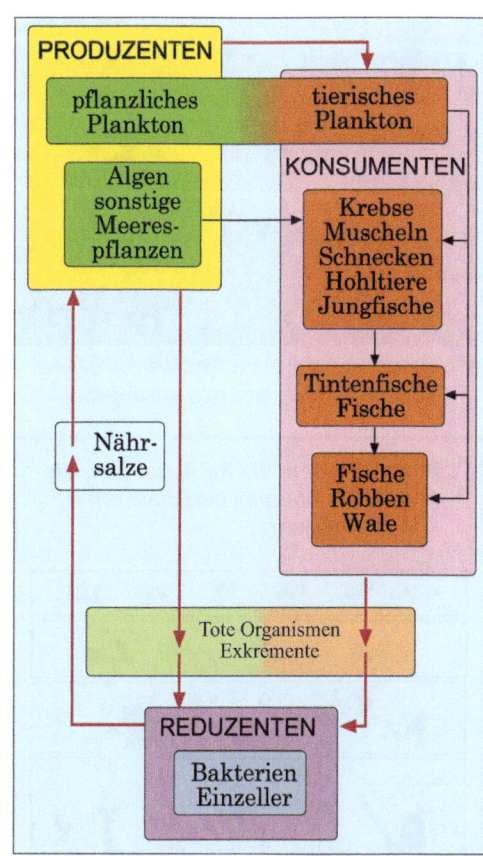

5 Stoff-/Nahrungskreislauf im Meer

1 Krabben haben einen gedrungenen Körperbau. Ihr Hinterleib ist unter das Kopfbruststück eingeschlagen. Die Strandkrabbe kann sehr schnell laufen (auch seitwärts).

2 Die Wollhandkrabbe wurde mit der Schifffahrt aus chinesischen Gewässern nach Europa eingeschleppt.

3 Garnelen werden in großen Mengen gefangen und auf verschiedene Arten zubereitet.

1 ▶ Interpretiere die Karikatur über die Giftanreicherung innerhalb einer Nahrungskette.

Konsumenten der verschiedenen Ordnungen

Produzenten (pflanzliches Plankton)

Trotz seiner Größe frisst der Blauwal nur (riesige Mengen) pflanzliches und tierisches Plankton. Er steht nicht an der Spitze der Nahrungspyramide.

5 Nahrungspyramide im Meer: Die Algen stellen die (Haupt)Produzenten innerhalb des Ökosystems Meer dar, die Krillkrebschen Konsumenten 1. Ordnung. Von ihnen leben Kleinfische, Konsumenten 2. Ordnung, und schließlich folgen die größeren Räuber (Konsumenten höherer Ordnung). Am Ende einer Nahrungspyramide steht nicht selten der Mensch.
Konsumenten 1. und 2. Ordnung können aber auch so riesengroße Tiere wie der Blauwal sein, die entsprechend riesige Mengen an pflanzlichem und tierischem Plankton fressen.

Ähnlich wie im Ökosystem Wald oder Wiese herrschen auch im Meer **Nahrungs-** bzw. **Nährstoffkreisläufe**, bei denen auch die Reduzenten (Bakterien) nicht fehlen dürfen. Sie leben am Meeresgrund, zum Teil im Wasser und zersetzen abgestorbene Pflanzen- und Tierteile. Sie setzen dabei wieder Nährsalze frei, die dann den Algen wieder zu Verfügung stehen.

Besonders fischreiche Meeresstellen sind daher jene Gebiete, wo Wasserströme das nährsalzreiche Wasser aus der Tiefe zu den fotosynthetisch aktiven Algen an die Meeresoberfläche bringen. Ein Beispiel ist der Humboldtstrom an der Westküste Südamerikas (vor Chile), wo enorme Fischbestände vorkommen.

Das hat zur Folge, dass Fisch jagende Wasservögel in derart großen Populationen vorkommen, dass die Küstenabschnitte meterhoch mit Vogelkot überzogen sind. Diesen nützt der Mensch als Dünger (Guano) für die Landwirtschaft.

Durch die vom Menschen verursachte Verschmutzung der Meeresgewässer gelangen auch viele Schadstoffe in diese Nahrungsketten, mit entsprechend negativen Auswirkungen auf die einzelnen Kettenglieder. Durch die immer stärkere Anreicherung mit Giften von Kettenglied zu Kettenglied landen diese Gifte mit der Nahrung auch wieder beim Menschen.

1 Der **Hummer**, ein Meereskrebs, kann dreimal so lang wie der Flusskrebs werden, ist aber diesem sehr ähnlich. Er bewohnt Fels- und Steinböden an Meeresküsten. In Höhlen versteckt lauert er seiner Beute (Krebsen, Tintenfischen, Stachelhäutern u. Ä.) auf. Hummer sind wegen ihres schmackhaften Fleisches sehr geschätzt.

2 **Einsiedlerkrebse** gehören zur Ordnung der Zehnfußkrebse (etwa 10 000 Arten). Sie haben einen weichen, ungepanzerten Hinterleib, den sie zum Schutz in ein leeres Schneckengehäuse stecken. Von Zeit zu Zeit müssen sie ihre „Wohnung" gegen eine größere umtauschen. Manchmal bilden Einsiedlerkrebs und Seeanemone eine Symbiose. Die Seeanemonen, gegen deren Nesselgift weichhäutige Tiere sehr empfindlich sind, schützen den Krebs und dürfen sich dafür mit ihm fortbewegen. Außerdem fällt auch Nahrung für die Seeanemonen ab. Wechselt der Einsiedlerkrebs seine Behausung, nimmt er manchmal die Seeanemonen vom alten Haus ab und setzt sie auf das neue.

1 ▶ Seesterne gehören zur Gruppe der _____ .

2 ▶ Die wesentlichen Unterschiede im Körperbau von Seesternen und Säugetieren: _____

_____

3 ▶ Beschrifte und bemale den Bauplan des Seesterns. Verwende dazu folgende Begriffe:

After
Druckbläschen
Haut
Keimdrüse
Längskanal
Magen
Magensäcke
Mund
Nervensystem
Ringkanal
Sammelblase
Saugfüßchen
Skelettplatten

1 ▶ Beschrifte (verwende nebenstehende Begriffe) und bemale den Bauplan der Seeigel. Ergänze den Text.

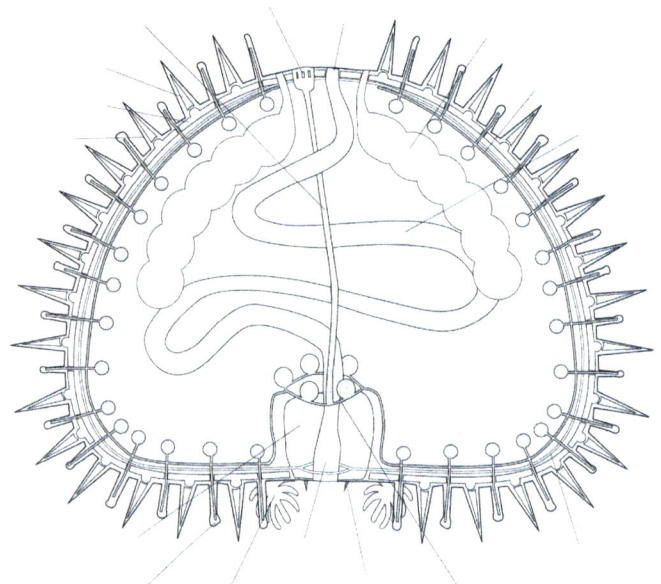

After
Darm
Haut
Kalkplatte
Kaumuskulatur
Keimdrüse
Kiemenbüschel
Mund
Nervensystem
Radiärkanal
Ringkanal
Saugfüßchen
Siebplatte
Stachel
Steinkanal
Zahn

Unter der „Laterne des Aristoteles" versteht man _____

Der Seeigel ernährt sich von _____

Er wehrt sich mit _____ vor Feinden.

2 ▶ Beschrifte (verwende nebenstehende Begriffe) und bemale den Bauplan der Tintenfische. Ergänze den Text.

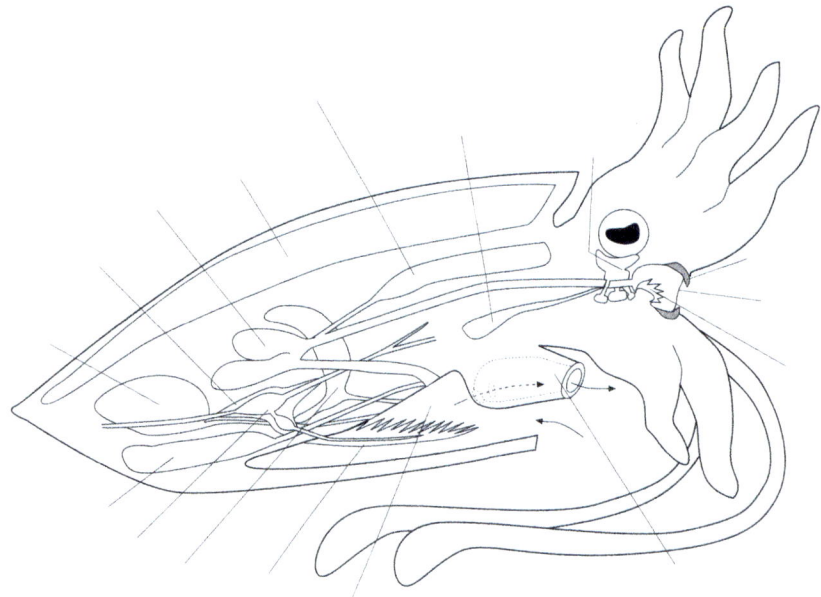

Herz
Herzbeutel
Keimdrüse
Kiefer
Kiemen
Magen
Mantelhöhle
Mitteldarmdrüse
Mundöffnung
Niere
Oberschlund-
  ganglion
Reibplatte
Schulp
Speicheldrüse
Tintenbeutel
Trichter

Das feste Kalkstück beim Tintenfisch nennt man _____

Der Tintenfisch schwimmt _____

_____

Quallen

Vielleicht hast du selbst schon einmal eine unangenehme Begegnung mit Quallen gehabt – erzähle von diesem Erlebnis. Obwohl sie so unscheinbar, weich und durchsichtig sind – ihr Körper besteht zu mehr als 98 % aus Wasser – können Quallen mit ihren „Nesseln" sehr schmerzhafte Verletzungen zufügen. Diese Nesseln sind auch namensgebend für die ganze Gruppe der Hohltiere.

Quallen sind frei schwimmende **Nesseltiere** (**Hohltiere**). Eine der häufigsten ist die **Ohrenqualle** der Nord- und Ostsee. Ohrenquallen treten oft in solchen Massen auf, dass die Schleppnetze der Fischer komplett mit ihnen gefüllt sind.

Die Quallen schwimmen durch **Pumpbewegungen** ihres Körpers nach dem Rückstoßprinzip. Dadurch wird die Qualle mit der Schirmoberseite voran weitergetrieben.

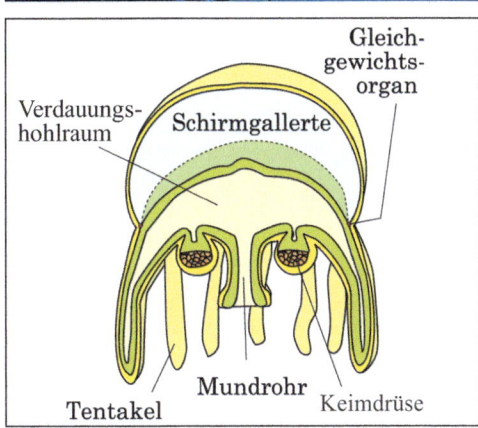

2 *(Foto und Zeichnung) Bei den meisten Quallen wird der Körper aus dem Schirm oder der Glocke und dem darunter hängenden Mundrohr aufgebaut. Der Schirm besteht aus einer schwach gewölbten, gallertartigen Scheibe. Eine eingelagerte Stützschicht gibt ihr Festigkeit. Der Schirmrand trägt zahlreiche kurze Tentakel (Fangarme). Diese sind mit „Nesseln" ausgestattet. Körperausstülpungen bergen Gleichgewichtsorgane.*
Hat die Qualle z. B. Plankton oder einen kleinen Fisch gefangen, wird die Nahrung im Verdauungshohlraum von speziellen Zellen zersetzt.

1 *Die **Ohrenqualle** (ca. 20 bis 30 cm groß) hat ihren Namen von den Keimdrüsen, die gelblich bis violett durch die Schirmgallerte schimmern. Ihre bogenförmige Anordnung erinnert an menschliche Ohren.*

Die **Beute** der Ohrenqualle besteht aus kleinen Fischen, Larven oder Planktonkrebsen. Sie fängt und lähmt sie mit den in ihren Mundarmen liegenden **Nesselzellen**. Die Qualle strudelt auch Kleinstlebewesen mit Hilfe von Wimperrinnen an der Schirmunterseite ein.

Mit dem Nesselgift können vor allem größere Quallen auch dem Menschen gefährlich werden. Man sollte daher weder Quallen noch Polypen mit bloßen Händen anfassen oder mit der empfindlichen Körperhaut in Berührung bringen. Schwere Nesselausschläge, oft auch Fieber, können die Folgen der Vergiftung sein.

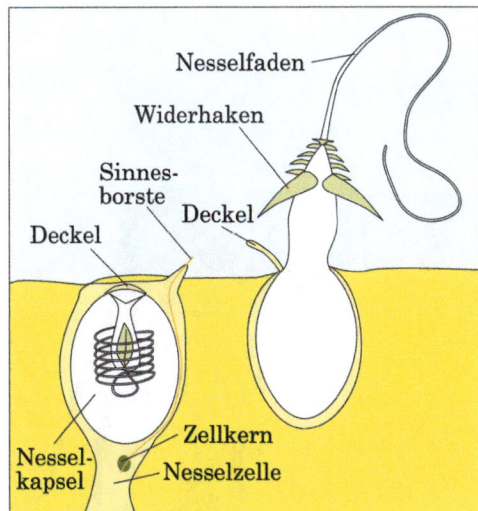

3 *Funktionsweise einer Nesselkapsel – im Bild links geschlossen, rechts „verschossen": Es gibt Nesselfäden, die kleben, andere besitzen eine Harpune, mit der kleine (Plankton)krebse aufgespießt werden können. Eine einmal abgeschossene Nessel kann nicht wieder verwendet werden, es bildet sich eine neue Kapsel. Bemerkenswert ist, dass der gesamte Nesselapparat aus einer einzigen Zelle gebildet wird.*

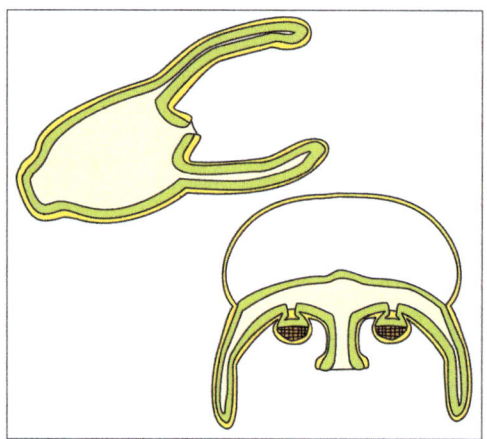

1 Das frühere Mundfeld des Polypen bildet nun die Körperunterseite der jungen Qualle.

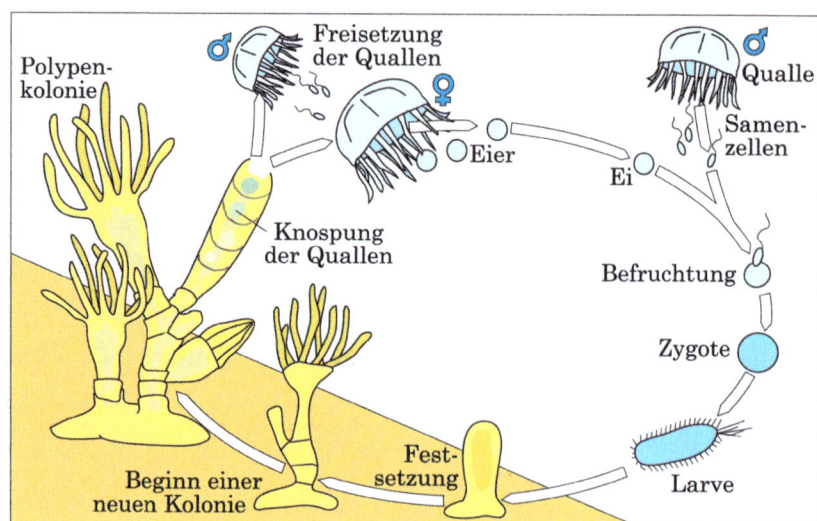

3 Bestimmte festsitzende Polypen und bestimmte frei schwimmende Quallen bilden miteinander eine Entwicklungsreihe, die **Generationswechsel** genannt wird. Die Polypen erzeugen auf ungeschlechtlichem Weg Quallen. Diese wiederum – es sind die Geschlechtstiere – bringen die Polypen hervor. So zeigen sich Polyp und Qualle als zwei einander stets abwechselnde Generationen ein- und derselben Tierart. Die beiden Generationen sehen unterschiedlich aus, sodass einige Arten sogar zwei verschiedene Namen haben.

Wenn in den ohrenförmigen Keimlagern Ei- und Samenzellen herangereift sind, erfolgt die Besamung. Dann schlüpft aus dem **Ei** eine bewimperte **Larve**. Diese schwärmt zunächst aus und setzt sich am Meeresboden fest und wächst zu einem **Polypen** heran. Nach einiger Zeit beginnt sich dieser zu verändern. Unter der Mundscheibe faltet sich die Körperwand zu tiefen Ringfurchen ein. Gleichzeitig bilden sich seine Fangarme zurück. An ihrer Stelle wachsen acht breite Lappen am Rand des Mundfeldes. Der Polyp gleicht nun einem Stapel aufeinander gestellter Teller. Doch bald löst sich die oberste Scheibe ab und schwimmt als junge **Qualle** davon. Beim Schwimmen stülpt sie sich aber um.

Zunächst ernährt sich die noch winzige Qualle von mikroskopisch kleinem Plankton, das sie mit **Wimpern** an der Schirmunterseite herbeistrudelt. Danach entwickelt sich aus der achtteiligen Quallenlarve eine richtige Qualle mit geschlossenem Schirm. Wenn sich alle Quallen vom Polypen abgelöst haben, bildet dieser erneut Fangarme aus und erhält wieder seine normale Gestalt. Auf diese Weise erzeugt er zwei mal im Jahr Quallen.

Einige Arten bilden **Kolonien**, bei denen einzelne Polypen unterschiedliche Aufgaben übernehmen: Es herrscht Arbeitsteilung – man nennt diese **Staatsquallen**. Ein typischer Vertreter ist die Portugiesische Galeere, bei der ein Teil der Tiere über das Wasser ragt. Der andere lässt sich im Meerwasser treiben (→ Abb. 2).

2 Die Portugiesische Galeere (bis 15 m lange Fangarme) ist sehr giftig.

1 ▶ **Fasse in Schlagworten die wichtigsten Merkmale der Quallen zusammen.**

_____

_____

Korallen – „Baumeister" der Meere

*Die Malediven, das Große Barriere-Riff in Australien und das Rote
Meer gehören zu den beliebtesten Tauchgebieten der Welt. Die Besonderheit dieser Unterwasserwelten ist ihre Schönheit mit enorm
vielen Algen und Tierarten. Leider sind viele dieser Riffe – vor allem
die der Malediven – extrem geschädigt. Riffe sind extrem empfindliche Ökosysteme, weil ihre Baumeister auf ganz bestimmte Wasser-
bedingungen angewiesen sind. Hast du schon von der Bedrohung
der Riffe gehört?*

Die eindrucksvollsten Tier- und Pflanzengemeinschaften der Meere
findet man im Bereich der Korallenriffe. Allein die Riff bewohnen-
den Fische sind wegen ihrer Artenvielfalt, ihres Formenreichtums
und ihrer Verhaltensweisen interessante Studienobjekte. Die meisten
Arten weisen schöne Farbtönungen auf. Dadurch zeigen die Fische,
dass das Gebiet „besetzt" ist und mit allen Mitteln verteidigt wird.
Neben den Fischen leben Stachelhäuter, Muscheln, Schnecken,
Würmer und viele andere Tierarten im Korallenriff.

2　*Taucher im Korallenriff*

1　Der **Clownfisch** (= *Weißbinden-Korallenfisch*) lebt in Symbiose mit **Riesen-
Seeanemonen**. *Ihre Fangarme mit den giftigen Nesselzellen sind für andere
Tiere sehr gefährlich. Den Clownfisch aber verletzen sie nicht. Er schwimmt
ungehindert zwischen ihnen hindurch. Er dient ihnen wahrscheinlich, wenn er
mit seiner Nahrung durch das Gewirr ihrer Fangarme schwimmt und einzelne
Stücke in ihre Mundöffnungen fallen lässt.*

3　Der **Rotfeuerfisch** *– er lebt im Indischen und
Pazifischen Ozean und ist inzwischen über
den Suezkanal ins Mittelmeer eingewandert –
passt mit seinem rot und weiß gestreiften und
gepunkteten Körper gut in die Korallenbänke
und Felsküsten. Mit den großen flügelartigen
Brustflossen treibt er seine Beutefische zusammen und kann sie mit den langen giftigen
Stacheln seiner Rückenflosse lähmen oder tö-
ten.*

4　Der **Fetzenfisch** *ist durch die „Auflösung"
seiner Körperkonturen extrem gut getarnt.
Die abstehenden Flossen passen ihn perfekt
an die umliegenden Algen an.*

1 Die **Edelkoralle** ist ähnlich gebaut wie die sechsstrahligen Riffkorallen. Sie ist mit jeweils achtstrahligen Polypen besetzt. Sie hat ein rotes Kalkskelett, eine rote Rindenschicht und weiße Polypen. Sie lebt im Mittelmeer und bildet bäumchenartige Verzweigungen. Ihr poliertes Skelett wird leider zu Schmuck verarbeitet (in Österreich ist die Einfuhr verboten).

2 Schema eines Korallenstocks

Korallenriffe gibt es meist in den tropischen Meeren bis 30° nördlicher und 30° südlicher Breite. Die **Riffkorallen**, die Baumeister der Riffe, gedeihen am besten in Wassertemperaturen von 25 °C bis 29 °C.

Die Riffkorallen sind **Hohltiere** aus der Gruppe der **Korallentiere**, von denen wir rund 6 500 verschiedene Arten kennen. Innerhalb dieser Gruppe gibt es nur Polypenformen, Quallen fehlen. Der Mund führt bei den Korallentieren durch ein von außen her eingestülptes Schlundrohr in einen durch Zwischenwände gekammerten Magen, einen einheitlichen Hohlraum (Hohltier).

An den Zwischenwänden sitzen Verdauungs- und Geschlechtszellen. Manche Korallenpolypen sind **getrenntgeschlechtlich**. Es gibt männliche und weibliche Tiere, die auf getrennten Stöcken leben. Andere Korallen sind **Zwitter**.

Männchen der **Edelkorallen** im Mittelmeer entleeren die Samenzellen in ihren Innenraum und sprudeln sie durch die Mundöffnung ins Meer. Die in ihrer Nähe befindlichen Weibchen flimmern die Samenzellen in ihren Magen ein. Aus den dort befruchteten Eizellen schlüpfen die Larven. Diese verlassen das Muttertier, schwärmen kurze Zeit aus, setzen sich danach auf dem Meeresboden fest und wachsen zu Polypen heran.

3 Im Gegensatz zu den Seeanemonen scheiden die Polypen der **Riffkorallen** Kalksekrete aus und vermehren sich auch ungeschlechtlich durch Knospung. Die Tiere bleiben miteinander in Verbindung und bilden dann riesige Tierstöcke (Anwachsen von Tochtertieren aus dem Muttertier). Ihr Skelett besteht zu etwa 99 % aus Kalk und ist sehr hart. Die Polypen geben zeitlebens Kalk durch ihre Fußscheibe ab, sodass der Korallenstock langsam nach oben wächst, pro Jahr um etwa 0,5 – 3 cm.

1   Bei den Seeanemonen bleibt jeder Polyp für sich, wird aber ziemlich groß. Zu den Seeanemonen zählen die bekannten Erdbeerrosen aus dem Mittelmeer und die Seenelken aus der Nordsee sowie die im Riff lebenden Riesenseeanemonen. Allen ist gemeinsam, dass sie kein Skelett bilden.

Korallenpolypen können nur bis zu einer Wassertiefe von etwa 50 m gut gedeihen. Dort leben sie oft in Symbiose mit Algen. Ab einer Tiefe von 90 m können sie nicht mehr existieren. Nicht nur die Riffkorallen bauen die großen Riffe auf. Daran sind auch andere Lebewesen mitbeteiligt wie Bakterien, Muscheln und Algen.

3   Abgestorbenes Korallenriff. Etwa ein Fünftel aller Korallenriffe sind zerstört, weitere 50 % ernsthaft gefährdet. Ursachen dafür sind u. a. Überfischung, Verschmutzung, auf Grund gelaufene Schiffe oder die warme Strömung El Niño, die durch die hohen Temperaturen zur Korallenbleiche in den Riffen führt.

*2   Bei den Riffen unterscheiden wir **Saumriffe**, **Barriereriffe**, **Plattformriffe** und **Atolle**.*

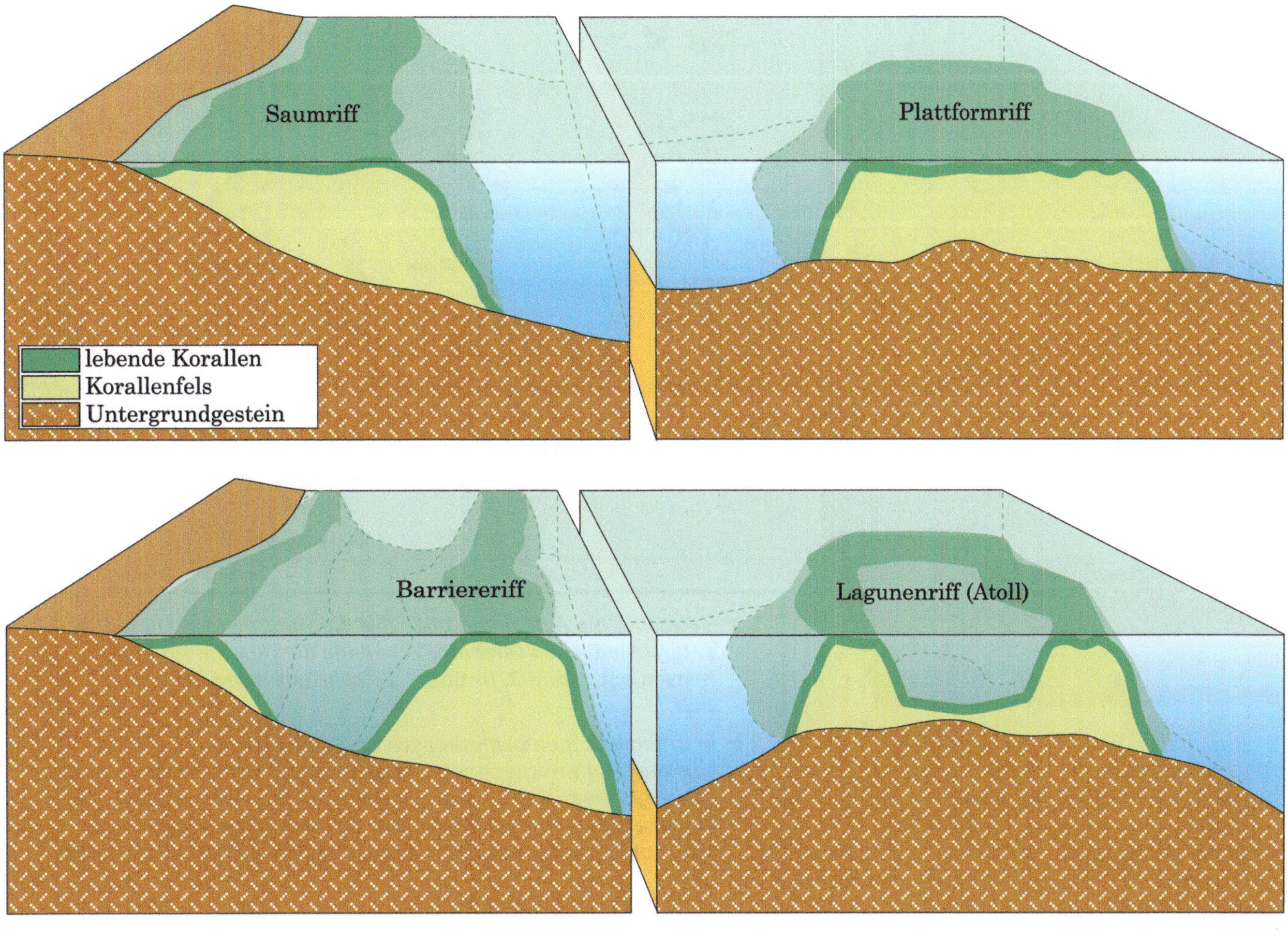

Saumriff

Plattformriff

- lebende Korallen
- Korallenfels
- Untergrundgestein

Barriereriff

Lagunenriff (Atoll)

1 Als **Atoll** bezeichnet man ein Riff von hufeisen- oder ringförmiger Gestalt, das im Inneren eine seichte Lagune umschließt, während es an seinem Außenrand Hunderte von Metern steil abstürzt.

3 Das größte **Barriereriff** liegt vor der ostaustralischen Küste. Es ist 300 bis 2 000 m breit, über 2 000 km lang und verläuft dammartig zur Küste, von der es durch einen breiten Kanal getrennt ist.

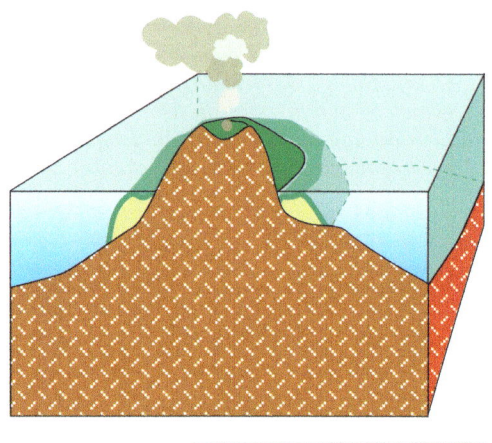

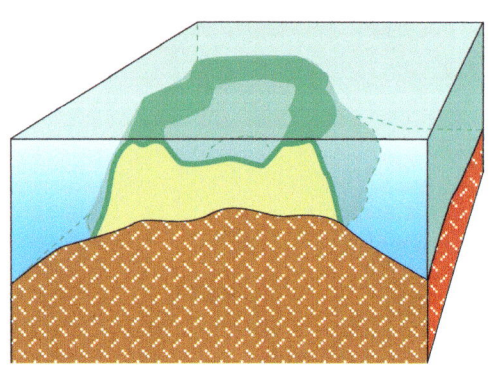

2 **Riffbildung.** Ein Riff entsteht durch ein langsames Absinken des Meeresbodens. Dadurch können die Korallen rasch genug zum entsprechenden Wasserspiegel emporwachsen. Alle genau untersuchten Atolle sind auf vulkanischem Boden mit häufigen Hebungen und Senkungen entstanden.

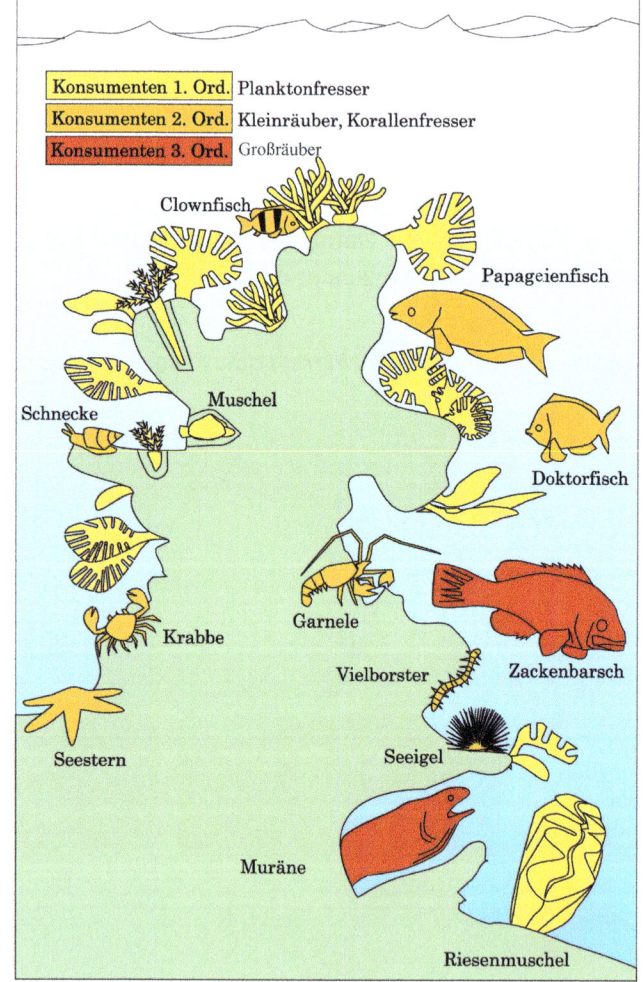

Konsumenten 1. Ord. Planktonfresser
Konsumenten 2. Ord. Kleinräuber, Korallenfresser
Konsumenten 3. Ord. Großräuber

Clownfisch

Papageienfisch

Schnecke   Muschel

Doktorfisch

Krabbe   Garnele   Zackenbarsch

Vielborster

Seestern   Seeigel

Muräne

Riesenmuschel

4 **Lebensräume** in einem Riff zeigen, wie vielfältig und eng verzahnt Algen und Tierleben sind.

1 ▶ Betrachte die Abb. 4 und bilde drei Nahrungsketten mit möglichst unterschiedlichen Gliedern. Verwende die Begriffe Produzent, Konsument 1. und 2. Ordnung. Zeichne oder schreibe in dein Heft.

2 ▶ In Riffen kommen bemerkenswerte Symbiosen vor. Such im Lexikon oder Internet nach Putzerfisch und Putzerkrebs. Dieselbe „ökologische Nische" wird hier von zwei ganz unterschiedlichen Tieren eingenommen. Wiederhole den Begriff „ökologische Nische" und erkläre, wie diese „doppelte" Nischenbildung möglich wird.

1 Gefährdung der Korallenriffe

Zwei Drittel der Erdoberfläche sind vom Meer bedeckt. Fast alle **Nahrungsketten** gehen vom **pflanzlichen Plankton** aus. Manche Meeresbewohner sind von großer **wirtschaftlicher Bedeutung**: Hering, Kabeljau, Lachs, Scholle, Hummer, Garnelen.

Tiefseefische sind ihrem besonderen Lebensraum speziell angepasst (Tiefseeangler, Silberbeil).

Lachs und Flussaal sind „**Wanderer**" zwischen Fluss und Meer.

Haie und Rochen haben anstelle von Knochen ein **Knorpelskelett**.

Stachelhäuter (z. B. Seesterne) sind strahlig symmetrisch gebaut. Ihr Hautskelett besteht aus Kalkplättchen.

Manche **Kopffüßer** (z. B. Tintenfisch) stoßen zur Tarnung eine schwarze Flüssigkeit aus ihrem Tintenbeutel aus.

Quallen und Korallen gehören zu den Nesseltieren (**Hohltieren**). Korallen kommen in vielerlei Farben und Formen vor. Sie bilden **Riffe** (Saumriffe, Barriereriffe, Atolle).

1 ▶ Berichte

 ➔ **Arbeitsblatt S. 119**

2 ▶ *Schau in die Auslage eines Schmuckhändlers, ob er Edelkorallen verkauft. Notiere den Preis.*

3 ▶ *Erkläre, weshalb man von seinem Urlaub keine Souvenirs in Form von Korallen, Muscheln und Schneckenhäusern mitbringen soll (auch wenn sie zum Kaufen angeboten werden). Notiere die Erklärung.*

4 ▶ *Gestaltet in der Klasse ein Plakat mit Fotos vom Ökosystem Meer (➔ Tierstämme).*

Vereinfachte Systematik der Meerestiere (Tierstämme):

Wirbeltiere	Stachelhäuter	Gliederfüßer	Weichtiere	Nesseltiere	Schwämme
Säugetiere Fische	Seesterne Seeigel Schlangensterne Seewalzen	Krebse	Kopffüßer Muscheln Schnecken	Quallen Korallen	

Gefährdung der Weltmeere

1 Ölverklebter Vogel

Nimm ein Glas Wasser und gib mit einer Pipette einen Tropfen Kernöl auf die Oberfläche. Du siehst sofort, dass sich dieser Tropfen dünn über die gesamte Oberfläche ausbreitet. Ähnliches passiert bei Tankerunfällen. Das Öl mit geringerer Dichte breitet sich über riesige Flächen aus und erreicht früher oder später Küstenabschnitte mit all den verheerenden Folgen, die du aus Fernseh- oder Zeitungsberichten kennst. Welche anderen Gefahrenquellen siehst du noch für die Meere?

Nicht nur das Ablassen von Ölrückständen aus Schiffen bewirkt die starke Verschmutzung. Allein in die Nordsee und in den Nordatlantik gelangen laut Schätzungen von „Greenpeace" rund 500 000 t Öl pro Jahr. Das Öl stammt aus Bohrinseln, lecken Pipelines und wird zum Teil illegal von Schiffen (Reinigung der Tanklager) ins Meerwasser geschwemmt. Die Verschmutzung des Wassers führt zur **Ölpest**. Tausende von Hochseevögeln und Vögeln an den Küsten verenden qualvoll, weil ihr Gefieder verklebt. Das Öl verklebt aber auch die Kiemen der Fische, verhindert die Fotosynthese der Algen, die Nahrungsbeziehungen der betroffenen Gebiete werden schwerst gestört.

2 Giftige Schlammlawine (verursacht durch Bergbaukonzerne) an der Flussmündung des Rio Doce, Brasilien

Der Zustrom der Abwässer aus Flüssen der ganzen Erde bringt eine Unmenge von Schadstoffen mit ins Meer (Abwässer aus Kommunen und Industrie – sie werden in Österreich jedoch durch Kläranlagen gereinigt.). U. a. Pflanzendünger und Pflanzengifte, die sich immer weiter in den Nahrungsketten anreichern, schädigen vor allem das pflanzliche Plankton und vermindern dadurch die Sauerstoffproduktion.

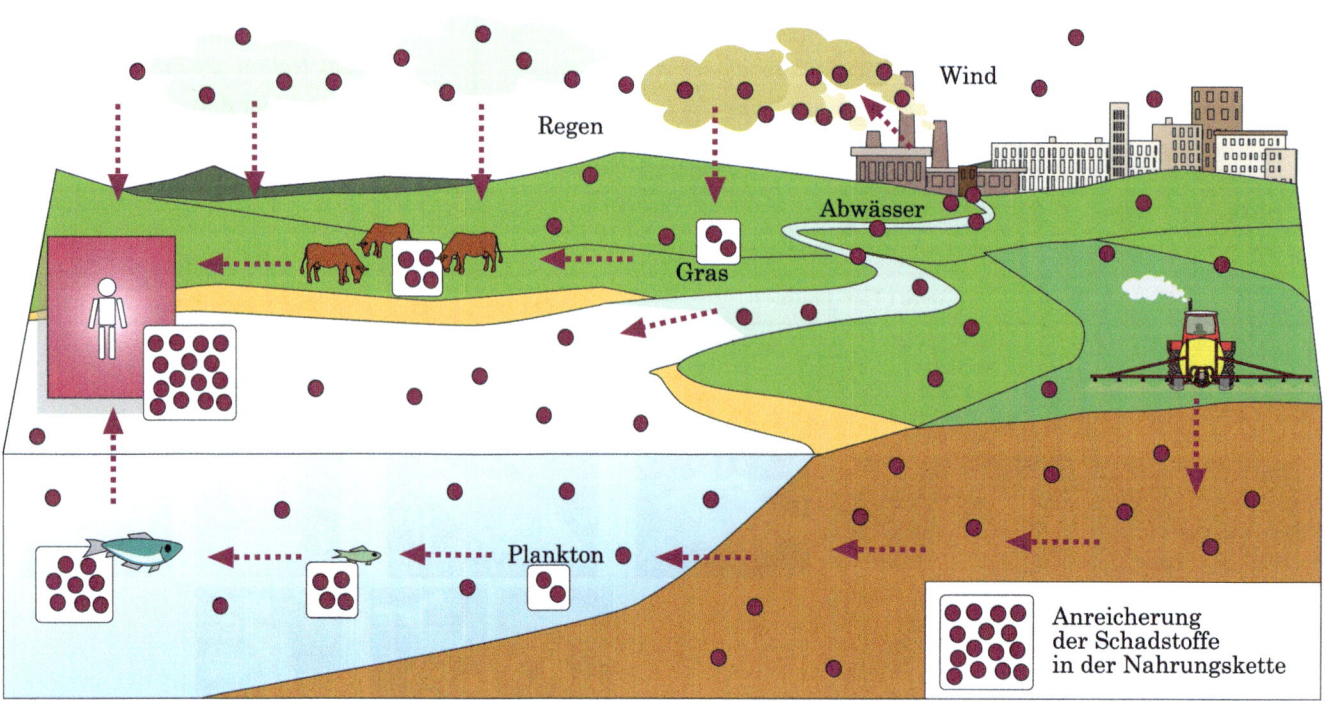

3 Weg der Schadstoffe

Neben den Pflanzenschutz- und Tierbekämpfungsmitteln aus der Land- und Forstwirtschaft sind dies vor allem: **Quecksilber** aus der Farbstoffherstellung, **Cadmium** aus der Plastikindustrie, der Metallverarbeitung und aus Raffinerien sowie **Blei** aus der chemischen Industrie.

Noch weniger kontrollierbar als die Verschmutzung der Meere ist die Verseuchung durch **radioaktive Stoffe**. Radioaktive Substanzen entstehen bei der Energieumwandlung in Atomkraftwerken, bei der Herstellung und Erprobung von Kernwaffen und in Schiffen mit Nuklearantrieb. Einige dieser Schiffe können aus Kostengründen nicht weiterbetrieben werden und rosten in Hafenstädten (z. B. Murmansk in Russland) vor sich hin.

Sowohl militärische Atombombentests als auch Reaktoren für die Stromerzeugung geben radioaktiv belastete Substanzen an die Umwelt ab. Diese werden jahrzehntelang in Blechfässern eingeschlossen und „warten" auf einen geeigneten Standort für die Endlagerung. Manche Blechfässer wurden auf hoher See „entsorgt".

Die Katastrophen von Tschernobyl (April 1986) und im März 2011 in Fukushima (Japan) sind Beispiele für drohende atomare Gefahren, die von Kernkraftwerken ausgehen. Die austretenden Substanzen halten sich viele Jahrzehnte lang in der Luft, im Wasser und in der Erde. Über die Nahrungsketten landen sie letztendlich im menschlichen Körper.

2 *Atomreaktor von Tschernobyl*

3 *In Folge eines Katastrophen auslösenden Tsunami kam es in mehreren Reaktorblöcken des Atomkraftwerkes Fukushima zur Kernschmelze (Super-GAU). Die Strahlenwerte erreichten immense Ausmaße. Sind Menschen einer solchen Strahlung ungeschützt ausgesetzt, führt sie in wenigen Stunden zum Tod.*

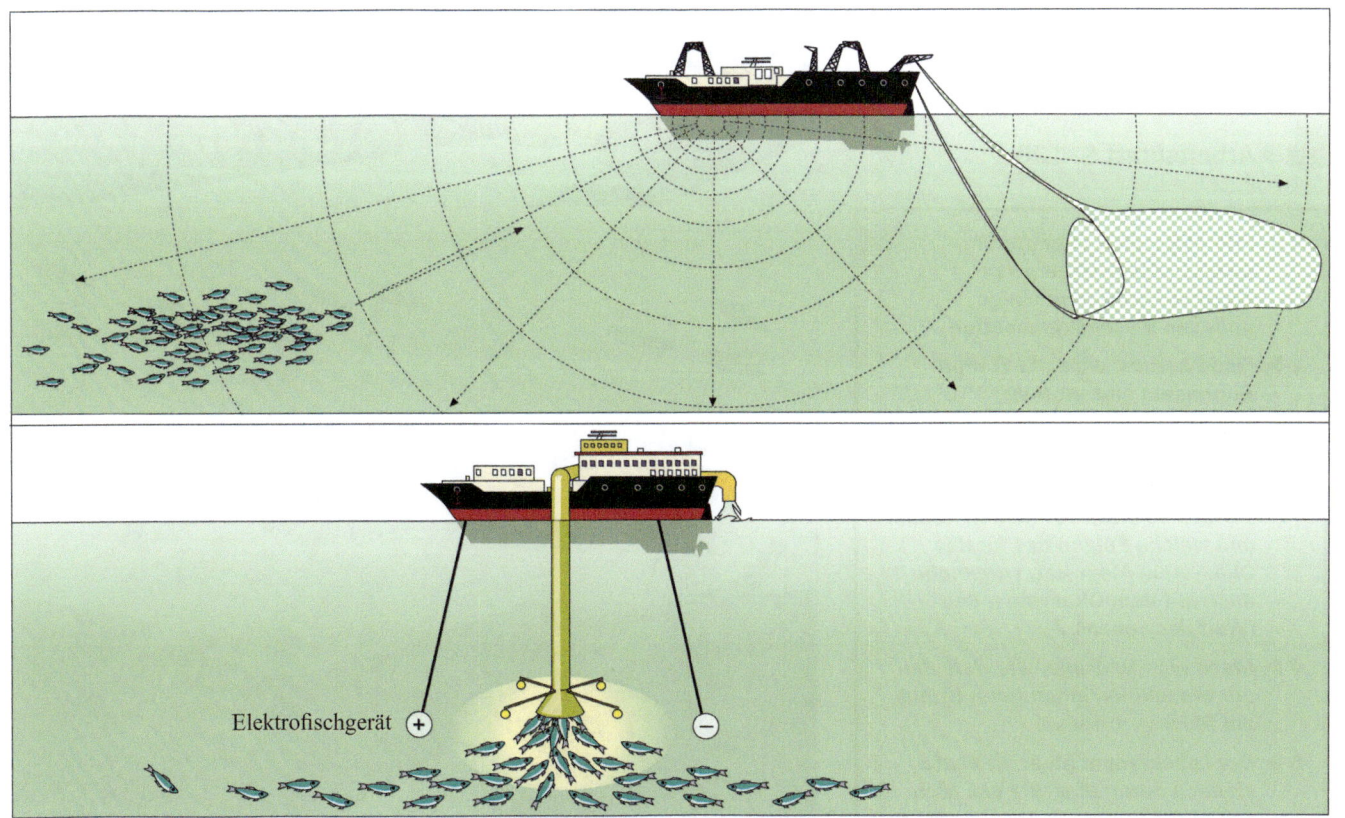

Elektrofischgerät ⊕ ⊖

1 *Die Wasserverschmutzung führt sowohl zum Absinken der Sauerstoffproduktion als auch zu einer Verringerung der Fischereierträge. Der **Fischfang mit Echolot** und **Absaugen von Fischschwärmen** verschlechtert die Lage zusätzlich. Er entzieht dem Meer nicht nur die Fische für die menschliche Ernährung, sondern auch Jungfische und andere Meerestiere, die den Fischen als Nahrung dienen.*

1 Die Bevölkerungszahl steigt in den Küstengebieten im Sommer um ein Vielfaches.

2 Algenplage an der oberen Adria. In manchen Jahren tritt die Algenpest (Schleimabsonderung bestimmter Algenarten) – in Form von „Teppichen" auf.

→ Arbeitsblatt S. 120

1 ▶ Erkundige dich über die Umweltschutzaktivitäten von Greenpeace. Nenne einige Anliegen dieser Organisation.

2 ▶ Finde heraus, wo es in Europa Bohrinseln gibt. Notiere.

3 ▶ In manchen Jahren ist das Wasser der oberen Adria mit Algen förmlich übersät. Arbeite heraus, weshalb sie sich so stark vermehren können und welche Folgen das für das Ökosystem Meer hat. Vergleiche auch mit dem Ökosystem See (Welt des Lebens 2).

4 ▶ Mach eine Umfrage, wie viele deiner Mitschüler/innen ihren Urlaub am Meer verbringen.

5 ▶ Der Lebensraum Meer ist heute vielfach durch Eingriffe des Menschen gefährdet. Nenne Ursachen und Möglichkeiten, das Leben im Meer zu erhalten.

Eine kaum bewusste, aber beachtliche Belastung der Meere und Küstenregionen stellt der Tourismus dar. Über 100 Millionen erholungsbedürftige Menschen tummeln sich jedes Jahr an den Mittelmeerküsten. In manchen Fischerdörfern verzehnfacht sich während der Sommermonate die Einwohnerzahl – dementsprechend verstärkt sich der Verkehr und steigen Müll und Fäkalienmengen, die oft nur wenige 100 Meter vor der Küste ins Meer geleitet werden.

Da manche Rohstoffe auf der Erde schon knapp werden und der Ozeanboden fast alle Elemente enthält, die auch auf der Erde vorkommen, bestehen Überlegungen diese Metalle wie Mangan, Eisen und Nickel aus dem Tiefseeboden zu holen. Technische Ausrüstung und „Abbau" könnten so funktionieren, wie es die Abbildungen 3 a und 3 b darstellen. Abgesehen von den schweren Schädigungen der Bodenlebensgemeinschaften würden die Abfallprodukte wieder ins Wasser gekippt und über Quadratkilometer hinweg sedimentiert werden – Planktonorganismen würden vernichtet, Nahrungsketten schwerst gestört werden.

3 a, b Abbau von Erzen – Zukunftsvorstellungen von Ingenieuren

1 ▶ Die fünf Bilder zeigen dir, wodurch Korallenriffe gefährdet sind. Schreib zu jedem dieser Bilder einen kurzen Bericht, wie und weshalb die Gefährdung zustande kommt und wie man sie vermeiden könnte.

Treibhauseffekt
Klimaveränderungen

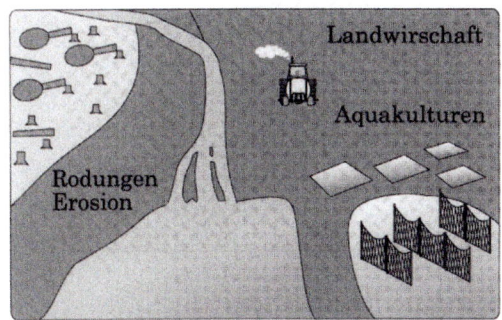

Landwirschaft

Aquakulturen

Rodungen
Erosion

Öltankerunfälle

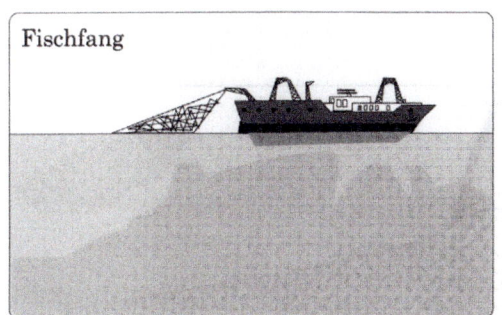

Fischfang

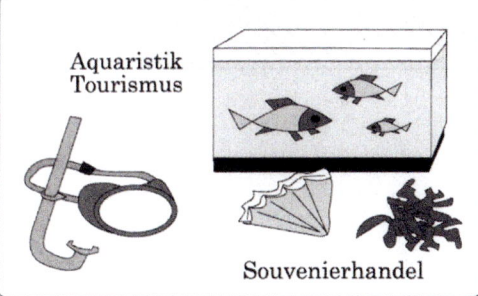

Aquaristik
Tourismus

Souvenierhandel

1 ▶ *Die Weltmeere sind durch Schadstoffe massiv belastet. Arbeite heraus, wodurch und wo sich diese Schadstoffe besonders stark ansammeln.*

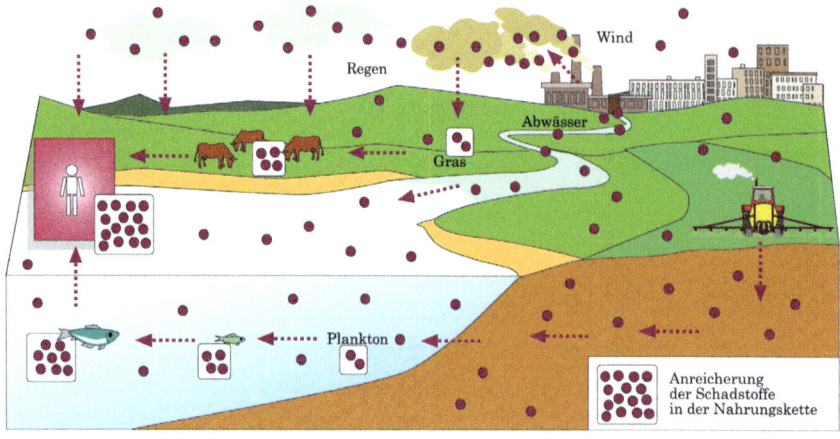

_____

_____

_____

_____

_____

_____

_____

_____

_____

_____

_____

_____

_____

2 ▶ *Beschreibe die abgebildete Nahrungskette der Antarktis. Weshalb kann der Eisbär keine Pinguine fressen?*

Ökosystem Stadt

Die Stadt – ein vom Menschen geschaffenes Ökosystem

Sowohl in den Industrie- als auch in den Entwicklungsländern nimmt die Landbevölkerung ab. Der Bevölkerungszuwachs der Städte beträgt pro Jahr rund 2 %, in Entwicklungsländern sogar bis zu 6 %. Immer mehr Menschen zieht es in die Großstädte. Weltweit lebt bereits die Hälfte der Bevölkerung in Städten. Finde jene österreichischen Städte heraus, die mehr als 50 000 Einwohner haben. Notiere sie und die Bevölkerungszahlen in dein Heft.

Die Stadt ist ein Ökosystem, das gänzlich vom Menschen gestaltet ist. Nur durch eine ständige Zufuhr von Nahrung und Energie kann es aufrecht erhalten werden. Während in einem natürlichen Ökosystem wie einem Wald zwischen Produzenten, Konsumenten und Reduzenten ein Gleichgewicht herrscht, überwiegen in Städten die Konsumenten (Menschen). Die Produzenten, d. h. die grünen Pflanzen, sind auf Parkanlagen, Grüngürtel und Innenhöfe zurückgedrängt. Tiere als natürliche Konsumenten 1. und höherer Ordnung suchen vor allem deshalb Versteck- und Brutmöglichkeiten bzw. Nahrung in der Stadt, weil sie in natürlichen Landschaften noch weniger Möglichkeiten vorfinden. Den Reduzenten fehlt es zum Teil an Boden, weil ein Großteil der Fläche zubetoniert bzw. asphaltiert ist. Selbst in Grünanlagen wird das anfallende Laub entfernt, sodass für Bakterien und Pilze kaum Nahrungsgrundlage vorhanden ist.

2 *Ausschnitt einer typischen Stadt (Wien)*

→ **Arbeitsblatt S. 132**

Einige der größten Städte der Welt: Bevölkerungszahlen in Mio. (2016 und Prognose 2030)

1 ▶ *Ordne die Namen der Städte (mit Nummer) der Landkarte zu. Interpretiere die Entwicklung der Einwohnerzahlen.*

① Tokio	2 Mexico-City	3 New York	4 Seoul	5 Mumbai	6 Sao Paulo

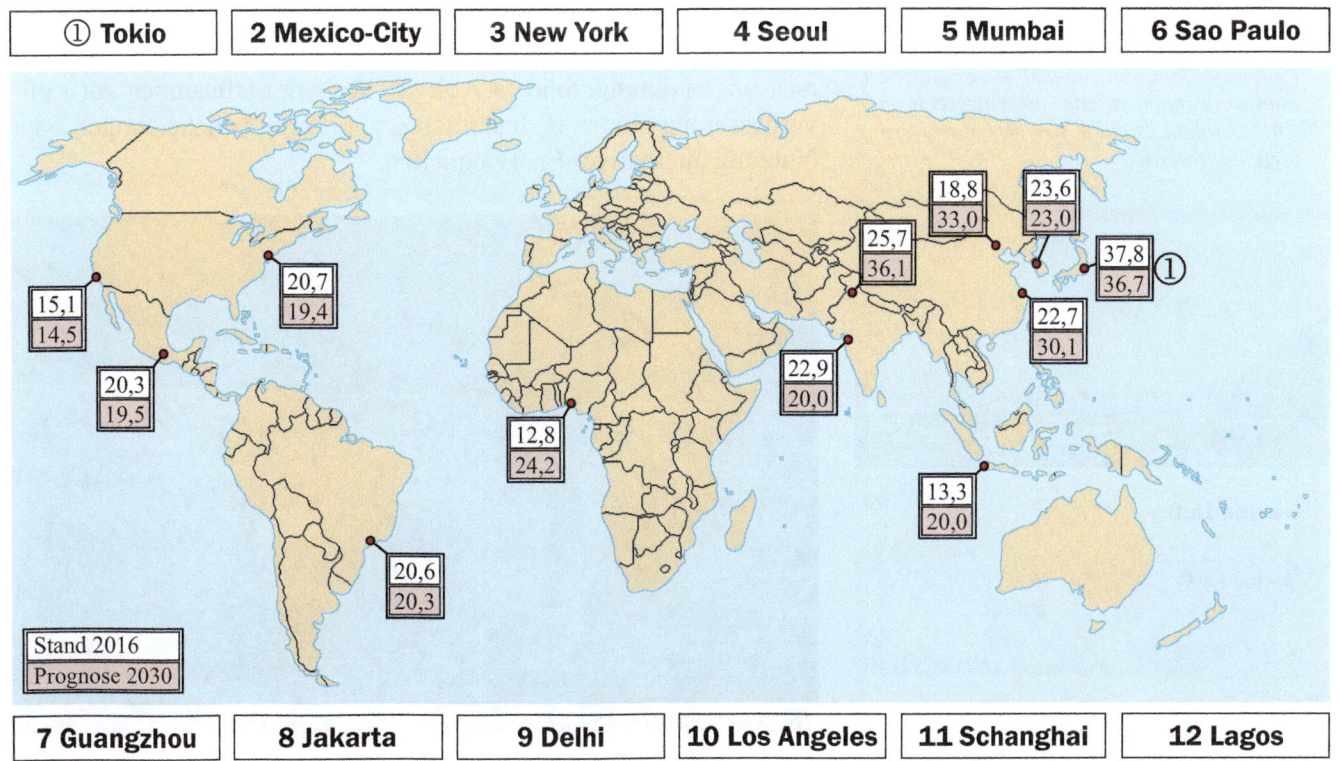

7 Guangzhou	8 Jakarta	9 Delhi	10 Los Angeles	11 Schanghai	12 Lagos

1 **Backofeneffekt**: *Das bei der Verbrennung entstehende Kohlenstoffdioxid ist schwerer als die Luft und bleibt wie eine Glaskuppel über der Stadt liegen. Die dadurch zurückgehaltene Wärme führt wie in einem Gewächshaus zu einem deutlichen Temperaturanstieg und verhindert in der Nacht die Abkühlung.*

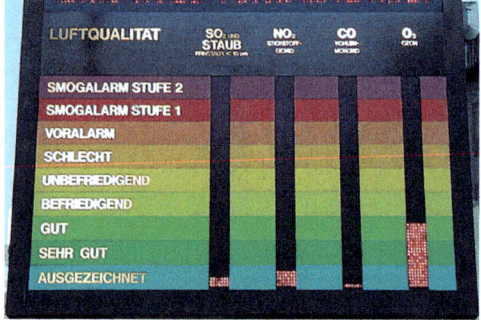

2 *Messanzeige für Schadstoffe. Die Ergebnisse (Schadstoffkonzentrationen) dieser Aufzeichnungen können sogar an entsprechenden Anzeigetafeln ständig von der Bevölkerung abgelesen werden.*

Wetter, Temperatur und Luftfeuchtigkeit beeinflussen das Leben der Organismen. Das **Klima** wird in der Stadt großteils von den Bauten mitbeeinflusst. Durch den so genannten „**Backofeneffekt**" liegen die durchschnittlichen Temperaturen um rund 3 bis 4 °C über den Durchschnittstemperaturen der Umgebung. An heißen windstillen Tagen beträgt der Unterschied bis zu 10 °C.

Ursachen liegen in:

> der Wärmedunstglocke über der Stadt,
> der Abstrahlung der Wärme von den Häuserblocks,
> der Eigenproduktion von Wärme bei der Verbrennung (Industrie, Haushalt, Kraftfahrzeuge),
> dem raschen Abfluss der Niederschläge, die nicht im Boden versickern können, sondern in die Kanalsysteme geleitet werden (Dadurch können Niederschläge keine wesentliche Abkühlung bewirken.),
> der geringen Durchlüftung der Stadt.

Die warme Luft saugt außerdem langsam Luft aus dem Umland an. Gibt es um eine Stadt einen Grüngürtel, so bringen Flurwinde feuchte und kühlere Luft mit in die Stadt und verbessern das Kleinklima. Flurwinde reichern sich aber auf ihrem mehr oder weniger langen Weg mit Staub- und Schadpartikeln an. Diese werden dann mit der warmen Luft hochgesaugt und bilden eine entsprechende Staubglocke über der Stadt. In Großstädten – vor allem in jenen in Tal- und Beckenlagen (z. B. Klagenfurt, Graz, Paris) kann dabei der gefürchtete **Smog** (➔ **L**), eine Mischung aus Staub und Schadstoffen, über der Stadt zu liegen kommen (➔ Abb. 3, 4). Der Smog belastet dann die Atemwege der Menschen.

Schadstoffe in der Luft sind Schwefeldioxid, Kohlenmonoxid, Stäube und Stickoxide. Während man noch vor wenigen Jahrzehnten diesen Stoffen kaum Beachtung geschenkt hat, haben Gesetze mittlerweile dafür gesorgt, dass es in Österreich z. B. zum Einbau von Autoabgaskatalysatoren oder in der Industrie durch eine Vielzahl von Katalysen und Filtern gekommen ist. Dies hat zur deutlichen Reduktion der Schadstoffe geführt. Laufend werden Schadstoffmessungen durchgeführt (➔ Abb. 2). Weitere Maßnahmen zur Luftverbesserung sind z. B. Installieren von Fernwärmeheizungen oder Nutzung alternativer Energiequellen.

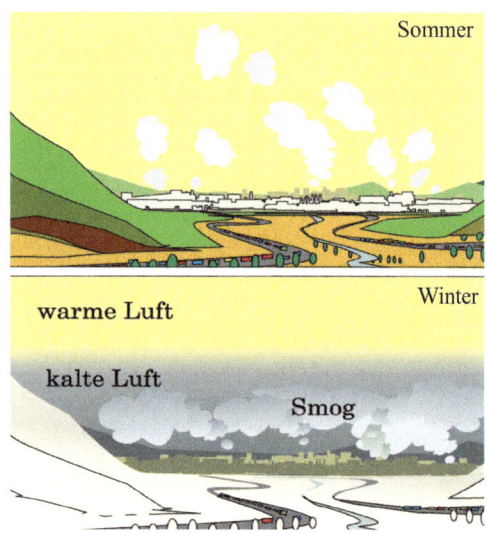

3 *Enstehung von Smog*

4 *Smog – angereichert mit Staub und Schadstoffen*

Pflanzen in der Stadt

In der Stadt ist es wärmer und viel trockener als im Umland. Das behagt manchen spezialisierten Pflanzenarten, anderen aber nicht. Viele Pflanzen werden vom Menschen in Parkanlagen und Innenhöfen gepflanzt.

Natürlich vorkommende Pflanzen sind Mäusegerste und Glatthafer, Strahlenlose Kamille, Nachtkerzen, Goldrute und Malve – bei den meisten überwintern nur ihre Samen und keimen im Frühjahr wieder aus. Eine Reihe trittfester Pflanzen, die in engsten Pflastersteinritzen und an Wegrändern noch gedeihen können, ergänzen das Artenspektrum.

3 Glatthaferwiese mit Klatschmohn

1 Trittfeste Pflanzen in der Stadt (Kriechender Klee, Hirtentäschel, Gänseblümchen)

Grüngürtel um oder innerhalb der Stadt, Parkanlagen und Innenhöfe stellen „grüne Inseln" dar. Sie bieten unter anderem Ruhe vor Straßenlärm, Erholungsraum und sind oft die einzige Möglichkeit, mit der „Natur" in Berührung zu kommen.

Vielfach wurden Parkanlagen zu Repräsentationszwecken angelegt und enthalten daher eine Reihe farbenprächtiger Sträucher (Goldregen, Buddleia – „Schmetterlingsflieder") und fremdländischer Bäume.

2 Parkanlage zu Repräsentationszwecken

5 Schmetterlingsflieder lockt mit seinen Blüten bis Oktober Schmetterlinge (im Bild Tagpfauenauge und Admiral) an.

1 Ligusterhecke

Je nach Platz finden sich auch Rosen, Magnolien, Mandelbäumchen, aber auch heimische Bäume, wie Linde, Ahorn und Rosskastanie. Lebensbaum, Buchsbaum, Sauerdorn und auch Hainbuche werden gerne als lebende Zäune und Heckenpflanzen gesetzt.

4 Rosen   5 Magnolie

Am Beispiel der Hecke ist ersichtlich, wie Pflanzen das Kleinklima deutlich verbessern. Hecken bieten nicht nur Sicht- und Lärmschutz, sondern filtern auch Schadstoffe. Abbildung 6 zeigt, dass die Schadstoffbelastung durch eine Hecke stärker reduziert werden kann als durch eine Mauer. Bei einer Hecke streicht der Wind durch, ein Teil der Schadstoffe wird aus der Luft herausgefiltert und die Luft mit Feuchtigkeit angereichert. Die Temperatur wird dadurch etwas abgesenkt.

2 Mandelbäumchen

140 cm: 30 g/t

60 cm: 80 g/t

30 cm: 150 g/t

3 Schadstoffe sind in Bodennähe am stärksten konzentriert.

→ Arbeitsblatt S. 134

Staub, Abgase ungefiltert   Staub, Abgase gefiltert

Sonneneinstrahlung, Wärme

feuchte, kühle, O_2-reiche Luft

Staub, Abgase

6 Die Heckenpflanzen verbessern das Stadtklima (Funktionsweise).

Eine ähnliche Verbesserung des Kleinklimas bewirken begrünte Innenhöfe. Messungen an Bäumen haben gezeigt, dass ein gesunder hundertjähriger Baum so viel Wasser an einem warmen Tag verdunstet, dass er die Luftfeuchtigkeit stark anhebt (➔ Abb. 3). Dies führt zu einer deutlichen Abkühlung des gesamten Innenhofes.

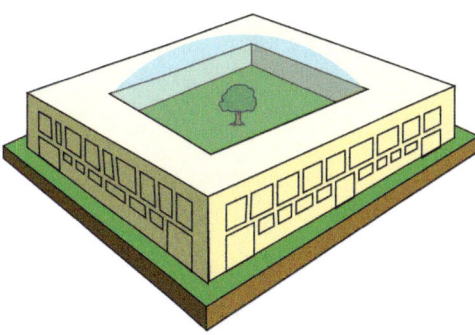

3 Verdunstungsleistung eines Baumes: Eine gesunde Linde oder Rosskastanie kann bei einer guten Wasserversorgung mehrere hundert Liter Wasser pro Tag verdunsten. Einige zehntausend Kubikmeter Luft können dadurch auf etwa 60 % relative Luftfeuchtigkeit angehoben werden. Der Umgebung wird dabei Wärme entzogen. Das Kleinklima verbessert sich dadurch erheblich.

1 Hofnutzung für Parkplätze oder als begrünter Innenhof – welcher Nutzung würdest du den Vorzug geben?

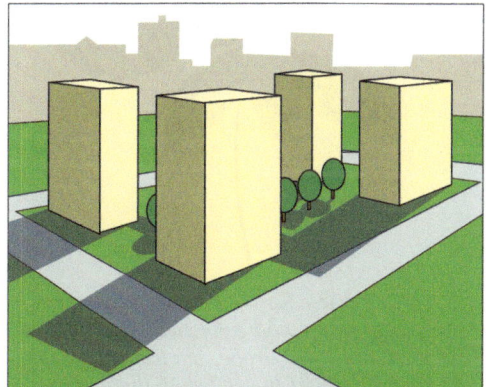

2 Begrünter Innenhof

4 Der Vorteil der Klimaregulation durch einen Baum geht gänzlich verloren, wenn einzelne Wohnblöcke aufgestellt werden.

1 *Knospe*

2 *Die Blätter der Rosskastanie sind gegenstän-dig angeordnet und erreichen nach ein paar Tagen ihre volle Größe. Sie tragen auf ihren Blattstielen fünf bis sieben Teilblättchen mit gesägtem Rand.*

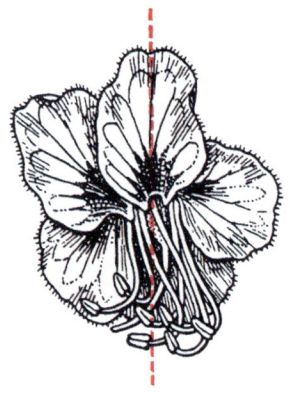

3 *Einzelne Blüte*

Ein beliebter Baum in der Stadt – die Rosskastanie

Die weiß blühende Rosskastanie stammt aus den Bergschluchtwäldern der Balkanhalbinsel. Durch Kreuzung mit einer rot blühenden nordamerikanischen Art ist unsere rot blühende Rosskastanie entstanden.

Die Rosskastanie ist ein guter Schattenspender

Im Frühling schwellen die **Knospen** stark an. Sie glänzen immer mehr und springen dann auf. Die Knospenschuppen öffnen sich. Der junge Spross wächst heraus. Er ist dicht mit feinen Haaren bedeckt und sieht wie in Watte verpackt aus (➔ Abb. 1).

Die Behaarung verschwindet, und der Blattstiel dreht die Blattfläche so lange, bis sie einen günstigen Platz an der Sonne gefunden hat. Deshalb sind die Blattstiele der Rosskastanienblätter auch verschieden lang.

Die Blätter sind so angeordnet, dass sie einander kaum überdecken. Man spricht deshalb von einem Blattmosaik. Es gibt wenige Lücken. Die Sonnenstrahlen werden zum Großteil aufgefangen und können nur schwer bis zur Erde durchdringen.

Im April oder Mai öffnen sich die Blüten

Die Blüten stehen in aufrechten, kegelförmigen **Rispen**, den „Kerzen", beisammen (➔ Abb. 4). Zuerst öffnen sich die untersten, zuletzt die obersten Blüten.

Die Anordnung der fünf Kronblätter erlaubt eine einzige Symmetrieebene durch die Blüte (➔ Abb. 3).

4 *„Kerzen" = Rispen (Blütenstand ➔ L der Rosskastanie)*

Die Flecken (= **Saftmale**), die den Insekten den Weg weisen, sind bei jungen Blüten gelb und färben sich später rot. Gelb bedeutet viel, rot wenig Nektar. Sieben lange Staubblätter stehen aus der Blüte heraus.

Es gibt männliche und zwittrige Blüten

Die männlichen Blüten haben nur Staubblätter und können daher keine Kastanien hervorbringen. Es gibt aber auch zwittrige Blüten. Sie haben außer den Staubblättern einen langen Griffel und einen oberständigen Fruchtknoten. Wenn diese Blüten von Bienen oder Hummeln bestäubt sind, schwillt der Fruchtknoten sehr bald an und entwickelt sich zur Frucht.

Die Fruchtwand wird zur Kapsel

Im Fruchtknoten wachsen die Samenanlagen heran und werden zu Samen.

Sind die letzten Kronblätter abgefallen, entstehen die kleinen, mit weichen Stacheln besetzten Kastanienfrüchte (→ Abb. 2). Viele von ihnen bläst der Wind herunter. Das ist gut, denn unter der ganzen Last müsste der Baum zerbrechen.

Zur Reifezeit, wenn die stachelige Fruchtwand aufspringt, fallen ein bis drei glänzende, braune Samen heraus. Sie haben einen hellen Fleck. An diesem waren sie mit der Fruchtwand verwachsen. Wenn mehrere Kastanien in einer Frucht beisammen liegen, sind sie oft an einer Seite abgeplattet. Früchte, die an mehreren Stellen aufspringen und ihre Samen entlassen, nennt man Kapselfrüchte (→ Abb. 3).

2 Kastanienfrüchte

3 Aufspringende Früchte mit Samen

4 Salzstreuung und Miniermotten (Kleinschmetterling) schädigen die Rosskastanie. Miniermotten sind in Mitteleuropa weit verbreitet. Vier Generationen der Falter legen von Mai bis September jeweils bis zu 100 Eier an der Blattoberfläche ab. Die Raupen saugen zunächst Säfte, dann zernagen sie die Kastanienblätter, die dadurch braun werden und sich einrollen. Eine chemische Bekämpfung der Miniermotte (Begasen der Bäume) ist schwierig, weil die Raupen innerhalb der Blattschichten leben. Sie minieren..

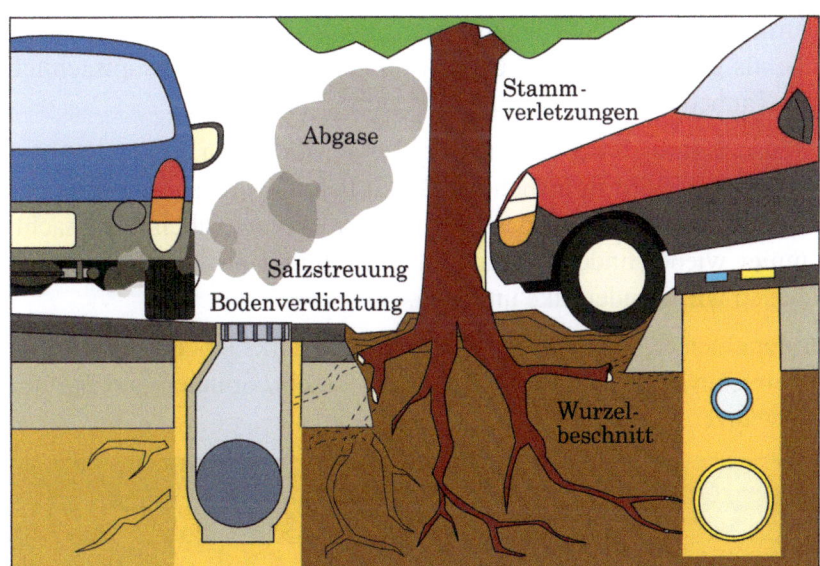

1 Ursachen für das Absterben der Bäume

1 ▶ *Nenne Pflanzen, die du aus Stadtparks kennst:*

_____

_____

2 ▶ *Notiere die Standorte, die Blütezeit und die Zeit, in der diese Pflanzen Früchte tragen.*

1 Hausrotschwanz

2 Lachmöwe

3 Wanderratten sind in der Stadt häufig. Sie vermehren sich stark und können Krankheiten übertragen und verbreiten.

Tiere in der Stadt

Höhere Temperaturen und das Nahrungsangebot locken manche Tiere in die Stadt. So z. B. das Hausrotschwänzchen, das sich (es kam in den letzten hundert Jahren aus Zentralasien) bei uns angesiedelt hat. Aber auch die Felsentaube aus Indien fühlt sich in der Stadt wohl. Tauben gehören überhaupt zum bekannten Stadtbild und kommen in Städten wie beispielsweise Venedig und Rom in Massen vor.

5 Straßentauben. Diese verwilderten Abkömmlinge der Felsentaube werden in vielen Städten zum Problem.

Die Amsel, ein ehemals scheuer Waldvogel, ist ebenfalls in der Stadt heimisch geworden. Meisen und Spatzen kommen in großer Zahl vor und haben sich an die Futtergaben der Menschen angepasst. Lachmöwen, Dohlen, Nebel- und Rabenkrähen nahmen in den letzten Jahren in Österreich vermehrt zu und leben häufig direkt in der Stadt (z. B. Innsbruck). Ein Beutegreifer in der Stadt ist z. B. der Turmfalke, der sich in der künstlichen Felslandschaft der Häuserblöcke als geschickter Jäger bewährt, und dessen Beute hauptsächlich aus Tauben, Ratten und Mäusen besteht.

Mäuse jagt auch der Steinmarder gerne. Er ist ein echter „Kulturfolger" und wird in manchen Städten bereits zur Plage, weil er bei Autos erheblichen Schaden durch Abbeißen von Kabeln verursacht. Immer wieder finden sich auch Füchse und Marder am Stadtrand, ebenso wie Wanderfalke und Uhu.

In feuchten Kellern, in Baumscheiben und Parks lebt eine Reihe von Kleinlebewesen wie z. B. Schnecken, Asseln, Spinnen und Springschwänze.

4 Assel

6 Springschwanz

Für viele Städter sind die einzigen Tiere, mit denen sie bewusst Kontakt haben, allerdings Haustiere: Wellensittiche, Meerschweinchen, Katzen und vor allem Hunde. Deren Kot sorgt für manche Verschmutzung der Gassen und führt zu Meinungsverschiedenheiten und Diskussionen unter den Bewohnern.

2 *Taubenplage*

1 *Tierleben in einer Stadt – vielfältiger als man im ersten Moment glaubt*

3 *Haushunde verschmutzen manchmal Gehsteige und Parkanlagen.*

🦉 ➔ **Arbeitsblatt S. 134**

1 ▶ Finde heraus, wie viel Prozent der Bevölkerung Österreichs in Städten lebt.

2 ▶ Zähle die Arten von Bäumen und Sträuchern in deiner Wohnumgebung auf. Notiere, wie dabei ein Vergleich zwischen städtischer und ländlicher Wohnumgebung ausfallen wird.

3 ▶ Erstelle eine Tabelle und vergleiche Stadt und Land hinsichtlich folgender Gesichtspunkte: Kultur (Theater, Kino, ...), Einkaufsmöglichkeit, Höhere Schulen, Verkehrsmittel, Arbeitsplätze, Freizeiträume, Autobedarf, Lärmbelästigung, Nachbarschaft, Spitäler, Ärztinnen und Ärzte.
Fasse in einem Bericht deine Aufstellung zusammen.

4 ▶ Arbeite Nahrungsketten und Nahrungsnetze mit Hilfe der Abb. 1 heraus.

Die Stadt ist ein vom Menschen geschaffenes Ökosystem und bedarf einer ständigen Zufuhr von Energie. Sie hat ein eigenes Kleinklima (Backofeneffekt), ist wärmer und stärker mit Schadstoffen belastet als die Umgebung. Einige wenige angepasste Pflanzen und Tiere leben in ihr. Grüngürtel, Parkanlagen und Innenhöfe geben Heckenpflanzen, Sträuchern, aber auch Bäumen wie z. B. der Rosskastanie, Platane und dem Ahorn Lebensraum. Pflanzen verbessern das Stadtklima. Häufige Tiere: Insekten, Vögel (Amseln, Rotschwanz, Tauben und Falken), Mäuse und Marder.

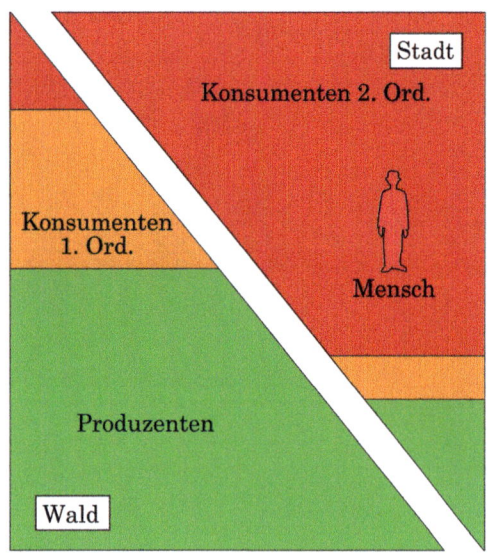

1 *Vergleich der Nahrungspyramiden in einem natürlichen und einem städtischen Ökosystem*

Der Mensch in der Stadt

Betrachtet man die Stadt als Ökosystem, so ist der Mensch ein Teil davon. Allerdings haben wir schon in den vorangegangenen Kapiteln gesehen, dass die Stadt ein künstliches, vom Menschen selbst geschaffenes System ist. Ohne ständige Zufuhr von Energie von außen auf der einen Seite und Entsorgung der „Abfallstoffe" auf der anderen wäre dieses System nicht funktionstüchtig.

Vergleicht man die Nahrungspyramide eines Waldes mit der einer Stadt, fällt der enorme Unterschied sofort auf. Die **Nahrungspyramide einer Stadt** steht praktisch auf dem Kopf (→ Abb. 1). Die Konsumenten überwiegen bei weitem, die Produzenten sind kaum vorhanden. In einigen Städten bzw. Bezirken von Großstädten sind sie völlig verschwunden (Flächenverbauung durch Wohnbauten, Straßen …). Die Stadt ist ein Ökosystem, das vom Menschen extrem stark beeinflusst und geformt, praktisch geschaffen wird – mit entsprechendem Energiedurchfluss.

Den **Arbeits- und Wohnbedürfnissen** des Menschen entsprechend, sind Städte nicht einheitlich strukturiert, sondern in kleinere Bereiche gegliedert – eine Gemeinsamkeit mit allen anderen Ökosystemen. Das Stadtzentrum wird meist stark verbaut. Es ist der Ortskern, oft der Ausgangspunkt für die Stadtgründung. Nach außen folgt der aufgelockerte, offene Bebauungsabschnitt, danach die Stadtzone mit Alleen und Parkanlagen und am Rande die äußere Stadtzone mit Äckern und Forsten. Dort werden meistens auch die Industriezonen angesiedelt (mit einer hohen Zahl von Arbeitsplätzen), während andere Bereiche mit weniger Lärm und mehr Grünflächen als Wohnräume bevorzugt werden.

Der tägliche Wechsel zwischen Wohn- und Arbeitsplatz bzw. Ausbildungsstellen (Schulen, Universitäten) stellt einen Teil des **Umweltproblems Verkehr** dar. Durch den Verkehr werden große Mengen Schadstoffe frei. Viele Quadratkilometer der Stadtfläche werden für Straßen und Parkflächen verbaut. Alternativen zum Einzelverkehr sind funktionierende öffentliche Verkehrsnetze.

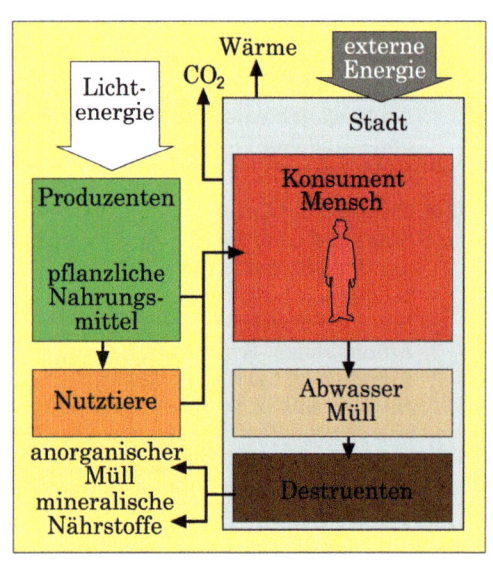

2 *Schema eines von Menschen stark beeinflussten Ökosystems*

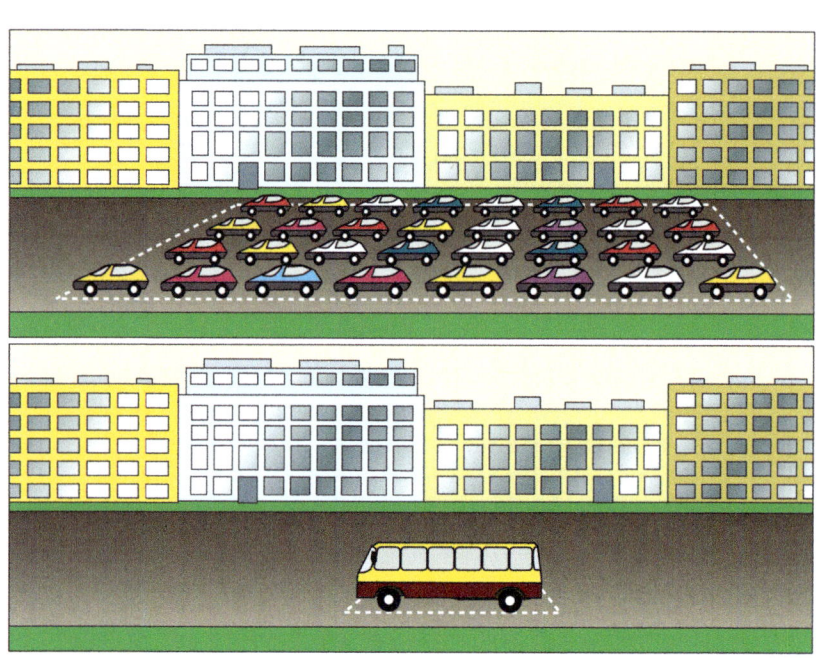

3 *Flächenbedarf verschiedener Verkehrsmittel*

Die Forderung nach einer so genannten **menschengerechten Stadt**, die den Bedürfnissen des Menschen entspricht, wird immer stärker: Sie beinhaltet

❭ zufriedenstellende Wohn- und Arbeitsbereiche,

❭ entsprechende Angebote an Ausbildungsplätzen, beginnend vom Kindergarten bis zu den Universitäten und Lehrstellen,

❭ eine funktionierende Versorgung mit sauberem Wasser, Lebensmitteln und Energie sowie

❭ die entsprechende Entsorgung des Mülls und der Abfallstoffe.

Neben den drei Bereichen Wohnen, Arbeiten und Verkehr muss der Mensch die Möglichkeit zur Erholung haben. Ruhe und Entspannung auf der einen Seite und Unterhaltung und Kulturangebote auf der anderen Seite sind hier notwendig.

Zudem sollte es in einer Stadt die Möglichkeit geben, seine typische und charakteristische „Heimatstadt", das individuelle „Grätzl" zu haben (**Identität**). Das entspricht dem Grundbedürfnis des Menschen nach **Territorialität**. Bei Reihenhaussiedlungen kann das sehr gut beobachtet werden. Jedes Haus hat seinen kleinen Garten, seinen Zaun darum herum. Die Möglichkeit einen „Intimbereich" zu haben, hebt die Lebensqualität in der Stadt (**Intimität**). Aus dieser heraus Anregungen, Kontakte zu suchen und zu finden (**Stimulation**), ist eine zusätzliche Herausforderung für Städteplaner.

Architekten versuchen den Bedürfnissen der Menschen entsprechend Stadtteile zu planen und zu bauen. Dazu zählen das Begrünen von Dachterrasse und Innenhöfen, Verlegung der Straßenparkplätze in Tiefgaragen, Lärmschutzbauten und lärm- und abgasmindernde Verkehrskonzepte.

2 Vergleich: Hochhaus mit Abstandsgrün und Wohnhof bei gleichem Flächenverbrauch

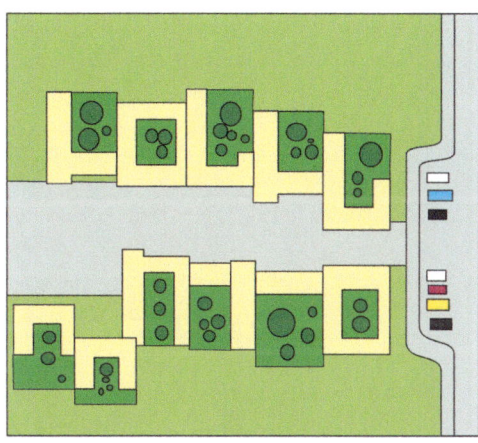

3 Lebensgerechte Außenräume, geplant vom Architekten R. Rainer: Jeder Garten ist nur vom eigenen Haus einsehbar, der Verkehr bleibt außerhalb der Siedlung.

1 Grünparadies mit Hochbeeten auf dem Dach

1 ▶ Suche mit Hilfe von Google Maps Grünbereiche in (d)einer Stadt.

2 ▶ Eine Gedankenreise: Du stehst inmitten einer Großstadt und bewegst dich langsam vom Stadtkern zum Stadtrand: Notiere deine „Beobachtungen".
Beachte Bauten, Straßen, Verkehr, Verhalten der Menschen, Pflanzen, …
Unterscheide zwischen Tag und Abend.

1 ▶ *Finde im Internet heraus, wie viele Einwohner die einzelnen Bundesländer Österreichs heute und 2030 (Prognose) haben. Trage die Daten in die Karte ein (entweder die Zahlen allein oder mit Balkendiagrammen – 1 cm Höhe entspricht 300 000 Einwohnern).*

Vor-
arlberg

Tirol

728 500

Salzburg

Kärnten

Oberösterreich

Steiermark

Niederösterreich

Wien

Burgen-
land

1 ▶ *Zeichne einen Plan von der Umgebung deiner Schule (mit Bäumen, Sträuchern, Gärten und Parkanlagen). Google hilft dir eventuell dabei.*

Schule

1 ▶ *Zeichne einen Plan von der Umgebung deiner Schule (mit Bäumen, Sträuchern, Gärten und Parkanlagen). Google hilft dir eventuell dabei.*

2 ▶ *Pflanzen und Tiere in der Stadt: Ordne den Fotos die richtigen Namen zu. Ob du alle Pflanzen und Tiere richtig er-*
kannt hast, kannst du auf Seite 135 rechts unten kontrollieren. Verfasse jeweils einen Steckbrief (schreib einige
Merkmale der Pflanzen und Tiere unter den Namen).

① _____

② _____

③ _____

④ _____

⑤ _____

⑥ _____

⑦ _____

⑧ _____

⑨ _____

⑩ _____

⑪ _____

⑫ _____

Bedrohte Umwelt

Wir wissen, dass die Umwelt im Wohn- und Arbeitsbereich nachhaltigen Einfluss auf unser Wohlbefinden und unsere Lebensweise hat. Wir selbst wirken wieder durch unser Verhalten auf unsere Umwelt ein – und das nicht nur im unmittelbaren Nahbereich. Diese vielfältig vernetzten Zusammenhänge beschränken sich nicht nur auf unser Land, sie umfassen die ganze Erde.

Durch Raubbau am Wald (z. B. tropischen Regenwald), fehlgeleitete Landwirtschaft, Ausstoß von radioaktiven und anderen Schadstoffen und sonstige Eingriffe hat der Mensch seine Umwelt bereits nachhaltig gestört. So wichtig es ist, im eigenen Land auf eine gesunde Umwelt zu achten, wird erst internationale Zusammenarbeit auf ökologischem Gebiet Aussicht auf Erfolg bringen.

Wir sind mit unseren ökologischen Anliegen nicht allein.

> **1 ▶ Finde heraus, auf welchen Gebieten der Ökologie es internationale Zusammenarbeit gibt (www.entwicklung.at).**
>
> _____
>
> _____

In Teilen Afrikas wurde durch unüberlegte Eingriffe in das Umweltgefüge großer Schaden angerichtet. Einige Beispiele:

Man errichtete Staudämme für Bewässerungsanlagen und zur Stromerzeugung (➔ Abb. 1). Unterhalb der Staudämme entstanden durch die ausbleibenden Überschwemmungen stark versalzte Böden, die keine natürliche Düngung durch die jährlichen Überschwemmungen erhalten. Schädlingsplagen treten auf.

Durch Bewässerung mancher Landstriche wurde das Futterangebot für das Weidevieh größer. Daraufhin vergrößerte man den Tierbestand zu stark. Die Folge war die Zerstörung der Weideflächen und ein Sterben des Weideviehs.

Rücksichtsloses Abholzen von Baumbeständen vernichtete auch die darin vorkommende Tierwelt. Die nachfolgende Dürre machte diese Landstriche unbewohnbar.

In Gebieten der Feuchtsavanne z. B. legte man nach Brandrodung Felder an (➔ Abb. 2). Durch die Brandrodung entstanden jedoch häufig Buschbrände, die das Bodenleben zerstörten. Der mineralstoffarme Boden wurde durch die Nutzpflanzen noch zusätzlich ausgelaugt. Als die Felder nicht mehr genügend Ertrag lieferten, wurde an neuen Stellen gerodet. Die alten Felder wurden vom Vieh beweidet und durch Verbiss und Tritt endgültig verwüstet. Damit war auch eine Verelendung der inzwischen angewachsenen Bevölkerung verbunden. Derzeit nimmt die Weltbevölkerung täglich um rund 225 000 Menschen zu.

Ein Modewort der letzten Jahre ist „Globalisierung" (➔ **L**). Darunter versteht man im Wesentlichen, dass weltweite ökonomische und ökologische Verflechtungen bestehen. Diese müssen natürlich nicht nur bei wirtschaftlichen Überlegungen berücksichtigt werden. Um unsere Erde als Lebensraum für Pflanzen, Tiere und Menschen gesund und intakt zu halten, werden in Zukunft auch ökologische Bestrebungen und Maßnahmen notwendig sein, die weltumfassend sind. Sie müssen aber natürlich vor der eigenen Haustür beginnen.

1 Assuan-Staudamm

2 Brandrodung im tropischen Regenwald

> **2 ▶ Diskutiert in Gruppen Lösungsansätze für ökologische Probleme, z. B.**
>
> **– Reiche Länder bieten ärmeren Hilfe zur Selbsthilfe.**
>
> **– Fairer Handel,**
>
> **– ...**
>
> 🦉 **➔ Arbeitsblatt S. 139**

1- Steinmarder, 2- Magnolie, 3- Amseln, 4- Rosskastanie, 5- Flieder, 6- Wanderratte, 7- Straßentauben, 8- Eichhörnchen, 9- Mauersegler, 10- Goldregen, 11- Liguster, 12- Aaskrähen

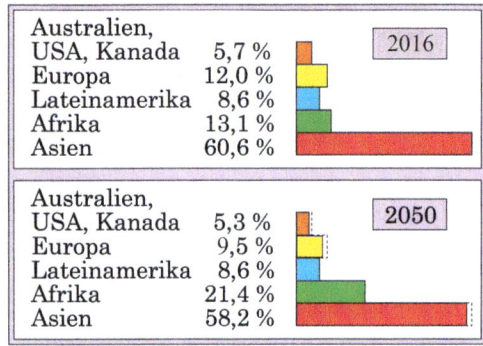

Australien,		2016
USA, Kanada	5,7 %	
Europa	12,0 %	
Lateinamerika	8,6 %	
Afrika	13,1 %	
Asien	60,6 %	

Australien,		2050
USA, Kanada	5,3 %	
Europa	9,5 %	
Lateinamerika	8,6 %	
Afrika	21,4 %	
Asien	58,2 %	

1 Während in 50 Jahren weltweit die Bevölkerung auf 9,3 Milliarden angestiegen sein wird, geht die Bevölkerung in Europa zurück. Die Flüchtlingswelle aus v. a. Syrien, Irak und Afghanistan lässt eine genaue Prognose für Europa derzeit nicht zu.

2 Vergleich der Fläche der Sahara mit der Österreichs und Europas.

3 Slums

4 Rodungsgebiet im Amazonasurwald

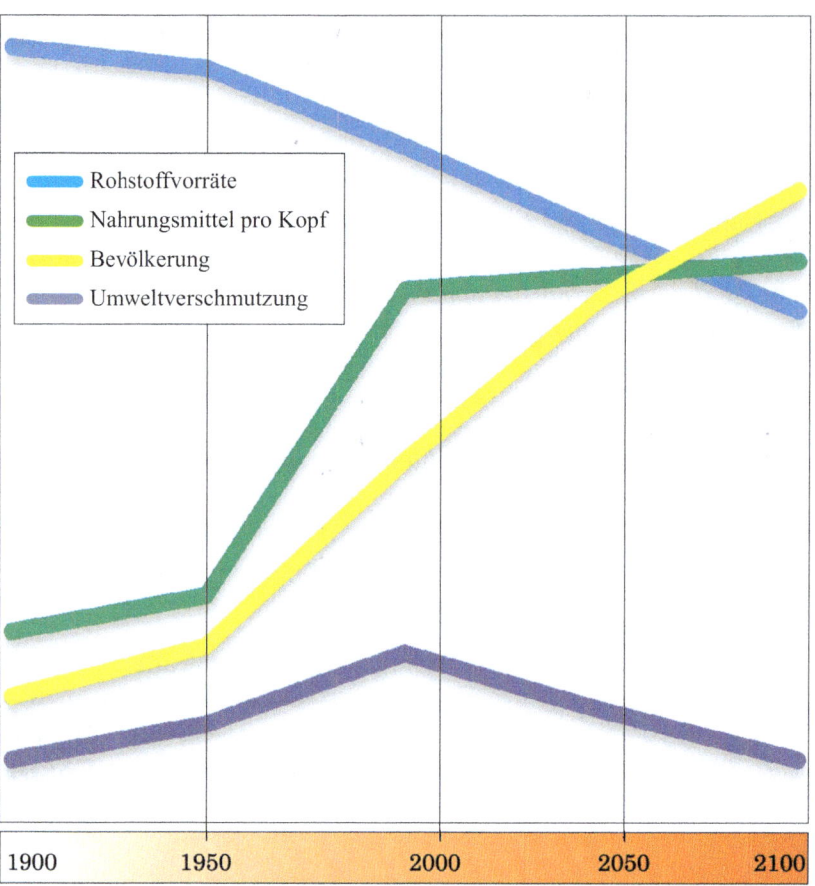

- Rohstoffvorräte
- Nahrungsmittel pro Kopf
- Bevölkerung
- Umweltverschmutzung

1900 1950 2000 2050 2100

5 Entwicklung der Bevölkerung, Rohstoffvorräte, Nahrungsmittel und der Umweltverschmutzung weltweit. Interpretiere die Grafik.

Welche Auswirkungen die zunehmende Wüstenbildung in Afrika auf andere Zonen der Erde hat, kann noch nicht mit Sicherheit abgeschätzt werden.

In vielen Gebieten Indiens wurden in der Landwirtschaft keine oder zu wenig Vorräte angelegt. Daher kam es durch eine einzige Missernte (1995) zu Hungerkatastrophen. Die Menschen mussten dann ihre Dörfer verlassen und in die ohnehin schon überfüllten Städte ziehen (z. B. Kalkutta mit etwa 15,6 Mio., Mumbay mit 17,7 Mio., Delhi mit 24,1 Mio. Einwohnern). Dort leben sie zum Teil in für uns kaum vorstellbarer Armut.

Im Amazonasbecken wurde 1970 ein großes Entwicklungsvorhaben begonnen. Ein riesiges Straßennetz im Amazonasurwald sollte das Gebiet für Millionen armer Siedler aus Nordostbrasilien erschließen. Fehlende Kenntnisse bei der Bebauung des Bodens sowie ungenügende Organisation verschuldeten aber eine Fehlentwicklung. Große Rinderweidebetriebe zerstörten den Boden. Der Raubbau am Boden führte bald zu dessen Verwüstung. Viele Menschen verließen diese Gebiete wieder. Der Raubbau geht unterdessen weiter. Wird er nicht gestoppt, werden sich große Teile des Amazonasurwalds in wenigen Jahrzehnten in eine Steppe verwandeln. Damit wird aber eine Klimakatastrophe verbunden sein. Der Sauerstoffverlust durch die Waldzerstörung wird für weite Teile der Erde von Nachteil sein.

Der Schutz der Meere durch internationale Abkommen ist nach wie vor nicht zustande gekommen. Immer noch werden bedrohte Tierarten (wie z.B. Wale) von manchen Ländern bejagt. Eine Kontrolle der Fangzahlen bei Fischen, Krebsen und Walen ist nur schwer möglich, da Schiffe als fahrende Industrieanlagen funktionieren und bereits auf offener See die Fänge zu Dosenfisch verarbeiten.

Industriegesellschaft

In Industrieländern kann man den Eindruck gewinnen, die Reserven der Erde wären unerschöpflich und die Umweltschäden würden von allein heilen. Reklame für die Unterhaltungsindustrie, Genussmittel und Modeartikel, der Überfluss von Lebensmitteln, Bekleidungs- und Luxusartikeln stehen in krassem Gegensatz zum Mangel an lebensnotwendigen Gütern in den Entwicklungsländern.

Das Problem liegt darin, dass wir oft keine ausreichenden Kenntnisse von fremden Lebensbereichen und von der Lebensweise der dort wohnenden Menschen haben. Manche Hilfsmaßnahmen verfehlen unter Umständen ihren Zweck. Besser wäre es, den Menschen so Hilfestellung zu leisten, dass sie sich in ihrem Lebensbereich möglichst bald selbst helfen können –nach dem Motto „**Hilfe zur Selbsthilfe**" (➜ Info 4).

Wenn es nicht gelingt, die übergroße Armut in den Entwicklungsländern zu beseitigen, wird es zu einer weiteren Zerstörung von Ökosystemen auf der Erde kommen. Bei weiterer Zunahme der Weltbevölkerung besteht dann die Gefahr von Hungerkatastrophen.

2 Gefüllte Regale

3 Reklamelichter

In vielen Ländern ist die täglich Nahrung zu knapp und in ihrer Zusammensetzung für die Bedürfnisse der Menschen völlig unzureichend. Vor allem herrscht in Hungergebieten ein extremer Eiweißmangel. Dabei zeigen Studien, dass der Unterschied zwischen dem Verbrauch von tierischem und pflanzlichem Eiweiß von Kontinent zu Kontinent dramatisch verschieden ist. Während Industrieländer einen Überhang an tierischen Eiweißen haben, leben die Entwicklungsländer hauptsächlich von pflanzlichen. Das bedeutet, dass in Industrienationen das pflanzliche Eiweiß durch die Haltung der Nutztiere in tierisches Eiweiß umgewandelt wird.. Dabei muss bedacht werden, dass für die Produktion von 1 kg Muskelfleisch (Rind) rund 10 kg Pflanzenmaterial „verbraucht" wird (Richtwert). Die Ironie daran ist vor allem, dass die Industrieländer diese pflanzlichen Eiweiße zum Teil von den Entwicklungsländern importieren (z. B. Sojabohnen), um damit ihre Tierhaltung zu betreiben.

So können z. B. Getreidelieferungen bewirken, dass die Menschen zu Almosenempfängern werden und noch weniger Anreiz darin sehen, selbst Ackerbau zu betreiben. Die von ihnen angebauten Produkte können nicht wie die Spenden kostenlos sein, und einheimische Produkte können aus oberflächlicher Sicht möglicherweise auch mit der Qualität der geschenkten Produkte nicht mithalten. Durch solche Entwicklungshilfefehler würden auch die letzten Reste einer funktionierenden Selbstversorgung zerstört.

4

Einige Hilfsprojekte zeigen bereits Erfolge (landwirtschaftliche Schulungen und deren Anwendung). Algenzuchten bzw. genveränderte Reis- und Weizensorten sollen die Ernährung der Weltbevölkerung in Zukunft garantieren.

➜ **Arbeitsblatt S. 139**

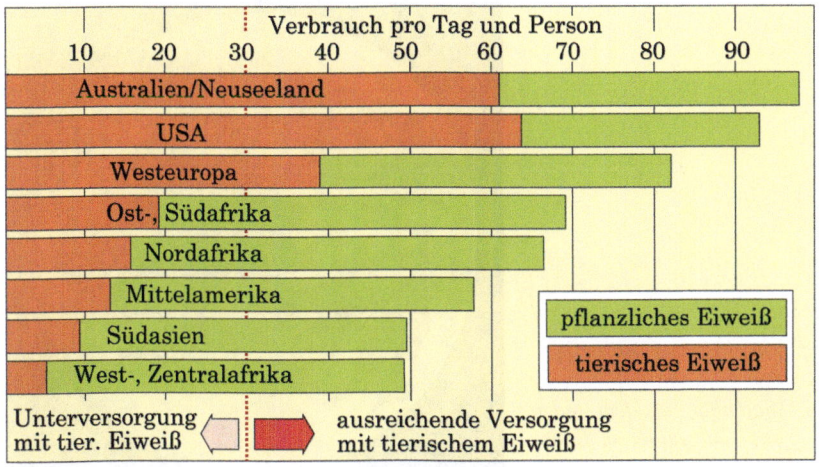

1 Tierische und pflanzliche Eiweiße – Verbrauch ausgewählter Länder

Verbrauch pro Tag und Person
10 20 30 40 50 60 70 80 90

- Australien/Neuseeland
- USA
- Westeuropa
- Ost-, Südafrika
- Nordafrika
- Mittelamerika
- Südasien
- West-, Zentralafrika

pflanzliches Eiweiß
tierisches Eiweiß

Unterversorgung mit tier. Eiweiß | ausreichende Versorgung mit tierischem Eiweiß

5 Hungerndes Kind in Äthiopien

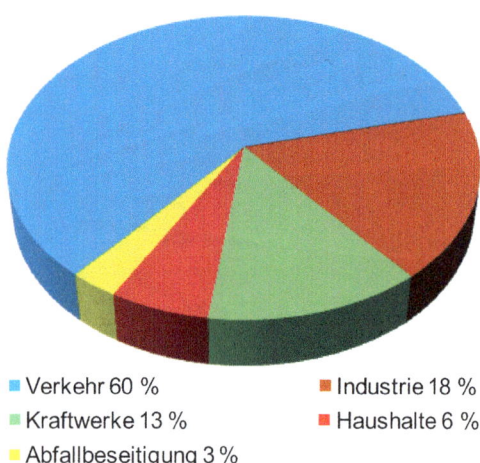

- Verkehr 60 %
- Kraftwerke 13 %
- Abfallbeseitigung 3 %
- Industrie 18 %
- Haushalte 6 %

1 Luftverschmutzung durch ...

Möglichkeiten einer Ökopolitik

Die Störungen und Belastungen der Umwelt, des Lebensraumes und der Lebensqualität werden oft nicht bewusst wahrgenommen und müssen aufgezeigt werden. Politiker beschwichtigen, Zweckoptimismus wird versprüht, umweltschädigende Technologien werden weiterhin verwendet, Energie und Grundstoffe im Übermaß (durch die Industrieländer) verbraucht. Immer weiter wird einer Wachstumsideologie (Wirtschaft) entsprochen. Dabei werden Rohstoffe knapp (Kohle, Metalle, Öl), Landschaften zersiedelt (Städte, Straßen, Industrie, Skipisten etc.), Luft, (Trink)wasser und Erde belastet.

Ein wesentlicher Schritt zur Ökopolitik in Österreich ist Aufklärung in der Schule und Aufrüttelung der Bevölkerung (In Entwicklungsländern ist Ökopolitik noch kein großes Thema.). Es müssen die dringlichen Maßnahmen aufgezeigt werden:

▷ Aufklärung über die Gefahren (Radioaktivität, Umweltgifte in Wasser und Nahrung, Beeinträchtigung der Gesundheit und Fruchtbarkeit …),

▷ Vermeidung der Umweltgifte,

▷ Erarbeiten neuer umweltschonender Technologien und Aufzeigen von Alternativen (z. B. Wind- und Wasserenergie statt Atomkraftwerke).

Internationale Abkommen (z. B. Fangverbot von Tieren, Reduktion des Kohlenstoffdioxidgehaltes) sind wichtige Schritte in Richtung einer vernünftigen Ökopolitik.

2 Erneuerbare Energie durch Windräder wird auch in Österreich an manchen Standorten erfolgreich genutzt. Windkraftanlagen sind nur in besonders windreichen Landstrichen sinnvoll.

1 ▶ **Informiere dich über Hungergebiete der Erde. Notiere, wo sie liegen und weshalb es sich um Hungergebiete handelt.**

2 ▶ **Beschreibe neue Technologien, die mithelfen, Wasser, Erde und Luft sauber zu halten.**

3 ▶ **Erkundige dich, welche Voraussetzungen eine Gemeinde erfüllen muss, um „Klimabündnisgemeinde" zu werden. Notiere diese Voraussetzungen in dein Heft.**

3 Ein „Autobahnkleeblatt" verbraucht durchschnittlich so viel Landschaft wie 200 Fußballfelder.

4 Die Erde ist einem großen „Raumschiff" vergleichbar, in dem jeder auf den anderen Rücksicht nehmen muss, wenn alle weiterleben wollen.

1 ▶ Löse das Kreuzworträtsel (Umlaut = 1 Buchstabe). Die Lösung (nummerierte gelbe Felder) ergibt „die beste Hilfestellung für Entwicklungsländer".

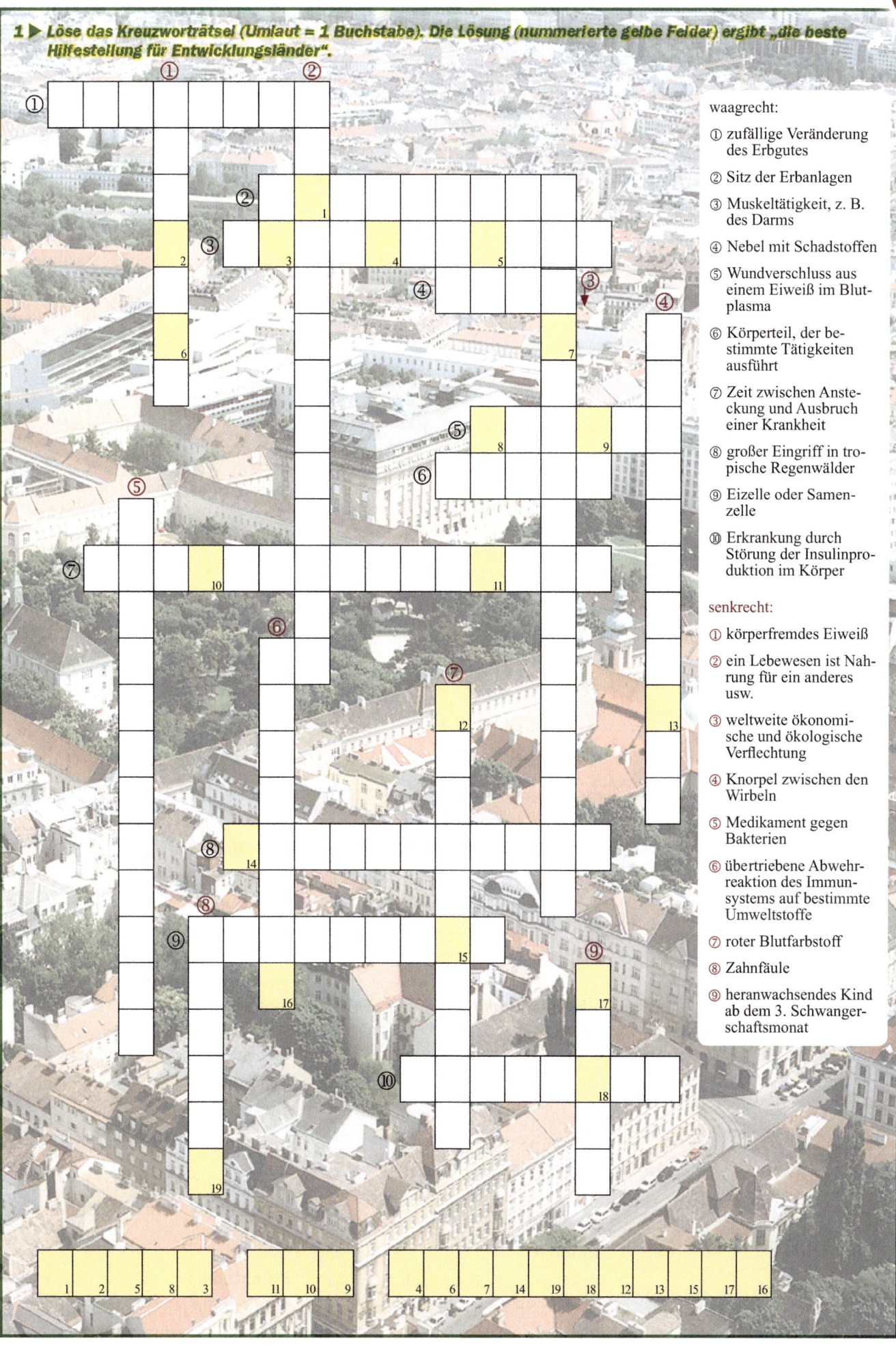

waagrecht:

① zufällige Veränderung des Erbgutes

② Sitz der Erbanlagen

③ Muskeltätigkeit, z. B. des Darms

④ Nebel mit Schadstoffen

⑤ Wundverschluss aus einem Eiweiß im Blutplasma

⑥ Körperteil, der bestimmte Tätigkeiten ausführt

⑦ Zeit zwischen Ansteckung und Ausbruch einer Krankheit

⑧ großer Eingriff in tropische Regenwälder

⑨ Eizelle oder Samenzelle

⑩ Erkrankung durch Störung der Insulinproduktion im Körper

senkrecht:

① körperfremdes Eiweiß

② ein Lebewesen ist Nahrung für ein anderes usw.

③ weltweite ökonomische und ökologische Verflechtung

④ Knorpel zwischen den Wirbeln

⑤ Medikament gegen Bakterien

⑥ übertriebene Abwehrreaktion des Immunsystems auf bestimmte Umweltstoffe

⑦ roter Blutfarbstoff

⑧ Zahnfäule

⑨ heranwachsendes Kind ab dem 3. Schwangerschaftsmonat

Lexikon

Das Lexikon enthält kurze Erklärungen wichtiger Begriffe.
→ weist auf die Seitenzahl hin, auf denen der Begriff zum ersten Mal verwendet wird.

A

Adaptation → 48

Anpassung des Auges an verschiedene Helligkeit

AIDS → 71

Immunschwächekrankheit, kann durch virushältiges Blut, Samen- oder Scheidenflüssigkeit übertragen werden

Akkomodation → 48

Anpassung des Auges an die Entfernung

Allergie → 40

Immunsystem reagiert auf harmlose Substanzen mit übertriebener Abwehr.

Antibiotikum → 70

Medikament, das Bakterien hemmt oder abtötet

Antigen → 39

körperfremder Eindringling wie Bakterium, Virus oder Pilz

Antikörper → 39

werden von den weißen Blutkörperchen der Lymphknoten produziert.

Arterie → 36

vom Herz wegführendes Blutgefäß

arteriell → 36

arterielles Blut ist sauerstoffreich

B

Bakterien → 33

einzellige Kleinstlebewesen ohne Zellkern

Bandscheiben → 7

knorpelige Stoßdämpfer zwischen den Wirbeln

Befruchtung → 59

männliche und weibliche Keimzelle verschmelzen

Biotechnologie → 87

Wissenschaft, die sich mit der technischen Anwendung von Enzymen, Zellen und ganzen Organismen beschäftigt

Blütenstand → 126

Teil der Sprossachse, welcher der Blütenbildung bei Samenpflanzen dient

Blutgefäß → 6

Arterien, Venen und Kapillaren

Blutgerinnung → 25

Verdicken des Blutes

Blutplasma → 34

gelbliche Blutflüssigkeit

Bluttransfusion → 35

Übertragung von Blut

Blutzuckerspiegel → 54

Konzentration von Zucker im Blut

Bronchitis → 33

Erkrankung der Luftwege

Bulimie → 25

Essstörung, bei der nach dem Essen die Speisen wieder erbrochen werden

C

Chromosom → 58

enthält Gene (Erbinformationen), bestehen aus DNA mit vielen Proteinen

D

Diabetes → 54

Zuckerkrankheit, wird ausgelöst durch eine Störung der Insulinproduktion der Bauchspeicheldrüse

dominant → 35

überdeckend, beherrschend, im Gegensatz zu → rezessiv

E

Ejakulation → 60

Samenerguss

EKG → 37

Elektrokardiogramm, zeichnet die Herzschlagphasen auf

Embryo → 5

Keim in den ersten Schwangerschaftswochen

Enzym → 23

Substanz, die chemische Reaktionen einleiten oder beschleunigen kann

Erektion → 58

Versteifung des Penis

F

Fettsäuren → 19

am Aufbau von Fett beteiligte organische Säuren

Fetus → 63

heranwachsendes Kind ab dem 3. Schwangerschaftsmonat

Fibrinogen → 25

Eiweißstoff des Blutes, der mit den Blutplättchen die Gerinnung des Blutes auslöst

Fruchtblase → 63

Schutzhülle um das ungeborene Kind, mit Fruchtwasser gefüllt

G

Gen → 79

Erbanlage

Gentechnik → 87

gezielte Eingriffe in das Erbgut, mit denen gentechnisch veränderte Organismen hergestellt werden können

Gewebe → 4

besteht aus gleichartigen Zellen, die für eine Aufgabe spezialisiert sind (z. B. Muskelgewebe, Nervengewebe; Abschlussgewebe der Sprossachse höherer Pflanzen)

Globalisierung → 135

Prozess, bei dem weltweite Beziehungen intensiviert werden

H

Hämoglobin → 34

roter Blutfarbstoff

HIV → 65

Humanes Immunschäche Virus

Hormone → 20

chemische Botenstoffe, die auf die Tätigkeit bestimmter Organe einwirken

I

immun → 2

für eine Krankheit unempfänglich

Infektion → 15

Ansteckung mit Krankheitserregern

Inkubationszeit → 77

Zeit zwischen Ansteckung und Ausbruch einer Krankheit

Insulin → 54

Hormon, senkt den Blutzuckerspiegel

intermediär → 80

dazwischenliegend

K

Kapillaren → 18

kleinste Haargefäße

Karies → 21

Zahnfäule

Keimzellen (Geschlechtszellen) → 4

Ei- bzw. Samenzellen, die in den Keimdrüsen gebildet werden

Klon → 87

Nachkomme mit identischen Erbanlagen

Krebs (Haut-) → 16

bösartige Wucherungen, die meist zu Tumoren führen

Krebs → 91

Tier aus der Gruppe der Gliederfüßer

L

Lymphe → 38

gelbliche Flüssigkeit in den Lymphbahnen

Lymphknoten → 30

Bilden von Abwehrzellen, wirken wie ein Filter, fangen Krankheitserreger ab

M

Mutation → 79

sprunghafte Veränderung des Erbgutes

N

Nahrungskette → 91

ein Lebewesen ist Nahrung für ein anderes usw.

Neurotransmitter → 43

Überträgerstoff, leitet Informationen von einer Nervenzelle zu einer anderen weiter

O

Ökosystem → 2

Lebensraum mit allen in ihm wohnenden Lebewesen

Oxidationsprozess → 13

Reaktionen von organischen Stoffen, an denen Sauerstoff beteiligt ist

P

Peristaltik → 23

Wellenbewegung, Muskeltätigkeit, z. B. in der Speiseröhre

Pigment → 16

Farbstoff der Haut

Plankton → 91

Schwebeorganismen, kleinste Lebewesen in Gewässern

Plazenta → 60

Mutterkuchen, Verbindung zwischen dem Kreislauf von Mutter und Kind

Prostata → 58

Vorsteherdrüse

R

Reflex → 44

Reaktion auf einen Reiz, der nicht vom Gehirn ausgelöst wird

reinerbig → 80

Gene eines Paares mit gleichen Merkmalen

Resorption → 23

Aufnahme gelöster Grundbestandteile der Nahrung in das Blut und die Lymphe

rezessiv → 81

zurückweichend, im Gegensatz zu → dominant

Rhesusfaktor → 35

Eiweißstoff an der Oberfläche der roten Blutkörperchen, das bei etwa 90 % aller Menschen vorhanden ist (Rh+). Den restlichen Menschen fehlt dieses Eiweiß (Rh–).

S

Smog → 122

Nebel mit Schadstoffen

Stress ➜ 37

ständige Anspannung und erhöhte Adrenalinausschüttung

Sucht ➜ 72

zwanghaftes Bedürfnis, Abhängigkeit

T

Thrombose ➜ 20

Verstopfung eines Blutgefäßes

U

uniform ➜ 80

gleich, einförmig

V

Vagina ➜ 57

Scheide

Vene ➜ 36

zum Herz führendes Blutgefäß

venös ➜ 36

venöses Blut ist sauerstoffarm

Verdauung ➜ 4

Zerkleinerung und Aufspaltung der dem Körper zugeführten Nahrung in ihre Bestandteile

W

Wehen ➜ 53

Muskeln der Gebärmutter ziehen sich in kürzer werdenden Abständen zusammen.

Z

Zelle ➜ 4

kleinster Baustein des Körpers, manche Z. sind unabhängig voneinander, andere sind zu Geweben vereint

Zentralnervensystem ➜ 43

Gehirn und Rückenmark

Zwerchfell ➜ 8

flacher Muskel zwischen Brust- und Bauchhöhle